Das wärmetechnische Meßwesen in Dampfkraftwerken und Industriebetrieben

Von

Dr.-Ing. Artur Ketnath
Dortmund

Mit 140 Abbildungen

Springer-Verlag
Berlin / Göttingen / Heidelberg

1954

ISBN-13: 978-3-642-49004-0   e-ISBN-13: 978-3-642-92626-6
DOI: 10.1007/978-3-642-92626-6

Vorwort.

Die Anregung zu der vorliegenden Arbeit erhielt ich durch die Projektierung und den Bau wärmetechnischer Überwachungsanlagen in Dampfkraftwerken der Energieversorgung und der Industrie. Die sich dabei ergebenden Erfahrungen waren bestimmend für die Auswahl des Stoffes.

Es bereitet keinerlei Schwierigkeiten, sich durch eine verhältnismäßig umfangreiche Literatur über Meßverfahren und Meßeinrichtungen zu orientieren. Konstrukteure und Hersteller von Meßgeräten haben sich darüber ausführlich verbreitet und dargelegt, wie durch den konstruktiven Aufbau und das verwendete Material die Eigenschaften der Meßwerke verbessert werden konnten. Demgegenüber ist es für den, der wärmetechnische Meßeinrichtungen zur Überwachung seines Betriebes verwendet, nicht ganz einfach, in der Literatur eine zusammengefaßte Beantwortung der ihn interessierenden Fragen zu finden. Diese richten sich in den meisten Fällen auf Probleme, welche mit der Anwendung von Überwachungseinrichtungen zusammenhängen, also auf die Frage, wozu und in welchem Umfange eine Betriebsanlage durch wärmetechnische Meßeinrichtungen überwacht werden soll, wie solche Betriebskontrollanlagen zu errichten und durch welche Maßnahmen Störungen zu vermeiden sind.

Die Aufgabe des projektierenden Ingenieurs ist es, aus der Fülle der zur Verfügung stehenden Meßgeräte und ihres Zubehörs die geeignetsten Ausführungen auszuwählen und sie so zu einer wärmetechnischen Überwachungsanlage zusammenzufügen, daß diese der gegebenen Aufgabenstellung und den Bedingungen der zu überwachenden Betriebsanlage entspricht. Darin liegt die schöpferische Leistung des projektierenden Ingenieurs. Es wurde versucht, solche in der Literatur nur verstreut behandelten Themen, welche erfahrungsgemäß den projektierenden Ingenieur interessieren, im Zusammenhang darzustellen.

Im Verlaufe einer teilweise langjährigen Zusammenarbeit habe ich von den Herren Diplomingenieuren HERMANN WULF, ERWIN SAMAL und ANTON TRENNER viele wertvolle Anregungen und Ratschläge erhalten, für die ich auch an dieser Stelle meinen verbindlichsten Dank aussprechen möchte.

Die Firmen:

Allgemeine Elektricitäts-Gesellschaft	Hartmann u. Braun A.G.
Askania Werke A.-G.	W. H. Joens u. Co.
Bopp u. Reuther G.m.b.H.	Wilh. Lambrecht
Debro-Werk	H. Maihak A.G.
Degussa	Noris-Tachometerwerke G.m.b.H.
Deutsche Babcock u. Wilcox-Dampfkessel-Werke A.G.	Permutit A.G.
Dürrwerke A.G.	Rota Apparate- und Maschinenbau Dr. Hennig K.G.
J. C. Eckardt A.G.	Siemens u. Halske A.G.
Ludwig Grefe	L. u. C. Steinmüller G.m.b.H.
Hallwachs u. Morckel	H. Wösthoff o.H.G.

haben mich durch die Überlassung von Zeichnungen, Druckschriften und sonstigen Unterlagen in bereitwilligster Weise unterstützt. Dafür gebührt ihnen mein ganz besonderer Dank.

Dem Verlag danke ich für die gute Ausstattung des Buches.

Dortmund, im Juni 1954.

A. Ketnath.

Inhaltsverzeichnis.

II. Die Planung von Überwachungsanlagen.

Einleitung.

Wasserkraftwerke decken nur einen kleinen Teil unseres Bedarfes
an elektrischer Energie. Der weit überwiegende Rest wird in Wärmekraftwerken mit Hilfe von Dampfturbinen erzeugt. Dabei liefern Dampfkraftwerke nicht nur elektrische Energie, sondern auch Dampf für
die Städteheizung und für Industriezwecke. Die Herstellung von
Papier, Textilien und chemischen Produkten erfordert erhebliche
Mengen von Dampf und Warmwasser.

In Dampfkraftwerken werden gewaltige Energiemengen umgesetzt.
Es ist von größter volkswirtschaftlicher Bedeutung, das so rationell
wie möglich zu tun. In den letzten Jahrzehnten wurden große An-
strengungen gemacht, um den spezifischen Wärmeverbrauch der
Dampfkraftwerke zu senken, d. h. ihre Wirtschaftlichkeit zu heben.
Das geschah durch den Übergang auf hohe Dampfdrücke und Temperaturen bei weitgehender Vorwärmung des Speisewassers durch Anzapfdampf der Turbinen, durch die Anwendung der Zwischenüberhitzung
und durch konstruktive Verbesserungen an Dampfkesseln, Turbinen
und Stromerzeugern, die zu höheren Wirkungsgraden führten.

Gleichzeitig erfolgte auch der Übergang auf immer größere Dampfkessel und Turbineneinheiten. Der Aufbau der Kraftwerke wurde
immer differenzierter und damit die Betriebsführung schwieriger.
Daneben wurden die Forderungen an die Betriebssicherheit immer
höher geschraubt.

Trotz der verbesserten Wirtschaftlichkeit verbleiben noch Verlust-
quellen, deren Einfluß auf den Wirkungsgrad hauptsächlich von der
Sorgfalt abhängt, mit welcher das *Bedienungspersonal* die Anlagen fährt.
Dazu gehört z. B. der Abgas- und Absalzverlust der Dampfkessel, die
Wasserverluste des Kraftwerkes u. a. m.

Diese Verlustquellen kann man nur klein halten, wenn dem Bedienungspersonal zur *Steuerung* der Betriebseinrichtungen des Kraftwerkes das nötige Rüstzeug in Gestalt sachgemäß errichteter wärmetechnischer Betriebsüberwachungsanlagen zur Verfügung steht. Sie
kontrollieren wegen des komplizierten Aufbaues und Betriebes moderner
Kraftwerke nicht nur die Führung der Dampfkessel, sondern auch
die gesamten übrigen Einrichtungen. Daneben muß auch die *Betriebssicherheit*, der *Zustand* der einzelnen Betriebsanlagen und vor allem
die *Wirtschaftlichkeit* des ganzen Betriebes laufend überwacht werden.

Dafür sind z. T. nicht unerhebliche Aufwendungen nötig für die
Beschaffung, Montage und Wartung der erforderlichen Meßeinrichtungen. Dazu kommen noch Ausgaben für die Auswertung der Meß-

ergebnisse. Es ist durchaus verständlich, daß gelegentlich Überlegungen
darüber angestellt werden, ob diese Aufwendungen gerechtfertigt und
wirtschaftlich vertretbar sind, zumal ihr Nutzen meist nicht eindeutig
belegt werden kann. F. Mühlhausen[1] hat die Kosten für die Errichtung, Unterhaltung und Auswertung von wärmetechnischen Über-
wachungs- und Regelanlagen für Dampfkessel unterschiedlicher Größe
untersucht und in Beziehung gesetzt zu den Brennstoffkosten. Dabei
ergab sich, daß bei größeren Dampfkesseln schon Brennstoffeinsparungen von etwa 1% genügen würden, um die Aufwendungen für
die Überwachung aufzuwiegen. Bei Flammrohrkesseln kleinerer
Leistung liegen die Verhältnisse etwas ungünstiger. Hier müssen
mindestens Brennstoffeinsparungen von etwa 3% erreicht werden. In
den meisten Fällen dürften jedoch mit Hilfe einer angemessenen
wärmetechnischen Überwachung noch größere Einsparungen erzielt
werden, so daß sich sogar noch ein Gewinn für den Betrieb ergibt.
Dabei wird allerdings vorausgesetzt, daß solche Anlagen nur in ver-
tretbarem Umfange errichtet und laufend gewartet werden und daß
aus den Meßergebnissen auch die Folgerungen gezogen werden.

Die *Errichtung* umfangreicher *wärmetechnischer Meßanlagen* erfordert viel Erfahrung. Sie obliegt deshalb gewöhnlich Ingenieuren,
die sich damit fast ausschließlich befassen. Die *Aufgabe,* welche durch
die Betriebskontrolle gelöst werden soll, stellt der Projekteur oder
Betriebsingenieur des Kraftwerkes. Erfahrungsgemäß kommt es vor,
daß sie im Drange ihrer Aufgaben und Probleme nicht die Zeit finden,
sich mit dem ausgedehnten Gebiete der wärmetechnischen Meßtechnik
eingehender zu befassen. Infolgedessen soll der Versuch gemacht
werden, diesen Ingenieuren nur *den* Ausschnitt aus dem wärmetechnischen Meßwesen zu vermitteln, welcher den planenden Kraftwerks-
ingenieur oder den Betriebsingenieur in erster Linie interessiert.
Andererseits soll aber auch der Meßtechniker einen Einblick in den
Aufbau des *Kraftwerkes*, dargestellt durch den *Wärmeschaltplan* und
in den Aufbau und die *Konstruktion* der einzelnen *Betriebsmittel* sowie
einen Überblick über die *Betriebsweise* eines Kraftwerkes und seiner
Einrichtungen haben. Es werden deshalb auch diese Dinge, welche
den Betriebsingenieur als vertraute Tatsachen weniger interessieren,
kurz gestreift. Auf diese Weise soll versucht werden, die Berührungs-
stelle zweier Arbeitsbereiche für die Ingenieure beider Seiten möglichst
tragfähig zu machen.

Vor der *Planung* wärmetechnischer Überwachungsanlagen muß die
Aufgabenstellung eindeutig und klar sein. Soweit es sich um die Überwachung ganzer Kraftwerke handelt, ist dazu der *Wärmeschaltplan*
des Kraftwerkes erforderlich. Für die Überwachung einzelner Betriebseinrichtungen, z. B. von Dampfkesseln oder Turbinen, genügt vielfach
eine mehr oder minder schematische Skizze oder eine *Konstruktions-*

---

[1] Mühlhausen, F.: Sinn und Zweck einer Überwachung der Wärmewirt-
schaft durch Mensch und Meßgerät. BWK Bd. 2 (1950) H. 9, S. 252 — Ausschuß
für Wärme und Kraftwirtschaft, Essen: Wärmetechnisches Messen in Mittel-
und Kleinbetrieben. BWK Bd. 5 (1953) H. 1, S. 12.

zeichnung, aus welcher ihr *Aufbau* und auch ihre *Einfügung* in das *Kraftwerk* hervorgeht. Darüber hinaus müssen Angaben über die *Betriebsweise* und *Steuerung* der Anlagen gemacht werden. Aus diesen Unterlagen ergibt sich dann die Entscheidung darüber, *wo* und *wozu gemessen werden soll*. Dabei ist anzustreben, mit einer möglichst kleinen Anzahl von Meßeinrichtungen auszukommen.

Wenn nach diesen Überlegungen die einzelnen Meßgrößen und die Stellen, an welchen die Messungen stattfinden sollen, festgelegt sind, können die Meßstellen in den Wärmeschaltplan oder in eine schematische Darstellung der zu überwachenden Anlage eingetragen werden. Dadurch ergibt sich ein guter Überblick über die zu planende Überwachungsanlage. Es ist eine Frage von untergeordneter Bedeutung, ob in diesem *Meßstellenplan* die Umschaltbarkeit von Anzeigegeräten, die zentralisierte oder dezentralisierte Anbringung der Meßgeräte und deren Ausführung als anzeigende, schreibende oder zählende Instrumente besonders gekennzeichnet werden soll. Bei den Meßstellenplänen im zweiten Teile dieser Arbeit wurde davon abgesehen.

Nach der Anfertigung des Meßstellenplanes erfolgt die *Wahl* der *Meßverfahren*. Die richtige Auswahl der für die wärmetechnische Überwachung geeignetsten Meßverfahren und Meßeinrichtungen ist einer der wichtigsten Punkte bei der Planung derartiger Anlagen. Die Entwicklung des Kraftwerksbaues brachte es mit sich, daß im Laufe der Zeit spezielle Meßeinrichtungen geschaffen wurden, die den besonderen Anforderungen bei der wärmetechnischen Überwachung von Kraftwerken und Industriebetrieben besonders angepaßt sind. Teilweise handelt es sich dabei um feinmechanische Einrichtungen höchster Präzision. Trotzdem müssen sie ganz erheblichen Beanspruchungen durch Schmutz, Wasser und hohe Temperaturen gewachsen sein. Wichtig ist auch, daß Messungen in vielen Fällen an schlecht zugänglichen und weit auseinander liegenden Stellen erfolgen müssen. Trotzdem soll der Verlauf zahlreicher Vorgänge vielfach von einer Stelle aus klar zu überblicken sein. Die Meßgeräte für die Überwachung müssen demnach an gewissen Punkten weitgehend zentralisiert werden. Deshalb wird in Kraftwerken und größeren Betrieben in der Regel von der *elektrischen Fernmeßtechnik* Gebrauch gemacht. Auch in solchen Fällen ist ihre Anwendung vorteilhaft, wo es sich um die Messung hoher Drücke und Temperaturen handelt, denn es ist wenig ratsam, Rohrleitungen, welche unter hohem Druck stehen, in Kesselleitstände oder Überwachungsschränke einzuführen.

Diese Gründe haben dazu geführt, daß in Kraftwerken Meßeinrichtungen zur Anwendung kommen, welche in kleineren Betrieben wenig gebräuchlich sind.

Im ersten Teil dieser Arbeit werden die *wärmetechnischen Meßverfahren* und *Meßeinrichtungen* behandelt. Dabei wurde weniger Wert darauf gelegt, einen *vollständigen* Überblick über das ganze Gebiet zu geben, vielmehr wurden *die* Verfahren und Meßgeräte ausgewählt, die sich für die Betriebskontrolle von Kraftwerken und großen Betrieben besonders eignen. Dabei ist es nicht erforderlich, auf Einzelheiten der

Verfahren und Einrichtungen näher einzugehen, weil das schon in vielen Lehrbüchern[1] und Veröffentlichungen geschehen ist. Dagegen werden die Gesichtspunkte für die *Wahl* der *Meßverfahren* und *Meßgeräte* und für die *Ausführung* der *Montage* sowie *Fehlereinflüsse* ausführlich behandelt, weil diese Dinge für die Planung und Errichtung von Meßanlagen wichtig sind.

Hier erscheint auch der Hinweis angebracht, daß schon bei der Planung der *Betriebsanlagen* Überlegungen hinsichtlich des Meßstellenplanes, aber auch hinsichtlich der richtigen und zweckmäßigen *Anbringung* der *Meßeinrichtungen an der zu überwachenden Anlage* stattfinden sollten. Solche Überlegungen ersparen erfahrungsgemäß viel Geld bei der Montage und bieten auch die Gewähr dafür, daß die Meßeinrichtung hinsichtlich ihrer Meßgenauigkeit das gibt, was man von ihr erwarten kann und daß die zu überwachenden Anlagen nicht durch nachträgliche Änderungsarbeiten beschädigt werden. Leider kommt es immer wieder vor, daß der meßtechnisch planende Ingenieur erst dann herangezogen wird, wenn die Bauarbeiten schon weit fortgeschritten und die Rohrleitungen und sonstigen Einrichtungen schon verlegt sind. Was nützt in solchen Fällen die genaueste Durchflußmeßeinrichtung, wenn das zugehörige Drosselgerät nicht normgerecht eingebaut werden kann? Entweder muß man sich dann mit zusätzlichen Fehlern abfinden oder kostspielige Änderungen vornehmen.

Die Meßergebnisse an den räumlich weit auseinanderliegenden Stellen des Kraftwerkes müssen dort angezeigt werden, wo die Steuerung der Betriebseinrichtungen stattfindet. Auch bei (selbsttätig) geregelten Anlagen erfolgt eine Zusammenfassung der Überwachungsinstrumente an zentraler Stelle oder an mehreren Schwerpunkten, um dem Bedienungspersonal auch in diesem Falle einen Überblick über die Vorgänge in den Betriebseinrichtungen, über die Funktionsfähigkeit der Regler und über den Erfolg der Regelung zu geben. Die *Zusammenfassung* der *Meßinstrumente* auf Überwachungsschränken, Kesselleitständen und in Warten soll so *übersichtlich* wie möglich erfolgen. Das bedeutet, daß die Meßgeräte sinnvoll und klar auf den Schränken untergebracht werden müssen. Das bedeutet aber auch, daß diese nicht durch eine Vielzahl unnötiger Geräte überladen werden sollen, was nur die Übersicht erschwert und sich besonders bei Störungen nachteilig auswirkt. Bei der Planung von Überwachungsanlagen sollen daher nur die wirklich notwendigen Meßeinrichtungen vorgesehen werden, da das Messen ja nicht Selbstzweck ist.

Die Gesichtspunkte für die *Anordnung* der Instrumente und Steuereinrichtungen auf den Überwachungsschränken und an den zu überwachenden Anlagen sind im dritten Teil der Arbeit niedergelegt. Dort wird auch angegeben, an *welchen Stellen* des Kraftwerkes diese Schränke zweckmäßig *aufzustellen* sind.

---

[1] PFLIER, P. M.: Elektrische Meßgeräte und Meßverfahren. Berlin/Göttingen/ Heidelberg: Springer 1951 — Elektrische Messung mechanischer Größen. Berlin/Göttingen/Heidelberg: Springer-Verlag 1948 — PALM, A.: Elektrische Meßgeräte und Meßeinrichtungen. Berlin/Göttingen/Heidelberg: Springer-Verlag 1948.

I. Wärmetechnische Meßverfahren und Meßeinrichtungen.

Bei der Errichtung wärmetechnischer Meßanlagen geht man von der zu überwachenden Anlage aus. Aus ihrem Aufbau und ihrer Betriebsweise ergibt sich der Bedarf an Betriebskontrolleinrichtungen. Deren Ausführung muß aber nicht nur dem Zustand des Meßstoffes oder dem zu messenden Vorgang angepaßt sein, sondern auch weiteren Forderungen genügen, welche sich aus der Eigenart der zu überwachenden Betriebe ergeben. Bei der Betriebskontrolle von Kraftwerken und ausgedehnten Industriebetrieben wird z. B. besonders die Fernmessung bevorzugt, weil die Meßergebnisse vieler und teilweise schlecht zugänglicher Stellen an bestimmten Punkten zusammengefaßt werden müssen.

Die Kenntnis der wärmetechnischen Meßverfahren und Meßeinrichtungen in der besonderen Ausführung, welche sich aus der Anwendung in Kraftwerken ergibt, ist eine wichtige Vorbedingung für die Planung von Überwachungsanlagen. Sie müssen daher zunächst behandelt werden.

A. Messung von Temperaturen.

Die Ausführungen des vorhergehenden Abschnittes gelten ganz besonders für die Temperaturmessung.

Das Quecksilberthermometer ist zwar ein überaus einfaches und billiges Meßgerät, welches überall, auch in Kraftwerken, gerne verwendet wird. Und doch tritt es gerade hier weitgehend gegenüber anderen Meßeinrichtungen zurück, weil eine Fernmessung damit nicht möglich ist.

1. Die Wahl des Meßverfahrens.

Bestimmend für die *Wahl* eines *Temperaturmeßverfahrens* ist in erster Linie die Höhe der zu messenden Temperatur und der Bereich, in welchem sich diese ändern kann. Abb. 1 gibt einen Überblick

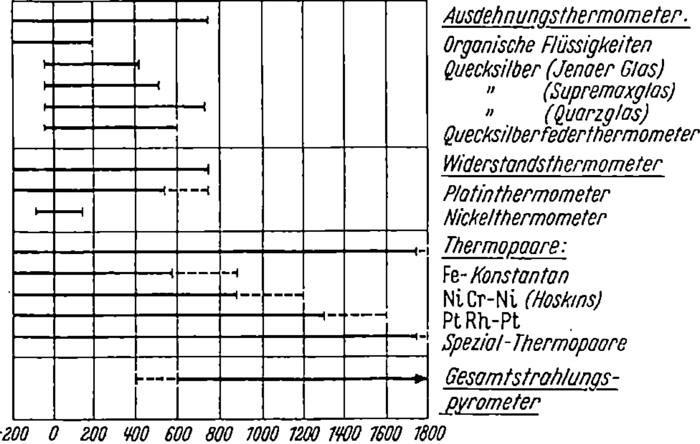

Abb. 1. Anwendungsbereiche von Temperaturmeßgeräten.

darüber, für welche Temperaturen sich die verschiedenen Verfahren eignen[1]. Außerdem kann die Genauigkeit des Verfahrens und die Zugänglichkeit einer Meßstelle von ausschlaggebender Bedeutung sein. Für schwer zugängliche Stellen und in den Fällen, wo mit einem Instrument mehrere Meßstellen abzutasten sind, eignen sich vor allem elektrische Meßverfahren.

2. Fehlereinflüsse und deren Verringerung.

Jede Temperaturmessung[2] ist mit gewissen *Fehlern* behaftet, welche bei sachgemäßer Durchführung bis zu einem gewissen Grade vermeidbar oder wenigstens zu verringern sind[3]. Sie können im wesentlichen herrühren:

1. Vom Meßverfahren selbst, dem Temperaturfühler und dem zugehörigen Meßgerät.

2. Von der *Art der Anbringung* des Temperaturfühlers an der Meßstelle.

Punkt 1 bezieht sich auf die Fehler des Verfahrens und die *Toleranzen* der Meßeinrichtungen. Sie werden in den folgenden Abschnitten über die einzelnen Meßverfahren behandelt. Die Entscheidung über das Meßverfahren legt auch die Größenordnung der Fehler fest.

Der zweite Punkt ist deshalb von besonderer Bedeutung, weil nicht sachgemäß *angebrachte* Temperaturfühler Fehler verursachen können, die u. U. über die Toleranzen der Geräte weit hinausgehen. Durch die Beachtung der nachstehend dargelegten Gesichtspunkte für den Einbau von Thermometern an der Meßstelle sind größere Fehler weitgehend vermeidbar. Die Richtlinien für den Thermometereinbau werden vorab behandelt, weil sie ganz allgemein gelten.

Eine Meßeinrichtung zeigt diejenige Temperatur an, welche der Temperaturfühler *annimmt*. Sie entspricht im allgemeinen deshalb nicht genau der zu messenden Temperatur, weil durch das Thermometer die Temperaturverteilung gestört wird. Bei der Anbringung und Formgebung der Thermometer ist daher auf folgendes zu achten:

1. Es soll ein guter *Wärmeaustausch* zwischen dem Temperaturfühler und dem Stoff, dessen Temperatur zu messen ist, stattfinden.

2. Eine *Wärmeableitung* von der Stelle, an welcher gemessen wird, ist möglichst zu vermeiden.

3. Der Temperaturfühler soll möglichst dem Einfluß der *Wärmestrahlung* entzogen werden. Das gilt sowohl für die Abstrahlung vom Temperaturfühler nach Körpern mit niedrigerer Temperatur in der

[1] VDI-Temperaturmeßregeln, Ausg. 1940. Berlin: VDI-Verlag GmbH.

[2] LINDORF, H.: Technische Temperaturmessungen. Giradet 1952. — F. HENNING: Temperaturmessung. Joh. Ambrosius Barth 1951. — F. LIENEWEG: Temperaturmessung. Akademische Verlagsgesellschaft Geest u. Portig 1950.

[3] Mitteilungen der Wärmestelle des Vereins Deutscher Eisenhüttenleute: Nr. 96 (Januar 1927) u. Nr. 97 (Februar 1926). — KNOBLAUCH u. HENCKY: Anleitung zur genauen technischen Temperaturmessung. Oldenbourg 1926. — F. LIENEWEG: Über Genauigkeitsforderungen an wärmetechnische Meßanlagen, dargestellt am Beispiel der Temperaturmessung. BWK Bd. 5 (1953) H. 6, S. 211.

Umgebung als auch umgekehrt für die Bestrahlung des Fühlers durch heißere Körper.

Zu Punkt 1. Der *Wärmeaustausch* zwischen Temperaturfühler und zu messender *Flüssigkeit* ist im allgemeinen immer gut, weil die Wärmeübergangszahl hoch ist.

Bei Gasen und Dämpfen ist der Wärmeübergang wesentlich schlechter, besonders bei niedrigen Strömungsgeschwindigkeiten (z. B. Rauchgase, Raumluft). Eine Verbesserung ist möglich durch eine Vergrößerung der Thermometeroberfläche (z. B. durch aufgesetzte dünne Rippen) und eine Erhöhung der Gasgeschwindigkeit, von der bei Absaugepyrometern Gebrauch gemacht wird. Dabei wird das Gas, dessen Temperatur zu messen ist, mit hoher Geschwindigkeit an dem Temperaturfühler vorbeigesaugt. Dabei kann auch der Einfluß der Strahlung und Wärmeableitung durch eine Abschirmung des Temperaturfühlers beseitigt oder wenigstens verringert werden. Das Verfahren wird wegen seiner hohen Genauigkeit häufig für Abnahmemessungen, dagegen wegen seiner Umständlichkeit weniger für Betriebsmessungen angewendet.

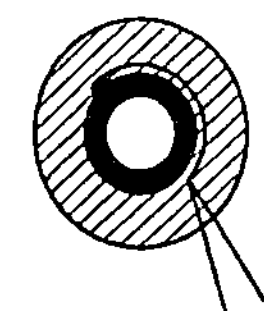

Abb. 2. Messung der Oberflächentemperatur eines wärmeisolierten Rohres.

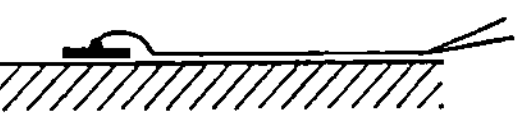

Abb. 3. Messung der Oberflächentemperatur eines nichtmetallischen Körpers.

Für die Messung der Oberflächentemperatur fester Körper eignen sich Widerstandsthermometer oder aber besonders Thermoelemente, weil infolge ihrer Form und Abmessungen eine innige Berührung mit der zu untersuchenden Oberfläche möglich ist und deshalb ein guter Wärmeübergang stattfindet. An Metalloberflächen können Thermopaare direkt angeschweißt oder angelötet werden (Abb. 2). An nichtmetallische Oberflächen können dünne Kupferfolien, an welche Thermopaare angelötet sind, angepreßt werden (Abb. 3).

Zu Punkt 2. Eine *Wärmeableitung* von der Meßstelle findet grundsätzlich nicht statt, wenn das Thermometer für eine gewisse Strecke auf einer Isotherme des Temperaturfeldes geführt wird. Die Wärmeableitung durch das Thermometer erfolgt vielmehr dort, wo es sich von der Isotherme entfernt. An der Meßstelle selbst wird bei richtiger Anordnung das Temperaturfeld nicht merklich verzerrt. Die Messung ist deshalb genau. Thermopaare eignen sich gut für eine derartige Anbringung an der Meßstelle. Bei bewehrten Thermometern gelingt das nur unter gewissen Bedingungen.

Beispiele:

Abb. 2. Messung einer Rohroberflächentemperatur unter einer Wärmeisolierung: Ein Thermopaar wird um einen Teil des Rohrumfanges herum- und erst in ausreichender Entfernung von der Meßstelle vom Rohr weggeführt.

Abb. 3. Messung der Temperatur einer ebenen Oberfläche: Die Drähte eines Thermopaares werden auf oder unmittelbar unter der Oberfläche des zu untersuchenden Körpers befestigt und spiralenförmig oder gegebenenfalls gerade (auf einer Isotherme) von der Meßstelle weggeführt (z. B. in den Fugen des Mauerwerks oder bei Metalloberflächen unter einem dünnen Blech aus dem betreffenden Material).

Abb. 4. Anordnung eines bewehrten Thermometers in einem Krümmer. Das Thermometer muß — bei entsprechender mechanischer Widerstandsfähigkeit.— so lang sein, daß sich der temperaturempfindliche Teil (Fühler) in der Rohrachse der geraden Strecke befindet und entgegen der Strömung gerichtet ist.

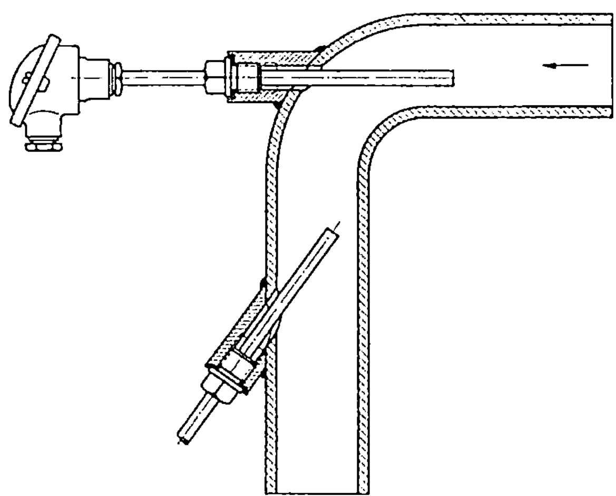

Abb. 4. Einbau von Thermometern in eine Rohrleitung.

Der Einbau von Thermometern schräg gegen die Strömung ist — hinsichtlich der Wärmeableitung — weniger günstig als die geschilderte Anordnung in Krümmern, aber vorteilhafter als der Einbau senkrecht zur Rohrachse.

Abb. 5. Bei dem dargestellten Einbau des Thermometers wird die besonders gestaltete Einschraubstelle durch eine Nebenströmung verstärkt beheizt. Man erreicht dabei, daß die Wärmeableitung hauptsächlich an der Einbaustelle erfolgt und daß das Temperaturfeld an der Meßstelle nur wenig verzerrt wird.

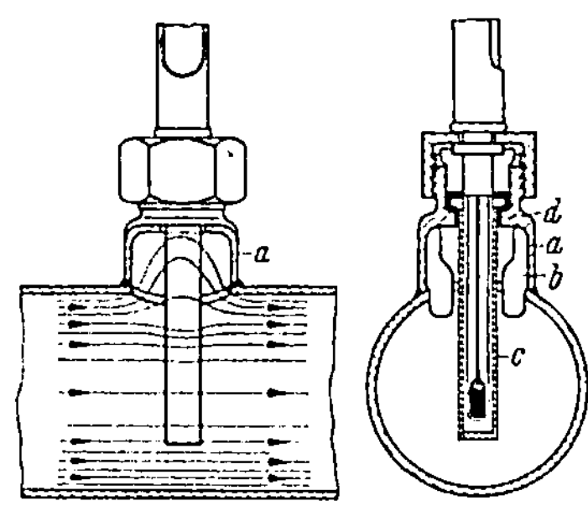

Abb. 5. Thermometer mit zusätzlicher Beheizung der Einbaustelle. SCHÄFFER und BUDENBERG.

Zu Punkt 3. Durch den Einfluß der *Strahlung* können, besonders bei der Temperaturmessung von Gasen, erhebliche Fehler auftreten. Es kann vorkommen, daß die Temperatur zu niedrig oder zu hoch bestimmt wird (bei Abstrahlung des Temperaturfühlers nach Stellen mit niedrigerer Umgebungstemperatur bzw. bei Einstrahlung von heißeren Körpern auf den Fühler). Diese Einflüsse sind durch eine Abschirmung der Strahlung durch einen oder mehrere stark reflektierende Metallzylinder, welche in einiger Entfernung um den Fühler herumgelegt werden, zu vermindern. Wenn der Strahlungsschutz in geeigneter Weise bis auf die Temperatur des zu messenden Gases aufgeheizt wird, werden die von der Strahlung herrührenden Meßfehler völlig vermieden. Dieses Verfahren kommt jedoch wegen seiner Umständlichkeit für Betriebsmessungen weniger in Betracht.

3. Bewehrung von Thermometern.

Die *Bewehrung* der Thermometer soll sie gegen alle Einflüsse des zu prüfenden Stoffes schützen. Sie soll daher auch bei hohen Temperaturen mechanisch widerstandsfähig, gasdicht und unempfindlich gegen schroffe Temperaturwechsel sein. Je nach den gegebenen Bedingungen finden Schutzrohre aus unterschiedlichem Material wie folgt Verwendung:

Speisewasser, Rohwasser
  bis etwa 150° C, 10 kg/cm² . . . verkupferter Flußstahl oder Messing
  bis etwa 250° C, 200 kg/cm² . . . warmfester Stahl 13 CrMo 44
Kondensat, Destillat, Abwässer,
  Laugen . . . . emaillierter Stahl
Heißdampf bis etwa 500° C und
  200 kg/cm² bzw. 550° C und
  120 kg/cm² . . . . warmfester Stahl 13 Cr Mo 44
Luft bis 600° C . . . . Flußstahl
Rauchgas bis 600° C . . . . . . emaillierter Flußstahl
Schwefelhaltiges Rauchgas bis 1200° C Chromeisen: 10 CrAl 24 oder 10 CrSi 29
Rauchgase bis 1500° C . . . . . . Thermoelement-Porzellan Typ 610
                        DIN 40685

4. Temperaturmeßeinrichtungen.

Zu den am häufigsten zur Anwendung kommenden Temperaturmeßeinrichtungen gehören ohne Zweifel die Quecksilberthermometer. Trotz des einfachen Meßverfahrens bedürfen ihre Ergebnisse einer kritischen Wertung. Ihr Anwendungsbereich ist beschränkt, weil eine Fernmessung nicht möglich ist. Da diese aber im Kraftwerk unerläßlich ist, bedient man sich dort in großem Umfange auch elektrischer Meßverfahren.

a) Glasthermometer. Bei Glasthermometern[1] ist die Ausdehnung einer Thermometerflüssigkeit gegenüber Glas ein Maß für die Temperatur.

Der aus Glas bestehende Thermometerkörper enthält einen kugel- oder zylinderförmigen Temperaturfühler, welcher in eine Kapillare ausläuft. Der Fühler ist mit einer Thermometerflüssigkeit gefüllt, welche, entsprechend der jeweiligen Temperatur, ihren Stand in der Kapillare verändert.

Je nach der Ausführung der Skala unterscheidet man *Stabthermometer*, bei welchen die Skala auf ein starkwandiges Kapillarrohr aufgeätzt ist, oder die häufiger verwendeten *Einschlußthermometer*, bei welchen die Kapillare und eine Milchglasskala in einem gemeinsamen Glasrohr enthalten sind.

Flüssigkeitsthermometer eignen sich nur für direkte Ablesung, ohne Registrierung, an gut zugänglichen Stellen.

Je nach der Art der verwendeten Füllflüssigkeit und Glassorte sind verschiedene *Meßbereiche* ausführbar, welche z. T. aus Abb. 1 zu ersehen sind.

---

[1] OTTE, W.: Temperaturmessungen in Dampfkraftwerken. BWK Bd. 3 (1951) H. 7, S. 227.

Die *Eichfehlergrenzen* von Betriebs-Stockthermometern (Quecksilberthermometer) sind in DIN 12782 festgelegt. Sie betragen z. B. bei Thermometern mit einem Umfang der Skala von 0 bis 400° C zwischen 0 und 50°: $\pm 1°$ C, zwischen 50 und 100°: $\pm 1,5°$ C, von 100 bis 200°: $\pm 2°$ C, von 200 bis 300°: $\pm 3°$ C, von 300 bis 400°: $\pm 4°$ C. Nach längerem Gebrauch, besonders bei Temperaturen zwischen 400 und 600° C, können Quecksilberthermometer jedoch wesentlich größere Fehler aufweisen[1].

Flüssigkeitsthermometer sind wegen ihrer geringen mechanischen Festigkeit gewöhnlich durch Schutzrohre bewehrt. Es ist dabei nötig, einen guten Wärmeübergang auf den Temperaturfühler zu schaffen. Das kann geschehen durch die Füllung des Schutzrohres mit einer geeigneten Flüssigkeit oder mit Metallspänen bis in die Höhe der Oberkante des Temperaturfühlers. Außerdem ist es zur Unterbindung der Wärmekonvektion zweckmäßig, das Schutzrohr oben abzudichten.

Technische Thermometer sind meist als Einschlußthermometer ausgeführt. Dabei ist die Kontraktion des *herausragenden Fadens* bei der Herstellung der Skala berücksichtigt. Laboratoriumsthermometer sind dagegen so einzubauen, daß der Faden der Thermometerflüssigkeit nicht über die Einbaustelle herausragt. Man würde sonst eine zu niedrige Temperatur messen. Gegebenenfalls muß bei herausragendem Faden die Anzeige mit Hilfe eines zweiten Thermometers berichtigt werden. Zu diesem Zweck ist bei Quecksilberthermometern zu der in °C ausgedrückten Länge n des herausragenden Fadens einen Zuschlag von $n/6000\,(t_a - t_f)$ anzubringen. Dabei ist t_a die abgelesene und t_f die Temperatur des herausragenden Fadens.

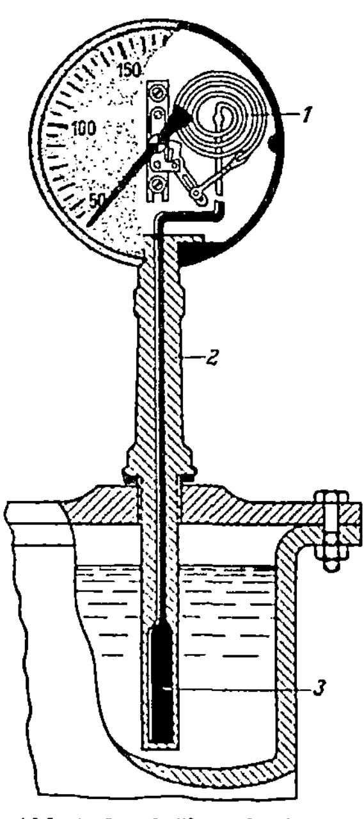

Abb. 6. Quecksilberfederthermometer (schematisch). ICE.

b) Federthermometer. *Federthermometer bestehen* nach Abb. 6 aus einem mit einer Flüssigkeit — meist Quecksilber — gefüllten Fühler *3*, aus einer Verbindungsleitung (biegsame Kapillare oder starrer Schaft) *2* und einem nach dem Manometerprinzip arbeitenden Meßwerk *1* meist mit spiralförmiger Rohrfeder. Alle Teile bilden eine unlösbare Einheit, welche nicht verändert werden darf.

Quecksilberfederthermometer *eignen* sich demnach sowohl für eine örtliche als auch für eine Fernanzeige auf kürzere Entfernungen.

Federthermometer mit Quecksilberfüllung sind für einen *Verwendungsbereich* von —30 bis +600° C, solche mit Alkoholfüllung bis +150° C ausführbar.

---

[1] OTTE, W.: Anzeigefehler von Quecksilberthermometern. BWK Bd. 2 (1950) H. 5, S. 130.

Die *Fehlergrenzen* dieser Thermometer liegen etwa bei $\pm 1{,}5\%$ vom Anzeigebereichumfang. Bei Abweichungen der Raumtemperatur von dem der Justierung zugrunde gelegten Wert können zusätzliche Fehler durch Volumenänderungen der Füllflüssigkeit im Meßsystem und in den Zuleitungen auftreten. Diese können jedoch durch einen Bimetallausgleich oder durch eine zweite Kapillare mit Differenzmeßwerk kompensiert werden. Auch der Höhenunterschied zwischen Fühler und Meßgerät und der auf dem Fühler lastende Überdruck sind grundsätzlich von Einfluß auf die Anzeige ($+1°$C für $+17$ m Höhenunterschied bzw. $+1°$C für je 40 kg/cm²). Quecksilberfederthermometer können gelegentlich nach längerer Benutzung altern.

Quecksilberfederthermometer sind so *anzuordnen*, daß die Kapillare gegen mechanische Beanspruchungen geschützt ist. Außerdem ist der Einfluß von Raumtemperaturschwankungen möglichst weitgehend auszuschalten oder zu kompensieren. Für den Einbau der Temperaturfühler gelten die oben dargelegten Grundsätze.

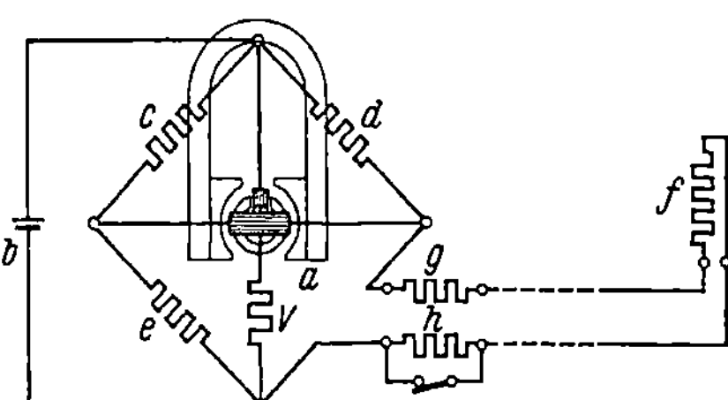

Abb. 7. Temperaturmessung mit Widerstandsthermometer und T-Spulmeßwerk. AEG.
a T-Spulmeßwerk; *b* Stromquelle; *c, d, e* unveränderliche Brückenwiderstände; *f* Meßwiderstand (veränderliche ‧ Brückenwiderstand); *g* Abgleichwiderstand; *h* Prüfwiderstand mit Kurzschließer; *V* Vorwiderstand.

c) Widerstandsthermometer. Die Temperaturmessung mit Hilfe von Glasthermometern und Quecksilberfederthermometern kann nur völlig oder weitgehend ortsgebunden erfolgen. Das bedeutet für die Verwendung in Kraftwerken eine gewisse Einschränkung. Widerstandsthermometer ermöglichen dagegen eine Fernmessung über alle Entfernungen, welche innerhalb eines ausgedehnten Betriebes vorkommen. Sie werden deshalb in Dampfkraftwerken viel verwendet.

α) *Meßverfahren.* Die Temperaturfühler von Widerstandsthermometern sind Meßwiderstände aus Draht. Der Zusammenhang zwischen Temperatur und Widerstand ist genau bekannt und unter normalen Betriebsbedingungen nicht veränderlich. Auf diese Weise wird die Messung der Temperatur auf eine Bestimmung des elektrischen Widerstandes zurückgeführt, welche mit den bekannten Verfahren erfolgen kann, besonders mit Schaltungen, welche von der WHEATSTONEschen Brücke abgeleitet sind. Für Betriebsmessungen haben Ausschlagschaltungen unter Verwendung von Quotientenmeßwerken besondere Bedeutung erlangt[1].

Abb. 7 zeigt eine solche Brückenschaltung unter Verwendung eines weiterentwickelten Kreuzspulmeßwerkes *a*. Die Brücke besteht aus dem veränderlichen Meßwiderstand *f* des Thermometers und den festen Widerständen *d*, *c* und *e*, wobei die Größe der beiden letzteren durch den gewünschten Anzeigebereich bestimmt ist. In der Brückendiagonale liegt die Auslenkspule des Meßwerkes, welche auf die Ver-

---

[1] EGGERS, H. R.: Brückenschaltungen zur Temperaturmessung mit Widerstandsthermometern. ATM J 222-1, 1941.

stimmung der Brücke durch Temperaturänderungen anspricht. Die Richtspule steht zu dieser räumlich senkrecht. Sie liegt über einen Vorwiderstand V an der Hilfsspannung b und wirkt unter dem Einfluß eines permanenten Hufeisenmagneten (mit inhomogenem Feld) wie eine Feder. Für die Messung ist eine Hilfsspannung erforderlich. Deren Änderungen beeinflussen das Drehmoment beider Meßwerkspulen in gleicher Weise. Die Einstellung des Meßwerkes ist daher weitgehend unabhängig von der Höhe der Hilfsspannung.

β) *Thermometer.* Die Meßwiderstände für Widerstandsthermometer werden aus *Platin* oder *Nickel* hergestellt, weil diese Materialien hohe, zeitlich unveränderliche Temperaturbeiwerte und gleichbleibende physikalische Eigenschaften haben. Abb. 8 zeigt die Abhängigkeit des Widerstandes von der Temperatur bei Meßwiderständen, die bei 0° auf einen Widerstand von 100 Ohm abgeglichen sind.

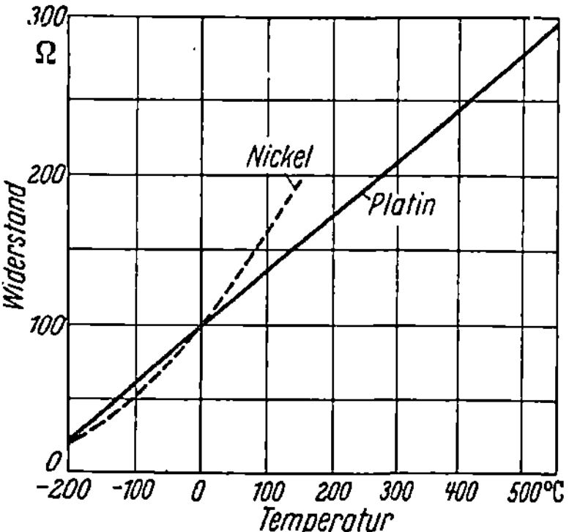

Abb. 8. Meßwiderstände von 100 Ohm bei 0° C abhängig von der Temperatur.

Platinthermometer sind *verwendbar* von $-200°$ C bis $+550°$ C, in Sonderfällen bis $+750°$ C, Nickelthermometer von $-60°$ C bis $+180°$ C.

Die gleichzeitige Anzeige und Aufzeichnung von Temperaturen erfolgt unter Verwendung von Doppelthermometern. Das sind zwei elektrisch voneinander getrennte Meßwiderstände in gemeinsamer Bewehrung. Bei Widerstandsthermometern kann gelegentlich unter dem Einfluß hoher Temperaturen und mechanischer Schwingungen eine erhöhte Leitfähigkeit der Glasisolation des Meßwiderstandes auftreten, welche Meßfehler zur Folge hat. Diese machen sich besonders störend bei Doppelthermometern bemerkbar.

Die Ausführung der *Bewehrung von Widerstandsthermometern* wird dem Verwendungszweck, der Temperatur, dem Druck und der Aggressivität des Meßstoffes angepaßt.

Bei Thermometern für *trockene Räume* ist der Widerstandsdraht auf eine kleine, dünne Isolierstoffplatte gewickelt und durch Lack festgelegt. Dieser Temperaturfühler ist auf einer Grundplatte befestigt und durch eine durchbrochene Haube abgedeckt (Abb. 9 a).

Meßwiderstände für *Feuchtraumthermometer* sind in einer wasserdichten Bewehrung untergebracht, welche mit einer Stopfbuchse für die Einführung der Zuleitungen versehen ist (Abb. 9 b).

Widerstandsthermometer zum Einbau in Rohrleitungen und Behälter zeigt Abb. 9 c. Die Schutzrohre müssen dem Verwendungszweck entsprechend bemessen sein. Sie sind mit einem Anschlußkopf für die Anschlußklemmen der Zuleitungen versehen. Bei Drücken bis etwa 60 kg/cm² werden Thermometer in die Leitung eingeschraubt, bei höheren Drücken eingeschweißt oder mittels Flanschen und Linsendichtung befestigt. Der Draht der Meßwiderstände ist bei Thermometern für niedrige Temperaturen auf Isolierstoffstreifen oder -zylinder aufgewickelt und durch Lack oder Bandagen befestigt, bei solchen für Temperaturen bis 550°C in Hartglaszylinder eingeschmolzen (Abb. 10) und bei Temperaturen bis 750° auf Sintertonerdezylindern durch Emaille festgelegt[1]. Diese Temperaturfühler

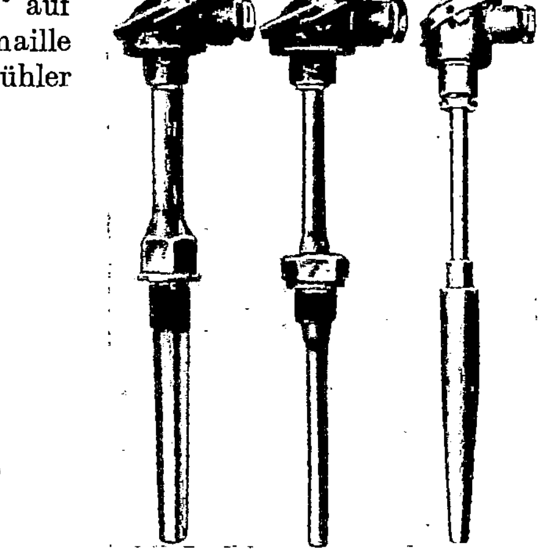

a   b   c

Abb. 9. Widerstandsthermometer für verschiedene Verwendungszwecke. DEGUSSA.
a Für trockene Räume; b Für feuchte Räume; c Für Rohr- und Behältereinbau.

sind in rohrförmigen Meßeinsätzen erschütterungs- und bruchsicher untergebracht und können mit diesen leicht aus den zugehörigen Schutzrohren entfernt werden.

Die streifenförmig ausgebildeten Meßwiderstände der Thermometer, welche zum Einbau in Nuten elektrischer Generatoren bestimmt sind, sind durch Hartpapierumpressung allseitig isoliert.

γ) *Anzeigeinstrumente.* Bei Betriebsmessungen erfolgt die Anzeige der Temperatur durch spannungsunabhängige Zweispulenmeßgeräte mit richtkraftlosen Stromzuführungen. Sie werden in verschiedenen Ausführungen hergestellt, welche aus dem Kreuzspulmeßwerk (Abb. 11 a) hervorgegangen sind. Dieses besteht im wesentlichen aus einem Hufeisenmagneten mit besonders geformten Polschuhen (inhomogenes Feld) und aus zwei unter einem bestimmten Winkel gekreuzten beweglichen Spulen.

Abb. 10. Meßwiderstände für Widerstandsthermometer. DEGUSSA

[1] BARTHEL, A.: Platin-Widerstandsthermometer zur Temperaturmessung bis 750°C. VDI-Zeitschrift Bd. 92 (1950) Nr. 25.

Bei dem *Parallelspulmeßwerk* nach Abb. 11 b sind zwei parallele
Spulen *1* und *2* auf der Meßwerkachse befestigt. Zwischen den Polen
eines Hufeisenmagneten befindet sich als Rückschluß für die Kraftlinien ein zylindrischer Eisenkern *K*, welcher auf einer Seite eine
Bohrung *L* hat. Dadurch wird der Verlauf der Induktion in der einen
Luftspalthälfte inhomogen. Das Meßsystem stellt sich entsprechend
dem jeweiligen Verhältnis der Ströme in beiden Spulen ein.

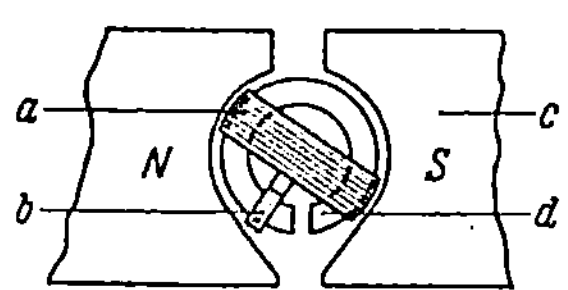

Abb. 11 a. Kreuzspulmeßwerk. HuB.

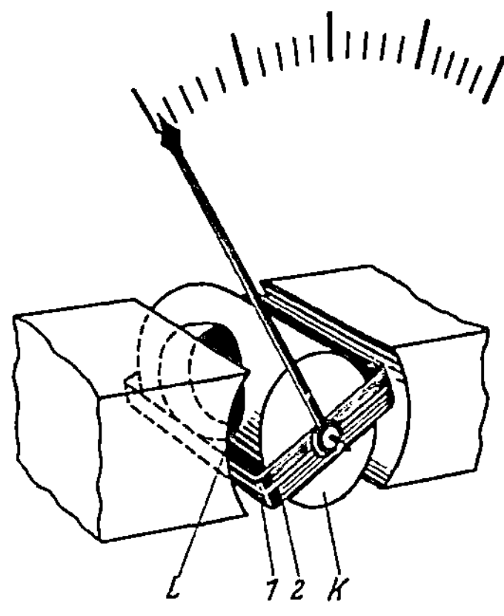

Abb. 11 b. Parallelspulmeßwerk. SuH.

Abb. 11 c. T-Spulmeßwerk mit Hufeisenmagnet.
AEG.
a Auslenkspule;   *b* Richtspule;   *c* Polschuhe;
d Rückschluß.

Bei dem *T-Spulmeßwerk* sind die Spulen des Meßwerkes senkrecht
zueinander angeordnet. Es ist sowohl mit einem Hufeisenmagneten
mit inhomogenem Magnetfeld nach Abb. 11 c ausführbar, als auch mit
Kernmagnet[1] nach Abb. 11 d. Dabei ist das magnetisch aktive Material
im Kern des Meßwerkes angeordnet. Die Kraftlinien schließen sich
über einen geschlitzten Ring aus weichem Eisen.

   δ) Zubehör. Zwischen Anzeigegerät und Widerstandsthermometer
liegen die Zuleitungen, deren Widerstand in die Messung eingeht.

---

[1] EGGERS, H. R.: T-Spulmeßgerät mit Kernmagnet zur Temperaturmessung
und Meßwert-Fernübertragung. ETZ 71. Jg. (1950) H. 4.

Man berücksichtigt daher bei der Justierung des Instrumentes einen bestimmten *Zuleitungswiderstand* — nach DIN 43709: 10 Ohm — für die Hin- und Rückleitung. In den Stromkreis jedes Thermometers ist ein *Abgleichwiderstand g* geschaltet, der beim Leitungsabgleich um den Betrag des Zuleitungswiderstandes verringert wird. Das kann nach Abb. 7 mit Hilfe eines *Prüfwiderstandes h* geschehen, der dabei an Stelle des Thermometers eingeschaltet ist. Bei einwandfreiem Leitungsabgleich zeigt das Instrument einen dem Prüfwiderstand entsprechenden Wert an.

Die Meßspannung kann Batterien oder einem *Netzgleichrichter* entnommen werden. Die Meßspannung soll gemäß den Normen 6 Volt sein.

Meßumschalter ermöglichen den wechselweisen Anschluß mehrerer Thermometer an ein Anzeigegerät. Sie besitzen zur Vermeidung von Meßfehlern durch Übergangswiderstände Kontakte aus Edelmetall. Die Kontaktfedersätze haben eine bestimmte Schaltfolge, bei der

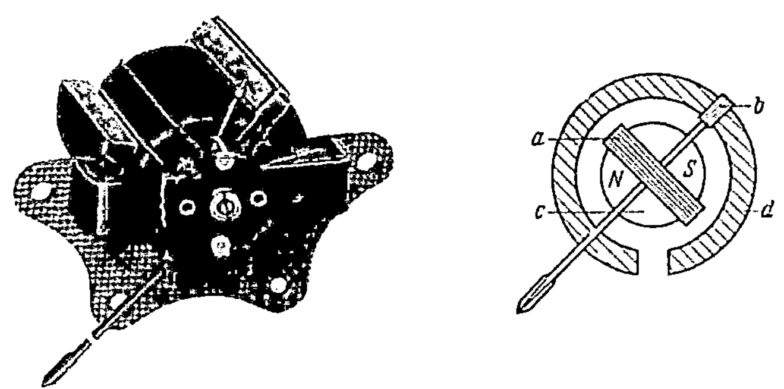

Abb. 11 d. T-Spulmeßwerk mit Kernmagnet. AEG.
a Auslenkspule; *b* Richtspule; *c* Kernmagnet; *d* Rückschluß.

zuerst das Thermometer an die Brückenschaltung und dann die Meßspannung angelegt wird. Auf diese Weise werden Prellschläge auf das Meßwerk durch offene Zuleitungen verhindert.

ε) *Anwendungsmöglichkeiten.* Widerstandsthermometer eignen sich vor allem für die Messung relativ niedriger Temperaturen bis 550° C und in Sonderfällen bis 750° C (z. B. für Dampf, Luft und Rauchgase), besonders in den Fällen, bei welchen wegen schwer zugänglicher Meßstellen oder aus sonstigen Gründen eine Fernmessung erwünscht ist. Die zugehörigen Anzeigeinstrumente sind, zur Erhöhung der Ablesegenauigkeit, mit kleinem Anzeigebereichumfang ausführbar. Vorteilhaft ist auch, daß die Messung mit Widerstandsthermometern in weit höherem Maße als die mit Thermoelementen von den Einflüssen der Raumtemperatur unabhängig ist. Die Form der Meßwiderstände kann vielfach gewissen Bedingungen hinsichtlich der Abmessungen angepaßt werden (vgl. Thermometer für die Generatornuten). Unmittelbare Temperaturdifferenzmessungen sind ausführbar.

ζ) *Fehlergrenzen von Meßwiderständen und Instrumenten.* Mit Platinwiderstandsthermometern sind Temperaturmessungen höchster

Genauigkeit ausführbar. Die PTB benutzt sie als Vergleichsnormal für die Eichung anderer Thermometer.

Die Fehler einer Temperaturmeßeinrichtung mit Widerstandsthermometern hängen von den Fehlergrenzen der Meßgeräte und Meßwiderstände ab, aber auch von dem Aufbau der ganzen Anlage und von der Güte des Leitungsabgleiches.

Die für Widerstandsthermometer zulässigen *Abweichungen* von den Grundwerten sind nach DIN 43760 (Entwurf 1952) festgelegt. Sie betragen beispielsweise für Thermometer mit 100 Ohm bei 0° C:

Meß-temperatur °C	Nickel		Platin	
	Ω	°C	Ω	°C
0	± 0,10	± 0,18	± 0,10	± 0,26
100	± 0,80	± 1,13	± 0,2	± 0,52
180	± 1,35	± 1,60	—	—
200			± 0,4	± 1,09
400			± 0,8	± 2,31
550			± 1,1	± 3,39

Die Fehlergrenzen der Temperaturmeßgeräte in Schalttafelausführung sind nach VDE 0410 bzw. DIN 57410: ±1,5%. Es ist jedoch handelsüblich, folgende Werte zu garantieren:

Runde oder quadratische Schalttafelgeräte (horizontale Meßwerkachse) . . . . ±1,5%   des Meß-
Profilinstrumente in horizontaler Lage (senkrechte Meßwerkachse . . . . ±1%   bereich-
Punktschreiber . . . . ±1%   umfanges

Die von dem *Aufbau* der Anlage herrührenden Fehlereinflüsse werden im folgenden Abschnitt behandelt.

η) *Richtlinien für die Montage.* Die Genauigkeit der Temperaturmessung mit Widerstandsthermometern hängt in hohem Maße von der sachgemäßen Ausführung der Montage und von der richtigen Anordnung aller Zubehörteile ab.

Temperaturfühler sollen nach den oben dargelegten Gesichtspunkten so angebracht sein, daß sie auch die herrschende Temperatur tatsächlich erfassen können.

Als Material für die *Meßleitungen* wählt man am besten Kupfer mit einem solchen Querschnitt, daß der Widerstand für die Hin- und Rückleitung nicht größer als 10 Ohm ist. Mit 1,5 mm² kann man etwa 350 m und mit 2,5 mm² etwa 700 m überbrücken.

Der Widerstand der Meßleitungen geht in die Messung ein. Es ist deshalb unbedingt nötig, ihren Widerstand in betriebswarmem Zustand sehr sorgfältig abzugleichen und für zuverlässige Klemmverbindungen zu sorgen. Außerdem sind die Leitungen so zu verlegen, daß sie möglichst geringen Temperaturschwankungen ausgesetzt sind, weil die dadurch verursachten Widerstandsänderungen die Übertragungsentfernung begrenzen. Der dadurch hervorgerufene Meßfehler F ist bei der Verwendung von Platinwiderstandsthermometern mit einem Temperaturbeiwert von $3{,}85 \cdot 10^{-3}$ und von Kupferleitungen: $F = 2{,}09 \cdot t \cdot L/100$ [°C]. Dabei ist L die in Ohm ausgedrückte Übertragungsentfernung und t die Abweichung der Raumtemperatur von der Temperatur, bei welcher der Abgleich erfolgte. Demnach ist für $L = 5$ — d. h. 10 Ohm für Hin- und Rückleitung — und für:

t [°C]	5	10	15	20	30
F [°C]	0,52	1,04	1,57	2,09	3,13

Die Formel zeigt, daß mit zunehmender Leitungslänge L die Messung bei Raumtemperaturschwankungen immer ungenauer wird. Man kann durch schaltungstechnische Modifikationen der Brückenschaltung (Dreileiter- und Vierleiterbrückenschaltung[1]) unter Verwendung zusätzlicher Leitungen den Temperatureinfluß vermindern und sogar ganz beseitigen. Mit der Dreileiterbrückenschaltung sind bei tragbarem Leitungsaufwand mit der üblichen Genauigkeit Entfernungen bis 1,5 km zu überbrücken.

Auch die *Ableitung* der Meßleitungen kann die Übertragungsentfernung begrenzen. Es ist deshalb ein möglichst hoher Isolationswiderstand der Gesamtanlage — einschließlich der Thermometer — anzustreben. Er soll gegen Erde und zwischen den Leitern 2 Megohm nicht unterschreiten. Normalerweise genügen dafür die üblichen Feuchtraum- oder NGA-Leitungen in Stahlpanzerrohr. Bei hohen Temperaturen ist die Verwendung asbestisolierter Leitungen angebracht. Dabei ist zu beachten, daß Feuchtigkeitsniederschläge deren Ableitung erhöhen und somit die Genauigkeit der Messung verringern können.

Bei der Montage der Anlage ist auch auf die Anbringung der Netzanschlußgeräte zu achten. Trockengleichrichter sind empfindlich gegen Quecksilberdämpfe und hohe Temperaturen. Deswegen ist eine Behinderung der Luftzirkulation durch Staub oder durch eine unerwünschte Abdeckung des Gerätes zu vermeiden. Man soll sie an solchen Stellen anbringen, an welchen die Raumtemperatur 35° C nicht überschreitet und Quecksilberdämpfe nicht zu befürchten sind. Netzspannungsschwankungen von $\pm 20\%$ sind noch zulässig.

d) Thermoelemente. Die Temperaturmessung mit Thermoelementen ist ebenfalls ein wichtiges Verfahren für die Überwachung ausgedehnter Betriebsanlagen. Ihre Anwendbarkeit deckt sich nur teilweise mit der der Widerstandsthermometer.

α) *Meßverfahren. Thermopaare* (Thermoelemente) bestehen aus zwei Drähten aus verschiedenem Material, welche an einem Ende zusammengelötet oder geschweißt sind (*Meßstelle*). Wenn diese Stelle erwärmt wird, tritt an den freien, kalten Enden des Thermopaares (*Vergleichsstelle*) eine elektromotorische Kraft, die Thermospannung, auf, welche in ihrer Höhe von dem Temperatur*unterschied* zwischen der Meß- und der Vergleichsstelle abhängt. Sie kann mit empfindlichen Drehspulinstrumenten direkt gemessen (Abb. 12) oder in Sonderfällen durch Kompensation bestimmt werden (Abb. 13).

Thermoelektrische Thermometer messen also Temperatur*unterschiede*. Für genauere Temperaturmessungen ist deshalb die Ver-

---

[1] EGGERS, H. R.: Brückenschaltungen zur Temperaturmessung mit Widerstandsthermometern ATM-J. 222-1, 1941.

gleichsstelle auf gleichbleibender Temperatur zu halten. Dieser Bedingung ist aber nur schwer zu genügen, wenn Thermopaare in Schutzrohre eingebaut sind, wie das bei Betriebsmessungen allgemein der Fall ist. Sie werden dann durch *Ausgleichsleitungen* bis an die Vergleichsstelle, d. h. an eine Stelle mit möglichst gleichbleibender Temperatur, verlängert (Abb. 12). Die Ausgleichsleitungen haben innerhalb eines gewissen Temperaturbereiches die gleiche Thermospannung wie

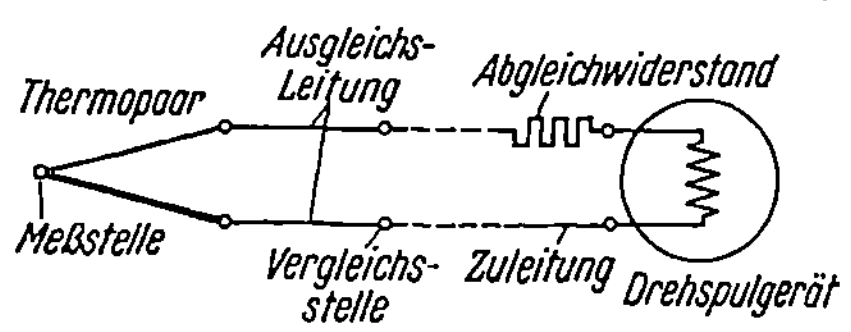

Abb. 12. Temperaturmessung mit Thermopaar und Drehspulmeßwerk.

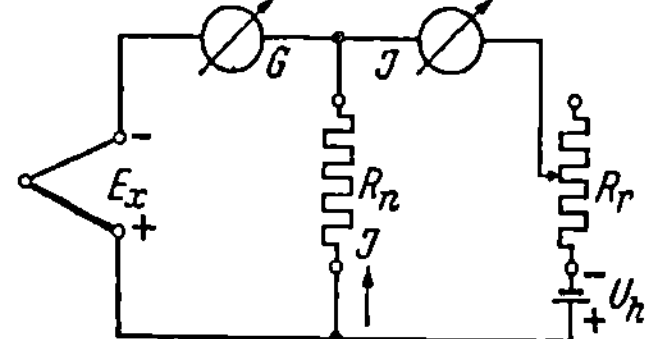

Abb. 13. Kompensationsschaltung nach LINDECK-ROTHE.

das zugehörige Thermopaar selbst. Die Temperatur der Anschlußklemmen des Thermometers hat dabei keinen Einfluß auf das Meßergebnis. Die Vergleichsstelle ist über Zuleitungen mit dem Meßgerät verbunden. Der Leitungswiderstand muß unter gewissen Bedingungen (s. Zubehör) mit Hilfe von *Abgleichwiderständen* auf einen festen Wert gebracht werden. Wenn eine größere Genauigkeit gefordert wird, ist

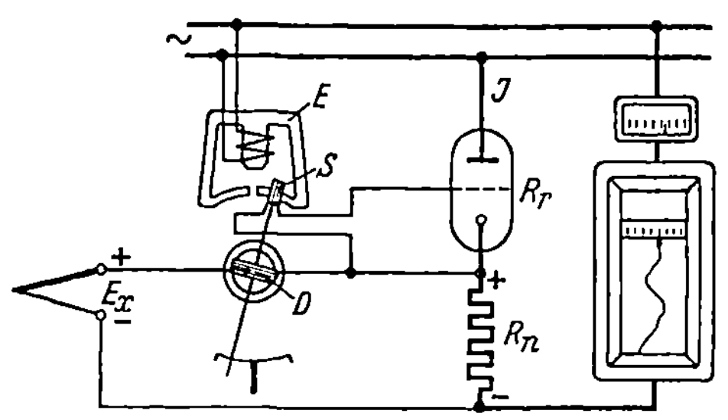

Abb. 14. Wirkschaltbild des selbstabgleichenden Schwenkspulkompensators. AEG.

durch geeignete Maßnahmen (s. Zubehör) der Einfluß von Temperaturänderungen an der Vergleichsstelle zu reduzieren.

Die Temperaturmessung mit Thermopaar und Drehspulanzeigegerät wird in ihrer Genauigkeit dadurch beeinträchtigt, daß das Anzeigegerät dem Thermopaar Strom entnimmt. Die Temperatur wird entsprechend den Spannungsabfällen an den Thermodrähten, den Ausgleichsleitungen und an den Zuleitungen zu niedrig gemessen. Wenn es daher — etwa zur Prüfung von Thermopaaren — auf besonders genaue Messungen ankommt, ist die Thermospannung besser mittels des *Kompensationsverfahrens* zu bestimmen. Man vergleicht sie dabei mit einer genau bekannten Gegenspannung. Dabei bleibt das Thermopaar stromlos. Abb. 13 zeigt die *Kompensationsschaltung* nach LINDECK-ROTHE, bei welcher ein mit einem Präzisionsstrommesser gemessener Strom J so lange mit Hilfe des Widerstandes R_r verändert wird, bis das Galvanometer G stromlos ist. Die Thermospannung E_x des Thermopaares ist dann $J R_n$. Die Genauigkeit des dargestellten Verfahrens ist im wesentlichen bestimmt durch die Fehler, mit welchen der Strom J gemessen wird. Andere Ausführungen derartiger Kompensatoren vergleichen die zu bestimmende Spannung mit der EMK eines Normalelementes. Dabei ist die Genauigkeit wesentlich höher.

Kompensationsschaltungen werden z. B. nach Abb. 14 auch *selbstabgleichend* ausgeführt. Im vorliegenden Falle[1] wird die zu messende Spannung in eine Stromstärke von bequem meßbarer Größe umgeformt.

Die Spannungsquelle, deren elektromotorische Kraft E_x bestimmt werden soll, ist dabei ein Thermopaar. Sie wird unter Zwischenschaltung der Meßwerkspule D eines richtkraftlosen Galvanometers mit dem Spannungsabfall verglichen, welchen ein Hilfsstrom J an dem Widerstand R_n hervorruft. Solange die Kompensationsbedingung $E_x = JR_n$ nicht erfüllt ist, versucht die Galvanometerspule D eine der beiden Endlagen einzunehmen. In der mit ihr fest verbundenen Schwenkspule S wird durch ein vom Netz erregtes Magnetsystem E in Abhängigkeit von der Auswanderung der Galvanometerspule eine proportionale Spannung induziert, welche dem Gitter der Elektronenröhre R_r zugeführt wird. Diese ändert ihren inneren Widerstand und damit den Hilfsstrom J so lange, bis die Kompensationsbedingung erfüllt ist. Man kann ihn durch robuste Instrumente messen und ggf. aufzeichnen. Änderungen der Röhreneigenschaften oder Netzspannung verursachen in weiten Grenzen keine zusätzlichen Fehler.

Auf ähnliche Weise kann bei anderen Ausführungen der Hilfsstrom J durch eine *Fotozelle* und ein richtkraftloses Spiegelgalvanometer geregelt werden.

Derartige selbstabgleichende Kompensatoren formen also sehr kleine Spannungen in bequem meßbare Ströme um, die mit Meßgeräten mit hohem Eigenverbrauch und mit kurzer Einstellzeit — z. B. mit Tintenschreibern — angezeigt oder registriert werden können, ohne daß dadurch die Spannungsquelle belastet würde. Sie eignen sich deshalb vor allem auch zur Aufzeichnung rascher Temperaturschwankungen, was mit Punktschreibern nicht möglich ist.

Durch sog. halbpotentiometrische Schaltungen (sinngemäß nach Abb. 84) kann mit einfachen Mitteln auch bei der thermoelektrischen Temperaturmessung eine weitgehende Nullpunktunterdrückung stattfinden. Dadurch ist es möglich, ähnliche Genauigkeiten wie bei der Temperaturmessung mit Widerstandsthermometern zu erreichen. Mit Hilfe einer Konstantstromquelle wird dabei eine bestimmte Spannung der Thermospannung entgegengeschaltet, wobei das Instrument stromlos ist. Bei allen anderen Spannungswerten arbeitet die Schaltung nach der Ausschlagmethode.

β) *Thermopaare.* Mit Rücksicht auf die erforderlichen Meßgeräte sind Thermopaare mit möglichst hoher Thermospannung erwünscht. Es gibt zwar Materialkombinationen, welche eine recht hohe Thermospannung aufweisen, sie lassen sich aber nicht oder nur unvollkommen zu Drähten verarbeiten. Außerdem soll das Material unter dem Einfluß hoher Temperaturen nicht verzundern, sein Gefüge nicht ändern und

---

[1] SAMAL, E.: Schwenkspulkompensator zum Aufzeichnen kleiner Gleichspannungen. ETZ A 1953, H. 20.

somit seine Thermokraft auch im Dauerbetrieb beibehalten, d. h. nicht altern.

Diesen Forderungen genügen vor allem die genormten *Thermopaare* nach DIN 43710:

	Dauer-betrieb °C	Thermo-spannung mV	Kennfarbe
Kupfer-Konstantan	bis 400	20,99	braun
Eisen-Konstantan	bis 600	33,66	blau
Nickelchrom-Nickel (Hoskins)	bis 900	37,32	grün
Platinrhodium-Platin	bis 1300	13,17	weiß
Nicht genormte Spezialelemente	bis 1750	12,96	

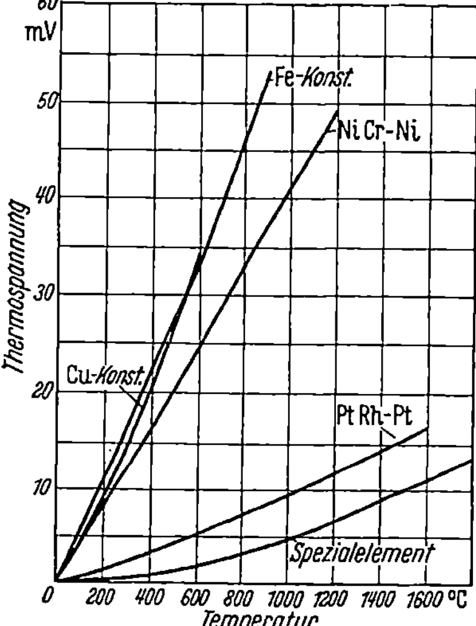

Abb. 15. Thermospannung verschiedener Thermopaare abhängig von der Temperatur.

Die Angaben beziehen sich auf eine Vergleichsstellentemperatur von 0° C. Abb. 15 zeigt die Thermospannung dieser Elemente, abhängig von der Temperatur. Sie verläuft bei Nickelchrom-Nickel praktisch linear, bei den übrigen Elementen leicht gekrümmt.

Die Anschlußenden der Plus-Thermoschenkel sind rot oder mit $+$ *gekennzeichnet*. Außerdem erhalten die Thermopaare als Materialkennzeichnung einen Farbanstrich entsprechend vorstehender Tabelle.

Nur selten werden Thermopaare direkt dem zu kontrollierenden Stoffe ausgesetzt. Im allgemeinen sind sie durch geeignete *Schutzrohre* gegen mechanische und chemische Einwirkungen zu schützen. Da diese aber bei hohen Temperaturen vielfach nicht genügend gasdicht sind, sind meist zusätzliche gasdichte keramische Innenschutzrohre erforderlich. Die Schenkel der unedlen Thermoelemente werden durch aufeinandergereihte keramische Isolierrohre gegeneinander und gegen das Schutzrohr isoliert, die der edlen durch keramische Isolierstäbe, welche zwei Löcher in axialer Richtung zur Aufnahme der Leiter haben. Die Enden der Thermopaare sind zu Anschlußklemmen geführt, welche sich in dem Anschlußkopf des Thermometers befinden.

γ) Anzeigeinstrumente. Zur unmittelbaren Messung der Thermospannung dienen Drehspulinstrumente mit hohem Meßwerkwiderstand (Abb. 16). Der von der Thermospannung verursachte Strom fließt über Rückstellfedern und die Meßwerkspule, welche in dem homogenen Feld eines permanenten Magneten drehbar gelagert ist. Die älteren Drehspulinstrumente (Abb. 16) haben Hufeisenmagnete. Neuerdings werden auch Kernmagnetmeßwerke (Abb. 17) hergestellt, mit einem zylinderförmigen Magneten c innerhalb der Meßwerkspule a und einem außen befindlichen Ring aus weichem Eisen d als Kraftlinienrückschluß.

Die für Temperaturmessung mit Thermopaaren bestimmten Meßwerke müssen geringen Eigenverbrauch (etwa 12 bis 25 Ohm/mV) haben, damit Widerstandsänderungen im Meßkreis (z. B. durch Verzunderung des Thermopaares) die Anzeige möglichst wenig beeinflussen. Außerdem soll der Temperaturfehler klein und der Gütefaktor hoch sein.

δ) *Zubehör.* Abb. 12 zeigt, daß zu einer thermoelektrischen Temperaturmeßanlage neben Thermopaar und Anzeigegerät auch Ausgleichleitungen, Abgleichwiderstände und ggf. Einrichtungen zur Be-

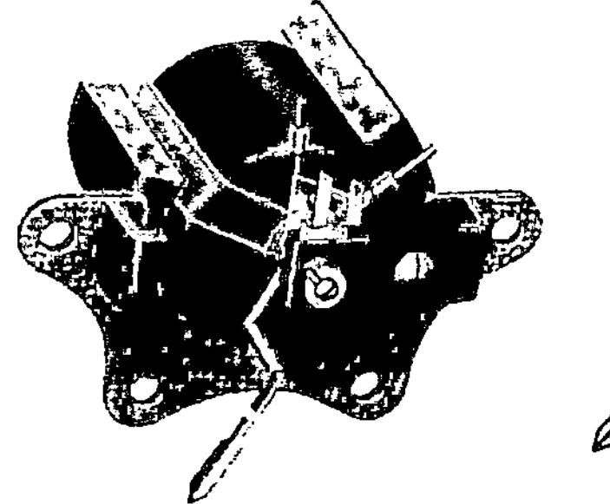
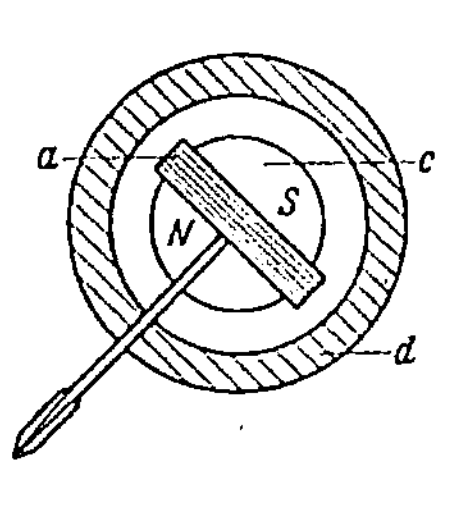

Abb. 16. Drehspulenmeßwerk mit Hufeisenmagnet. H. u. B.

Abb. 17. Drehspulmeßwerk mit Kernmagnet. AEG. *a* Drehspule; *c* Dauermagnet; *d* Rückschluß.

seitigung des Temperatureinflusses auf die Vergleichsstelle und Meßumschalter gehören.

Die zur Verlängerung der angegebenen Thermopaare bis zu der Vergleichsstelle dienenden *Ausgleichsleitungen* sind zur Vermeidung von Verwechselungen durch farbige Kennfäden wie folgt gekennzeichnet:

Kupfer-Konstantan . . . . braun
Eisen-Konstantan . . . . blau
Nickelchrom-Nickel . . . . grün
Platinrhodium-Platin . . . . weiß

Der an den Pluspol des Thermopaares anzuschließende Leiter ist durch einen zusätzlichen roten Faden gekennzeichnet.

Hinsichtlich der Isolierung und des Schutzes gegen äußere Einflüsse werden Ausgleichsleitungen in verschiedenen *Ausführungen* hergestellt: Für trockene Räume mit normaler Temperatur als Einzelleiter mit Asbestumpressung und -umflechtung. Dieses Material ist jedoch hygroskopisch. Unter ungünstigen Bedingungen kann eine elektrolytische EMK zwischen beiden Leitern auftreten, welche Meßfehler verursachen kann. In feuchten heißen Räumen sind daher beide Leitungen von einem gemeinsamen Bleimantel zu umgeben, welcher durch eine Panzerdrahtumklöppelung geschützt ist. Für trockene heiße Räume eignet sich Asbestisolierung mit gemeinsamer Asbestumflechtung, ggf. auch mit Eisendrahtbewehrung.

Der Widerstand der Ausgleichsleitungen und Thermopaare ist in der Regel gegenüber dem Meßwerkwiderstand nicht zu vernachlässigen. Nach DIN 43709 wird deshalb bei der Auslegung des Meßwerkes ein Wert von 20 Ohm als Leitungswiderstand zugrunde gelegt. Bei der Inbetriebsetzung der Anlage ist daher der Leitungswiderstand durch einen *Abgleichwiderstand* auf den angegebenen Wert zu erhöhen.

Es wurde schon dargelegt, daß die Konstanz der *Vergleichstemperatur* eine der wichtigsten Voraussetzungen für eine genaue Messung ist, besonders dann, wenn es sich um niedrige Temperaturen handelt. Für Betriebsmessungen kommen vor allem zwei Verfahren zur Vermeidung von Fehlern durch Schwankungen der Vergleichstemperatur in Frage:

1. Die Anordnung eines Thermostaten, welcher durch eine Zusatzheizung die Temperatur der Vergleichsstelle konstant hält.

2. Eine Ausgleichsschaltung nach Abb. 18, bei welcher sich ein temperaturabhängiger Widerstand r_3 in einer Brücke befindet, welche im übrigen aus temperaturunabhängigen Widerständen aufgebaut ist. Sie ist über einen Transformator Tr und Gleichrichter und Vorwiderstand r_v an das Netz angeschlossen. Bei einer Abweichung der Vergleichstemperatur von der Bezugstemperatur, für welche das Meßgerät justiert ist, drückt die Brücke durch den Einfluß des temperaturabhängigen Widerstandes dem Meßkreis eine Zusatzspannung auf, welche den Einfluß der Vergleichstemperaturänderung ausgleicht sofern die Netzspannung in ausreichendem Maße konstant ist.

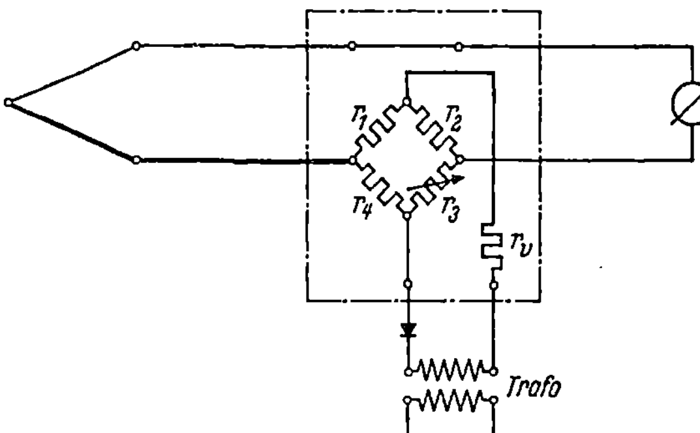

Abb. 18. Ausgleichschaltung zur Beseitigung des Einflusses von Temperaturschwankungen an der Vergleichsstelle.

Meßumschalter für Thermopaare sollen zweipolig sein. Einpolige Umschaltung und gemeinsame Rückleitung ist zwar einfacher, aber nicht so zuverlässig, weil bei hohen Temperaturen eine gute Isolierung der einzelnen Meßkreise gegeneinander nicht sicher gewährleistet ist und vielfach Thermopaare zur Erniedrigung der Totzeit in Schutzrohre eingeschweißt und damit geerdet werden.

Zur Vermeidung von Fehlern durch Übergangswiderstände werden die Kontakte der Meßumschalter aus Edelmetall hergestellt.

ε) *Anwendungsmöglichkeiten.* Die thermoelektrische Temperaturmessung *eignet* sich für den Temperaturbereich von etwa 300 bis 1800° C, vor allem, wenn bei schlecht zugänglichen Meßstellen eine Fernmessung erwünscht ist. In Kraftwerken findet sie hauptsächlich für die Messung der Temperaturen, des Dampfes, der Rauchgase und von Rohroberflächen Anwendung.

In manchen Fällen dürfte auch der Umstand von Bedeutung sein, daß sich Thermopaare gut an sehr kleinen Objekten anbringen lassen, daß sie unempfindlich gegen Erschütterungen und Schwingungen sind und daß die ganze Meßeinrichtung überhaupt sehr einfach und robust ist.

Die Umschaltung mehrerer Thermopaare auf ein Anzeigeinstrument, die gleichzeitige Anzeige und Registrierung und die Registrierung mehrerer Temperaturen auf einem Schreibstreifen, sind leicht zu bewerkstelligen.

Die Bildung von Summen oder Differenzen ist besonders einfach möglich. Letzteres ist z. B. von Bedeutung, wenn mit einem flinken und einem trägen Thermopaar die Änderungsgeschwindigkeit eines Vorgangs festzustellen ist. Solche Tendenz-Thermoelemente eignen sich auch für die Erfassung sehr rascher Temperaturschwankungen, wie sie z. B. durch sog. „Wasserschläge" in den Frischdampfleitungen der Dampfturbinen auftreten können.

ζ) *Fehlergrenzen und störende Einflüsse.* Nach DIN 43710 sind die zulässigen Abweichungen von den Grundwerten gebräuchlicher Thermopaare an der für Dauerbetrieb zugelassenen oberen Grenze wie folgt:

Kupfer-Konstantan . . . . $\pm 0,4$ mV
Eisen-Konstantan . . . . $\pm 0,4$ mV
Nickelchrom-Nickel . . . . $\pm 0,4$ mV
Platinrhodium-Platin . . . . . . $\pm 0,05$ mV

Die Fehlergrenzen der Betriebsmeßgeräte sind nach VDE 0410 $\pm 1,5\%$. Es ist jedoch handelsüblich, folgende Werte nicht zu überschreiten:

Schalttafelinstrumente mit horizontaler Meßwerkachse . . . $\pm 1,5\%$ ⎫ des
Profilinstrumente mit vertikaler Meßwerkachse . . . . $\pm 1,0\%$ ⎬ End-
Punktschreiber . . . . $\pm 1,0\%$ ⎭ wertes

Die erreichbare Genauigkeit der Messung hängt nicht nur von den Fehlern der Thermometer und Meßgeräte ab, sondern auch von dem Zustand des gesamten Meßkreises. Von Einfluß sind besonders Widerstands- und Gefügeänderungen der Thermopaare durch thermische Überlastung, Abbrand und chemische Einwirkungen (Alterung), ferner Temperaturschwankungen an der Vergleichsstelle und der Isolationswiderstand der gesamten Anlage. Aus diesen Gründen ist für die Durchführung *genauer* Messungen eine Ermittlung der Grundwerte des einzelnen Thermopaares nötig, ferner die Ausschaltung von Schwankungen der Vergleichstemperatur und die Anwendung des Kompensationsverfahrens.

η) *Richtlinien für die Montage.* Bei sachgemäßer Auslegung und Montage der Meßanlage sind daher die Fehler durch die angegebenen Maßnahmen in solchen Grenzen zu halten, daß sie das Meßresultat nur wenig beeinträchtigen.

Die Thermometer sind nach den oben angegebenen allgemeingültigen Gesichtspunkten einzubauen. Sie werden oft nicht eingeschraubt, sondern nur unter Verwendung eines verschiebbaren Anschlagflansches in Einbaurohre eingeschoben (Abb. 19a). Der Anschlagflansch kann mit dem Einbaurohr verschraubt sein (Abb. 19b).

Wenn eine Abdichtung der Einbaustelle erforderlich ist, kann das nach Abb. 19c geschehen z. B. mit Hilfe von Flanschen und Dichtungen oder durch verschiebbare, gasdichte Gewindemuffen (Abb. 19d).

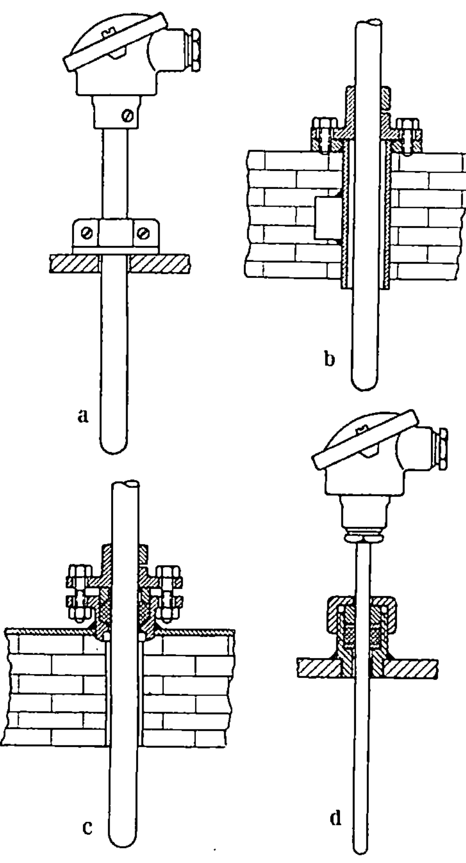

Abb. 19. Einbaubeispiele für Thermoelemente und Widerstandsthermometer.
a Verschiebbarer Anschlagflansch, Thermometer lose.
b Verschiebbarer Flansch, Thermometer fest eingebaut;
c Thermometer abgedichtet, Flansch verschiebbar;
d Thermometer mit verschiebbarer, gasdichter Gewindemuffe.

Sehr lange Thermometer sollen möglichst senkrecht hängend eingebaut oder wenigstens in geeigneter Weise abgestützt werden, damit sich die Schutzrohre in erhitztem Zustand nicht durchbiegen.

Bei dem Anschluß der Ausgleichsleitungen an das Thermopaar ist sorgfältig darauf zu achten, daß die Ausgleichsleitungen aus dem zugehörigen Material bestehen und daß sie richtig gepolt werden. An der Vergleichsstelle erfolgt in einer Durchgangsdose oder in Einrichtungen zur Beseitigung des Vergleichsstelleneinflusses der Übergang auf Zuleitungen aus Kupfer, welche zum zugehörigen Instrument führen. Deren Isolationswiderstand soll nicht kleiner als $0,5\,\mathrm{M\Omega}$ sein. Als Querschnitt ist im allgemeinen $1,5\,\mathrm{mm^2}$ ausreichend.

Nach DIN 43709 kann die Summe der Widerstände des Thermopaares, der Ausgleichs- und der Zuleitungen bis 20 Ohm betragen. Dementsprechend wird der Widerstand des Meßwerkes bei der Justierung um diesen Betrag vermindert. Dieser Leitungswiderstand ist gegenüber dem Eigenwiderstand des Meßwerkes gewöhnlich nicht zu vernachlässigen. Es können Fehlanzeigen bis zu 1% auftreten, wenn der Leitungswiderstand um 1 Ohm von dem bei der Justierung des Meßwerkes zugrunde gelegten Wert abweicht. Aus diesem Grunde sind auch Übergangswiderstände an allen Klemmverbindungen möglichst klein zu halten.

e) Strahlungspyrometer. Die Reihe der Temperaturmeßverfahren wird in Richtung auf höhere Temperaturen durch Gesamtstrahlungspyrometer fortgesetzt. Teilstrahlungspyrometer sind in dem hier betrachteten Zusammenhang weniger von Interesse.

α) *Meßverfahren.* Nach dem STEFAN-BOLTZMANNschen Gesetz ist die vom Ultraviolett bis ins langwellige Infrarot sich erstreckende Gesamtstrahlung eines schwarzen Körpers proportional der 4. Potenz der absoluten Temperatur. Demnach kann man durch die Bestimmung der Gesamtstrahlung die Temperatur eines schwarzen Körpers ermitteln.

Der schwarze Körper wird praktisch dargestellt durch einen allseitig geschlossenen, strahlungsundurchlässigen Hohlraum

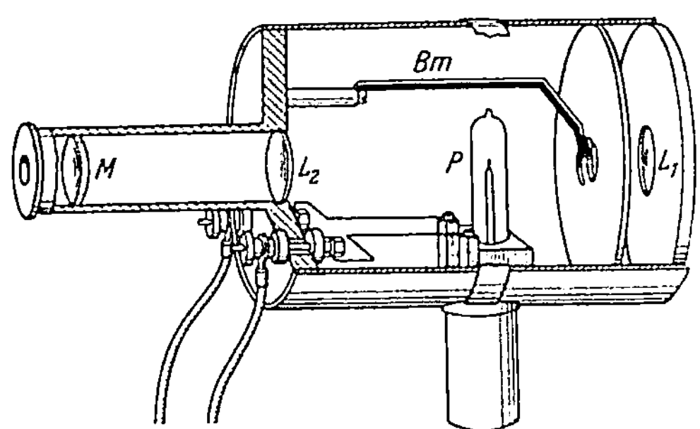

Abb. 20. Gesamtstrahlungspyrometer. H. ü. B.

mit konstanter Wandtemperatur und mit einer kleinen Öffnung zur Messung der Strahlung. Praktisch sind alle geschlossenen, auf gleichmäßige Temperatur gebrachten Öfen und Feuerräume als schwarze Strahler anzusehen.

Gesamtstrahlungspyrometer konzentrieren mittels einer Linsenanordnung die Gesamtstrahlung — einschließlich der Lichtstrahlung — des zu messenden Körpers und werfen sie auf einen wärmeempfindlichen Empfänger — meist ein geschwärztes Platinplättchen. Dessen Temperatur wird mit Hilfe eines kleinen Thermopaares (oder Widerstandsthermometers) bestimmt und, bezogen auf die Temperatur des strahlenden Körpers, angezeigt.

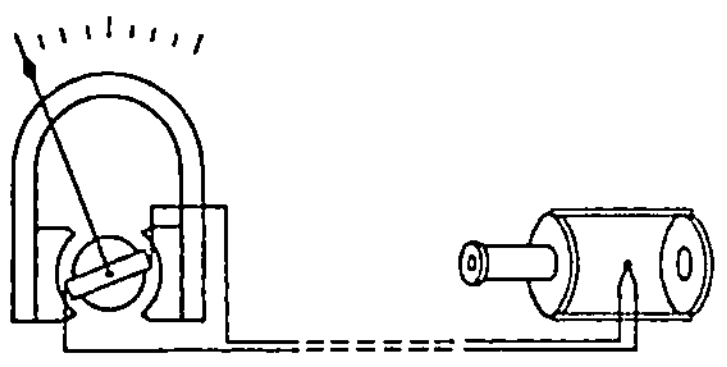
Abb. 21. Temperaturmessung mit Strahlungspyrometer.

β) *Strahlungsempfänger.* Das Gesamtstrahlungspyrometer (Abb. 20) besteht aus einem Linsensystem L_1 aus hitzebeständigem Glas, welches die Strahlung auf der geschwärzten Meßstelle P eines oder mehrerer in Reihe geschalteter Thermopaare vereinigt. Die Thermospannung wird mit Hilfe eines Drehspulinstrumentes gemessen (Abb. 21). Eine optische Einrichtung L_2, M ermöglicht es, den zu untersuchenden Körper anzuvisieren. Der Einfluß der Erwärmung des Gehäuses wird durch ein Bimetall Bm kompensiert.

γ) *Anzeigeinstrumente.* Anzeigende oder schreibende Instrumente der Drehspulbauart eignen sich zum Anschluß an Strahlungspyrometer. Es kommen etwa die gleichen Ausführungen, wie sie für Thermopaare verwendet werden, in Betracht. Da die Strahlung mit der 4. Potenz der Temperatur zunimmt, ist der Skalenverlauf nicht linear, sondern am Anfang sehr stark zusammengedrängt.

δ) *Anwendungsmöglichkeiten.* Gesamtstrahlungspyrometer eignen sich für Temperaturen von 600 bis 2000° C und mehr. Ihr Hauptverwendungsgebiet liegt dort, wo Thermopaare mit Rücksicht auf die Festigkeit und chemische Widerstandsfähigkeit der Schutzrohre bei hohen Temperaturen ausscheiden. Ein besonderer Vorteil ist die Vermeidung einer wärmeleitenden Berührung zwischen Meßgut und Thermometer.

ε) *Richtlinien für die Montage.* Die Einbaustelle für Strahlungspyrometer ist so auszuwählen, daß die Bedingungen des Hohlraumstrahlers erfüllt sind. Das ist bei geschlossenen Feuerräumen praktisch der Fall, solange sich keine leuchtenden Flammen oder Rauchschwaden im Strahlengang befinden. Auch Kohlensäure und Wasserdampf können einen Teil der Strahlung absorbieren und dadurch eine Minderanzeige verursachen. Durch *Glührohre*, d. h. einseitig geschlossene, in den zu kontrollierenden Feuerraum hineinragende gasdichte Rohre aus Schamotte oder anderem geeignetem Material, sind derartige Fehlereinflüsse zu vermeiden. Das Glührohr nimmt selbst die zu messende Temperatur an und strahlt wie ein schwarzer Körper. Das Pyrometer ist auf den glühenden Boden des Glührohres gerichtet.

Vorteilhaft ist es, wenn an der Einbaustelle Unterdruck herrscht, weil dabei am leichtesten eine Verschmutzung der Pyrometerlinsen zu vermeiden ist. Wenn eine solche Stelle nicht zu finden ist, kann man entweder ein Glührohr vorsehen oder das Strahlungspyrometer druckdicht befestigen und die Linse durch einen Preßluftschleier sauberhalten. Es ist dabei auch darauf zu achten, daß sich das Pyrometergehäuse nicht zu stark erwärmt. Ggf. ist eine künstliche Kühlung vorzusehen.

Der eigentliche Temperaturfühler des Pyrometers muß voll bestrahlt werden. Beim Einbau ist es daher entsprechend auszurichten. Aus dem gleichen Grunde muß an der Einbaustelle im Mauerwerk des zu untersuchenden Feuerraumes eine Öffnung vorhanden sein, deren Durchmesser dem Abstand des Pyrometers von dem zu untersuchenden Objekt angepaßt ist. Die Erfüllung dieser Bedingungen ist mit Hilfe der Optik des Pyrometers leicht zu kontrollieren.

B. Die Messung des Druckes in Gasen, Dämpfen und Flüssigkeiten.

1. Überblick.

Das Gebiet der Druckmessung, im Zusammenhange mit der wärmetechnischen Betriebskontrolle in Dampfkraftwerken, umfaßt einen Bereich von wenigen Millimetern Quecksilbersäule bis zu einigen hundert Atmosphären. Dabei ist besonders auch die Messung absoluter Drücke in der Größenordnung einiger Torr von Bedeutung.

Abb. 22 gibt einen Überblick über die Anzeigebereichendwerte von Meßwerken, welche sich für Betriebsmessungen in Kraftwerken eignen.

2. Die Messung absoluter Drücke.

Die Messung *absoluter Drücke* erfolgt gegenüber dem Vakuum als Bezugsbasis. Dem *absoluten Vakuum* entspricht also der Druck Null.

a) Die Messung des atmosphärischen Luftdruckes. Den Druck der die Erde umgebenden Luft mißt man durch die Höhe einer Quecksilbersäule, welche diesem das Gleichgewicht hält (*Barometerstand*). Der Zusammenhang mit dem technischen Maßsystem ist wie folgt:

$$
\begin{aligned}
1\ \text{kg/cm}^2 &= 735{,}5\ \text{mm}\ \ \text{QS von } 0^\circ\,\text{C} \\
&= 735{,}5\ \text{Torr} \\
&= 10{,}000\ \text{m}\ \ \text{WS von } +4^\circ\,\text{C} \\
&= 1{,}3332 \cdot 735{,}5\ \text{mbar} \\
&= 0{,}9806\ \text{bar}
\end{aligned}
$$

Zu der Messung des atmosphärischen Luftdruckes und anderer absoluter Gasdrücke werden vorzugsweise zwei Arten von Meßgeräten benutzt: Quecksilberbarometer und Aneroidbarometer.

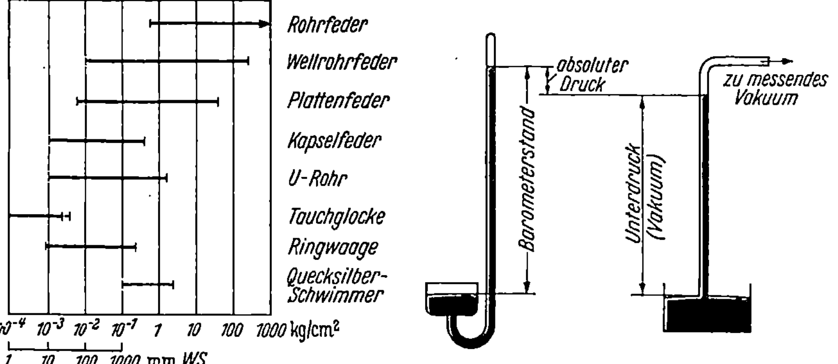

Abb. 22. Anzeigebereichendwerte von Druckmessern. (Teilw. nach DIN 16000). Abb. 23. Druckmessung mit geschlossenem und offenen Barometer.

α) *Quecksilberbarometer.* Die Messung absoluter Gasdrücke mit *Quecksilberbarometern* erfolgt nach dem Prinzip der kommunizierenden Röhren.

Die Einrichtung besteht im wesentlichen aus U-förmig oder konzentrisch angeordneten kommunizierenden Röhren, welche einerseits geschlossen und andererseits mit dem zu messenden Druck in Verbindung stehen und zum Teil mit Quecksilber gefüllt sind (Abb. 23).

Der Höhenunterschied der Quecksilbersäulen im offenen und im geschlossenen Schenkel des Barometers ist ein Maß für den zu messenden Luftdruck. Über dem Quecksilberspiegel des geschlossenen Rohres bildet sich ein luftleerer Raum aus.

Ablesungen an sachgemäß konstruierten Barometern sind noch nicht ohne weiteres vergleichbar. Sie erfordern vielmehr eine Reihe von Korrekturen, von welchen die wesentlichsten die Einflüsse der Raumtemperatur und der Kapillarwirkung betreffen. Wenn zeitlich oder örtlich verschiedene Messungen vergleichbar sein sollen, ist auch die Höhe über dem Meeresspiegel zu berücksichtigen.

β) *Aneroidbarometer.* Das Meßwerk der Aneroidbarometer besteht im wesentlichen aus einer oder mehreren luftdicht abgeschlossenen, evakuierten, elastischen Membrandosen oder aus federelastischen

Rohrfedersystemen. Ihre elastische Formänderung ist ein Maß für den Druck der äußeren Atmosphäre.

Aneroidbarometer zeichnen sich gegenüber Quecksilberbarometern durch einfachere Handhabung und geringere Wartung aus.

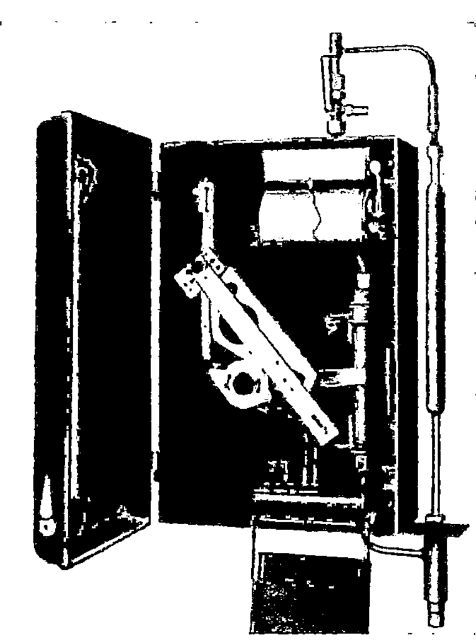

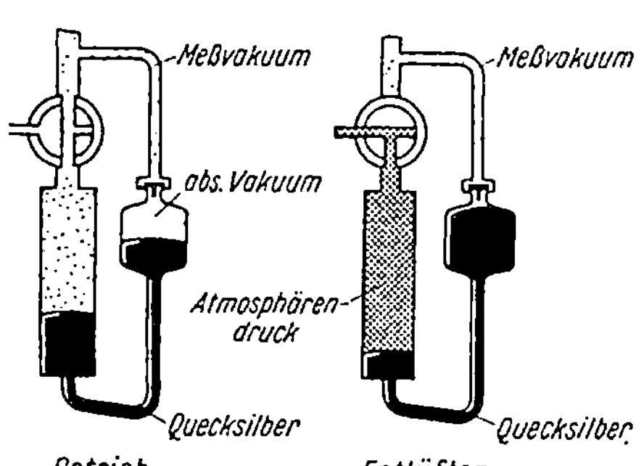

Abb. 24. Baromesser. Debro.
Schaltung des U-Rohrmeßwerkes im Betrieb und beim Entlüften.

b) Die Messung kleiner, absoluter Drücke. Es wäre umständlich, absolute Drücke in der Größenordnung von einigen Torr, wie sie z. B. bei der Bestimmung des Kondensatorvakuums vorkommen, mit normalen Quecksilberbarometern zu messen. Dafür eignen sich besser sog. *abgekürzte Barometer*, bei welchen der geschlossene Schenkel verkürzt ist.

Baromesser sind abgekürzte Barometer. Die Höhenänderungen der Quecksilbersäule wird mit Hilfe eines eisernen Schwimmers und einer Magnetkupplung in eine Drehbewegung eines Zeigers umgeformt.

Abb. 24 zeigt den grundsätzlichen Aufbau eines Baromessers. Der Anschluß an den Raum, in welchem der absolute Druck zu messen ist, erfolgt an dem linken, dicken Schenkel des U-Rohrmanometers. Er besteht aus unmagnetischem Material. Auf der Oberfläche des Quecksilbers bewegt sich ein Schwimmer aus weichem Eisen, welcher eine außen um den Baromesserschenkel gabelförmig herumgreifende Magnetkupplung mitnimmt. Diese ist über ein Übersetzungsgetriebe mit dem Zeiger verbunden. Bei der Inbetriebnahme des Baromessers wird durch den Atmosphärendruck das Quecksilber so weit in den rechten Schenkel gedrückt, daß dieser vollkommen damit angefüllt ist (Abb. 24 unten rechts). Die darin befindliche Luft entweicht dabei über ein Quecksilberventil in den Raum, dessen Vakuum bestimmt werden soll. Nach der Umschaltung des Dreiwegehahnes entwickelt sich in dem rechten Schenkel des U-Rohres das Vakuum. Das Gerät ist dann betriebsbereit.

Barowaagen (Abb. 25) sind Ringwaagen zur Messung kleiner Absolutdrücke. Sie haben — im Gegensatz zu den weiter unten beschriebenen Ringwaagen für die Differenzdruckmessung — nur einen Anschluß. In dem abgeschlossenen Ende des Waageringes bildet sich das Vakuum aus.

In der Praxis benutzt man vielfach für die Bestimmung des absoluten Druckes ein normales und ein offenes Barometer (Abb. 23). Ersteres dient in der üblichen Weise zur Bestimmung des atmosphärischen Luftdruckes, letzteres, ein quecksilbergefülltes, beiderseits offenes U-Rohr, mißt den Unterdruck des zu untersuchenden Raumes gegenüber der Atmosphäre. Die Differenz beider Quecksilberstände ist ein Maß für den absoluten Druck. Das Bezugsniveau ist hier also nicht das absolute Vakuum, sondern der jeweilige Luftdruck. Dieses Verfahren hat den Nachteil, daß ein bestimmter Betriebszustand, gekennzeichnet durch den absoluten Druck, je nach dem Barometerstand durch ganz verschiedene Stände des offenen Barometers angezeigt wird. Es ist also relativ unübersichtlich und umständlicher als die vorstehend beschriebenen, unmittelbar anzeigenden barometrischen Meßgeräte.

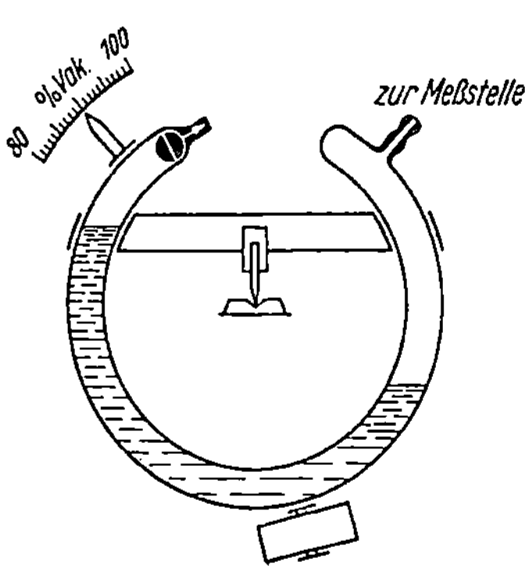

Abb. 25. Barowaage.

3. Die Messung von relativen Drücken.

a) Meßwerke und ihre Anwendung. Der größte Teil aller Druckmessungen in der Technik wird, wenn es sich um höhere Drücke handelt, als Relativmessung gegenüber der Atmosphäre mit federelastischen Geräten ausgeführt. Dabei bewirkt der zu messende Über- oder Unterdruck eine Formänderung eines federnden Meßwerkorganes, welche über ein Getriebe oder eine Hebelübersetzung auf den Zeiger übertragen wird.

Je nach der Art des druckempfindlichen Organs sind folgende Bauarten zu unterscheiden:

α) *Rohrfedermanometer* nach Abb. 26 für Anzeigebereichendwerte zwischen 0,6 und 4000 kg/cm², vor allem für die Messung größerer Überdrücke, aber auch für Unterdruck mit den Anzeigebereichen —0,6 bis 0 kg/cm² und —1 bis 0 kg/cm².

Abb. 26. Rohrfedermeßwerk.

β) *Wellrohrfedermanometer* nach Abb. 27 haben vorzüglich für Registrier- und Regelgeräte Verbreitung gefunden. Sie werden mit Anzeigebereichendwerten zwischen 100 mm WS und 250 kg/cm² als Unterdruck- und Differenzdruckmesser verwendet.

γ) *Plattenfedermanometer* nach Abb. 28 für die Messung von Überdrücken bei Anzeigebereichendwerten zwischen 63 mm WS und

40 kg/cm², aber auch für Unterdrücke und Differenzdrücke. Sie zeichnen sich bei entsprechender Ausführung durch ihre Sicherheit gegen Überlastungen und durch große Richtkraft aus, sie sind daher erschütterungssicher und auch für die Messung dickflüssiger Stoffe verwendbar. Die Membrane ist verhältnismäßig leicht und zuverlässig gegen die Einwirkungen korrodierender Stoffe zu schützen.

δ) *Kapselfedermanometer* nach Abb. 29 für die Messung von niedrigen Über- oder Unterdrücken und Differenzdrücken mit Anzeigebereichendwerten zwischen 10 und 4000 mm WS.

Die Wirkungsweise dieser Manometermeßwerke dürfte nach den beigegebenen Abbildungen verständlich sein.

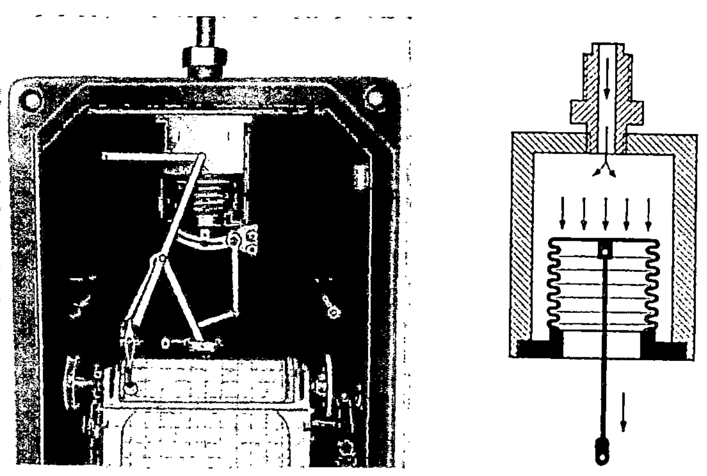

Abb. 27. Wellrohrfedermeßwerk (schematisch). ICE.

b) Güteklassen von Manometern.

Nach der Beglaubigungsordnung[1] der PTR für Überdruckmesser mit elastischem Meßglied unterscheidet man folgende Güteklassen:

Klasse 0,6 Feinmeßmanometer,
Klasse 1,0 Betriebsmanometer,
Klasse 2,0 Betriebsmanometer.

Diese Güteklassen kennzeichnen die Verkehrsfehlergrenzen in Prozenten des Skalenendwertes. Die Beglaubigungsfehlergrenzen sind entsprechend geringer.

Für Betriebszwecke kann man Geräte der Klasse 2,0 verwenden, für Verrechnungszwecke ist Klasse 0,6 oder Klasse 1,0 vorgeschrieben. Dabei ist der Betriebsbereich bei ruhender Belastung zwischen 10 und

---

[1] Beglaubigungsordnung für Überdruckmesser mit elastischem Meßglied (Manometer) vom 7. 7. 1944. Amtsblatt der PTR. 3 p. 9. 1944. 16. Reihe Beilage zu Nr. 3.

63% des Anzeigebereiches bei Wechselbelastung zwischen 10 und 50% begrenzt.

c) Richtlinien für die Montage. Anschlüsse für Meßgeräte zur Bestimmung statischer Drücke sind stets so anzubringen, daß die Messung nicht durch die Geschwindigkeitsenergie strömender Stoffe gefälscht wird. Die Öffnungsfläche des Anschlußrohres muß also parallel zum Verlauf der Strömung liegen. Sie muß auch gratfrei sein.

Abb. 28. Plattenfedermeßwerk. ICE.

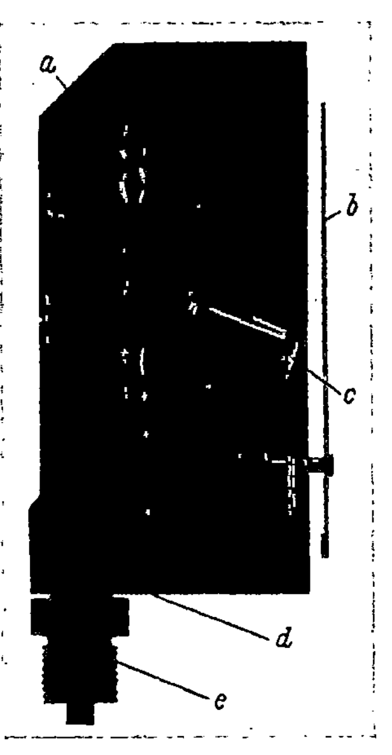

Abb. 29. Kapselfedermeßwerk. ICE.
a Kapselfeder; *b* Zeiger; *c* Zugstange;
d Gehäuse; *e* Anschlußzapfen.

Es ist notwendig, Manometeranschlüsse an Leitungen, Dampftrommeln und sonstigen Anlageteilen, welche unter hohem Druck stehen, durch Absperrventile, welche den Vorschriften für den betreffenden Teil der Anlage entsprechen, abzusperren. Unmittelbar an den Druckmessern selbst sollen Manometerabsperrvorrichtungen angebracht sein, welche sich zum Absperren der Manometer, zum Ausblasen der Leitung und zum Anschluß eines Kontrollmanometers eignen (Abb. 30).

Druckmesser sind gegen die Einflüsse heißer Dämpfe und aggressiver Flüssigkeiten zu schützen. Man schaltet ihnen daher U-förmige oder gewundene Kondensatsammelrohre oder Vorlagen mit neutralen Sperrflüssigkeiten vor (Abb. 30).

Starke Druckstöße, besonders wenn sie periodisch auftreten, müssen zur Schonung des Meßwerkes und im Interesse einer genauen Ablesung durch Dämpfungseinrichtungen ferngehalten werden. Es eignen sich dafür Drosseleinrichtungen oder hydraulische Widerstände, besonders in Verbindung mit elastischen Kammern (Windkessel). Abb. 31 zeigt Ausführungen derartiger Stoßdämpfer.

Druckmeßgeräte sind so anzubringen, daß sie nicht durch Wärme, Frost oder Erschütterungen Schaden leiden. In allen Fällen, wo auf dem Meßwerk eine Flüssigkeitssäule lastet, ist deren Einfluß bei

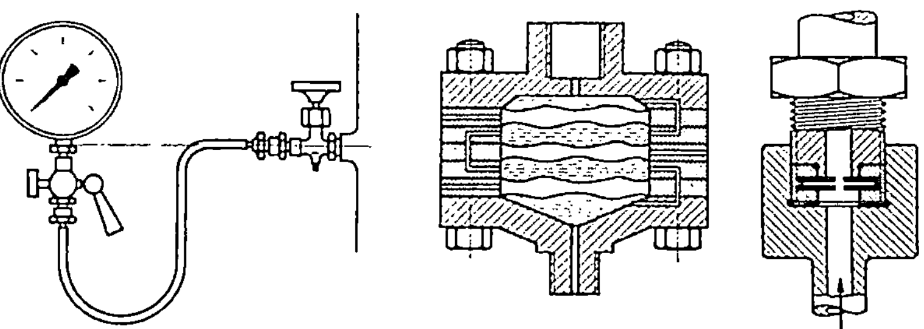

Abb. 30. Manometeranschluß.   Abb. 31. Stoßdämpfer für Manometer.

kleinen Anzeigebereichen bei der Justierung zu berücksichtigen. Keine Beeinflussung tritt auf, wenn sich Meßgerät und Druckentnahmestelle in gleicher Höhe befinden (Abb. 30).

4. Die Messung von Differenzdrücken.

Die Messung von *Differenzdrücken* ist für die Betriebskontrolle von besonderer Bedeutung, weil der *Durchfluß*, d. h. die Menge eines strömenden Stoffes, in der Zeiteinheit im allgemeinen auf eine Druckunterschiedsmessung an einem Wirkdruckgeber zurückgeführt wird. Da in manchen Fällen auch ausgesprochene Differenzdruckinstrumente für die Messung kleiner *Unter-* oder *Überdrücke* zur Anwendung kommen, weil sie sich gegenüber den federelastischen Manometern durch größere Verstellkräfte und gleichbleibende Richtkraft auszeichnen, sollen diese Meßgeräte schon hier im Zusammenhange mit den sonstigen Druckmeßeinrichtungen behandelt werden.

α) *U-Rohre für unmittelbare Ablesung.* Das einfachste Differenzdruckmeßgerät ist das U-Rohrmanometer, zwei kommunizierende Röhren aus durchsichtigem Material, welche teilweise mit einer geeigneten Sperrflüssigkeit gefüllt sind. Auf jeden Schenkel des U-Rohres wirkt bei der Messung einer der Drücke, deren Differenz zu ermitteln ist. Die Druckdifferenz Δp ist verhältnisgleich dem Höhenunterschied h der Sperrflüssigkeit. Es ist: $\Delta p = h(\gamma_1 - \gamma_2)$, wobei γ_1 die Wichte der Sperrflüssigkeit und γ_2 die des darüber befindlichen Meßstoffes ist.

Der Anzeigebereich eines U-Rohrmanometers hängt demnach ab von seinen Abmessungen und von der Wichte der Sperrflüssigkeit und des Meßstoffes. Unter der Annahme, daß derartige U-Rohrmanometer noch in einigermaßen handlicher Form mit einer Schenkellänge von etwa 1200 mm verwendbar sind, ergeben sich mit den nachstehend aufgeführten Sperrflüssigkeiten und Wichten folgende oberen Endwerte der Differenzdruckanzeigebereiche:

Alkohol ($\gamma_1 = 0{,}79$) . . . . $h = $ 0,95 m WS gegenüber Luft
Wasser ($\gamma_1 = 1{,}00$) . . . . $h = $ 1,20 m WS   ,,   Luft
Azetylentetrabromid ($\gamma_1 = 2{,}98$) . . . . . $h = $ 2,36 m WS   ,,   Wasser
Quecksilber ($\gamma_1 = 13{,}55$) . . . . $h = $ 15,0 m WS   ,,   Wasser

Durch Schrägstellen eines Schenkels ist der Anzeigebereich nach unten erweiterbar. Demnach eignen sich U-Rohrmanometer für die Bestimmung von Differenzdrücken zwischen etwa 1 mm WS und 15 m WS.

Abb. 32 zeigt derartige U-Rohrmanometer, welche z. Z. für Differenzdrücke bis zu 15 m WS und statische Drücke bis 100 kg/cm² hergestellt werden.

U-Rohrmanometer dienen häufig zur Nachprüfung von Durchflußmessern, weil sie einfach und in ihrer Anzeige übersichtlich und genau sind und weil Störungen durch Verunreinigungen, Luftblasen usw. gut erkennbar sind. Für die eigentliche, laufende Betriebskontrolle eignen sie sich weniger, weil die üblichen Bauarten aus größerer Entfernung nicht ohne weiteres abzulesen sind und weil eine Registrierung nicht möglich ist. Als Betriebsgeräte kommen sie nur für Messungen bei niedrigen statischen Drücken in Frage, wenn keine höheren Ansprüche an die Meßeinrichtung gestellt werden.

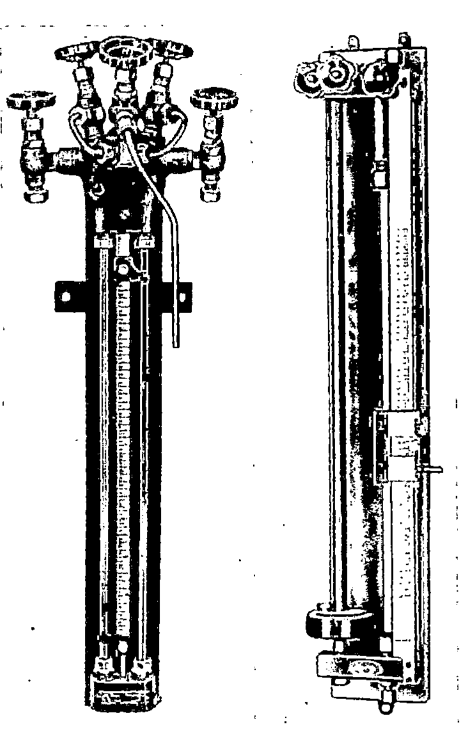

Abb. 32. U-Rohrmanometer. BuR bzw. Debro.

β) *U-Rohr-Schwimmergeräte.* U-Rohr-Schwimmergeräte stellen eine Weiterentwicklung der U-Rohrmanometer dar. Sie bestehen im wesentlichen aus einem druckfesten U-Rohrsystem mit Quecksilber als Sperrflüssigkeit, bei welchem die beiden kommunizierenden Röhren nebeneinander oder bei manchen Bauarten auch konzentrisch zueinander angeordnet sind und aus einem Schwimmer, welcher mittels einer Übertragungseinrichtung die Höhe des Quecksilberstandes an einer Skala anzeigt.

Im Zusammenhange mit der Beschreibung des Aufbaues der Differenzdruckmeßwerke soll auch eine Einrichtung behandelt werden, welche nur erforderlich ist, wenn die Geräte für die Durchflußmessung bestimmt sind.

Der Zusammenhang zwischen dem Wirkdruck an dem Wirkdruckgeber und dem Durchfluß des Meßstoffes ist quadratisch. Es ist daher die Wurzel des gemessenen Wirkdruckes zur Anzeige zu bringen (*Radizierung*), wenn die Skalenteilung des Durchflußmessers linear sein soll. Bei den üblichen Bauarten der Schwimmermanometer kann das auf zweierlei Weise geschehen. Einmal durch eine geeignete Formgebung des U-Rohres (*Gefäßradizierung*), so daß der Schwimmerhub proportional der Wurzel des Wirkdruckes, also proportional dem Durchfluß, wird (Abb. 33) oder durch Kurvenscheiben (*Wegradizierung*), welche den Ausschlag des Meßwerkes nach einem Wurzelgesetz verändern (Abb. 34).

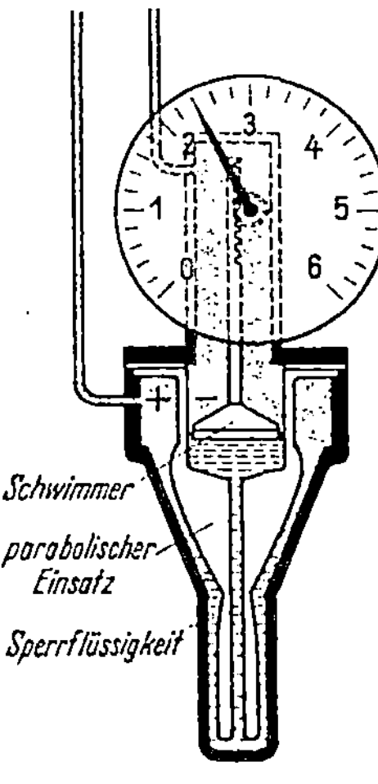

Abb. 33. Schwimmermanometer mit Gefäßradizierung (schematisch). BuR.

Es sind verschiedene Konstruktionen derartiger Radiziereinrichtungen angegeben worden, welche die Skalen der Durchflußmesser in einem Bereiche von etwa 3 bis 100% oder 10 bis 100% linear gestalten.

Die *Übertragung* des *Schwimmerstandes* in dem Druckraum auf die Meßwerkachse kann entweder mit einer magnetischen Kupplung oder einer Stopfbuchse geschehen. Die magnetische Kupplung der Abb. 34 besteht aus einem Hufeisenmagneten, welcher durch einen Schwimmer mittels einer Zahnstange und eines Ritzels gedreht wird. Er nimmt einen außerhalb des Druckraumes befindlichen Stabmagneten mit, welcher über ein Getriebe und die Radiziereinrichtung den Zeiger des Instrumentes verstellt.

Die *Nennwirkdrücke* der Schwimmermanometer liegen zwischen 1,5 und 24 m WS. Die Angabe bezieht sich auf Quecksilber als Sperrflüssigkeit.

Zur *Anwendung* kommen U-Rohr-Schwimmergeräte vor allem für die Durchflußmessung von Gasen, Dämpfen und Flüssigkeiten, aber auch für die Messung von Flüssigkeitsständen in Behältern.

Die *Fehlergrenzen* von U-Rohr-Schwimmergeräten hängen, wie bei allen Meßgeräten, weitgehend von der Verstellkraft des Meßwerkes ab. Diese nimmt hier mit kleiner werdendem Ausschlag quadratisch ab. Die Einstellsicherheit ist deshalb bei größeren Ausschlägen hoch. Man kann bei anzeigenden Geräten im Bereich zwischen 25 und 100% des Endwertes mit Fehlergrenzen von etwa $\pm 1\%$ vom Endwert rechnen. Zwischen 10 und 25% sind die Fehler dagegen größer.

γ) *Ringwaagen.* Der grundsätzliche *Aufbau* von Ringwaagen ist aus Abb. 35 zu ersehen. Sie bestehen aus einem hohlen, drehbar gelagerten Ringkörper, der an einer Stelle durch eine starre Scheidewand geteilt und etwa zur Hälfte mit einer Sperrflüssigkeit angefüllt ist. Außen ist meist ein Gegengewicht angebracht. Jeder der beiden

Kammern, welche durch Ringkörper, Scheidewand und Sperrflüssigkeit gebildet ist, wird einer der Drücke, deren Differenz zu messen ist, zugeführt. Dadurch entsteht bei rotationssymmetrischen Ringwaagen ein Drehmoment, welches gleich dem Produkt aus Differenzdruck, Trennfläche und dem Abstand des Schwerpunktes der Trennfläche von der Achse ist. Es bewirkt einen dem Differenzdruck proportionalen Ausschlag, welcher durch das Gegendrehmoment des ausschwingenden Gegengewichtes begrenzt wird. Es ist bei Meßwerken für unmittelbare Differenz*druck*messung — im Gegensatz zu Abb. 35 — am Waagering fest angebracht.

Durch die Verschiebung der Sperrflüssigkeit im Ringkörper entsteht bei achsensymmetrischen Ausführungen kein Drehmoment. Wichte und Menge der Sperrflüssigkeit gehen nicht in die Messung ein.

Die *Nennwirkdrücke* der Ringwaagen liegen zwischen 9 mm WS und 3600 mm WS.

Ihre *konstruktive Ausbildung* ist vor allem durch den statischen Druck des Meßstoffes und weiterhin durch die Größe des zu messenden

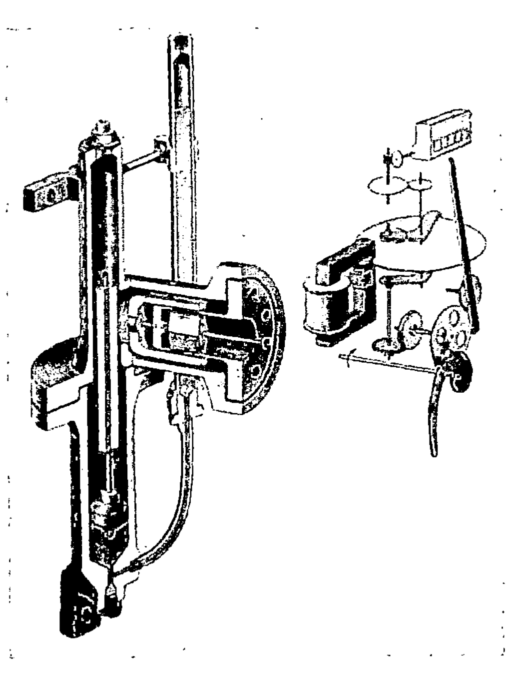

Abb. 34.   U-Rohr-Schwimmergerät mit Magnetkupplung, Wegradizierung und Stetigzähler. AEG.

Differenzdruckes bestimmt. Niederdruckringwaagen werden für statische Drücke bis 1 kg/cm² und Hochdruckringwaagen (Abb. 36) für statische Drücke bis 1000 kg/cm² hergestellt.

Eine *Radizierung* des *Ausschlages* ist auch bei Ringwaagen, welche für die Durchflußmessung verwendet werden, nötig. Sie kann dadurch erfolgen, daß der Angriffspunkt eines an einem Band aufgehängten Gegengewichtes über eine Leitkurve mit ausschlagabhängigem Hebelarm angreift (Kraftradizierung) (Abb. 35) oder durch die Steuerung des Zeigerausschlages mittels einer Kurvenscheibe (Wegradizierung) (Abb. 36).

Ringwaagen zeichnen sich durch große Verstellkräfte, geringe Reibungswiderstände und durch hohe Empfindlichkeit aus. Sie *eignen* sich daher vor allem für die Messung kleiner Gas- oder Luftdrücke, besonders für die Über- oder Unterdruckmessungen im Feuerraum oder in den Zügen der Dampfkessel für die Bestimmung des Unterwinddruckes und für ähnliche Zwecke, weil ihre Richtkraft, im Gegensatz zu federelastischen Druckmessern, nicht durch elastische Nachwirkung und durch Temperaturänderungen beeinflußt wird. Sie kommen aber auch für die Durchflußmessung von Gasen unter niedrigem statischen Druck in Frage. Bei Preßgas, Wasser und Dampf überschneiden sich, bei mittleren Strömungsgeschwindigkeiten, die Anwendungsbereiche der Hochdruckringwaagen und der U-Rohrschwimmergeräte. Bei den hohen Strömungsgeschwindigkeiten des hochgespannten Dampfes sind dagegen nur Schwimmermanometer für größere Wirkdrücke verwendbar.

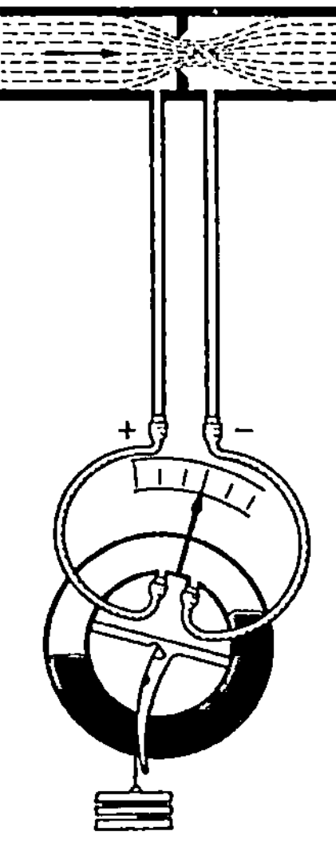

Abb. 35. Ringwaagen-meßwerk mit Kraftradizierung (schematisch).

Die Fehlergrenzen anzeigender Ringwaagen werden in dem Bereich von etwa 40% bis zum Endwert mit $\pm 0{,}5\%$ gewährleistet.

δ) *Tauchglockengeräte.* Sie bestehen aus einem glockenartigen Tauchkörper, welcher nach unten offen ist und in eine Sperrflüssigkeit eintaucht (Abb. 37). Der Plusdruck greift gewöhnlich im Inneren, der Minusdruck außerhalb der Tauchglocke an. Ihr Unterschied bewirkt ein Anheben der Glocke, welches ein Maß für den Durchfluß bzw. für den zu messenden Überdruck ist.

Man unterscheidet zwei Gruppen von Konstruktionen, solche, bei welchen die dem Wirkdruck entgegenwirkende Richtkraft von der Auftriebsänderung eines Verdrängungskörpers herrührt und solche, bei welchen äußere Richtkräfte — z. B. Federkräfte oder ein Gegengewicht — angreifen (Abb. 37).

Bei Durchflußmessern erfolgt die *Radizierung* entweder durch entsprechende Formgebung der Tauchglocken oder durch Weg- oder Kraftradizierung.

Bei entsprechenden Abmessungen sind Tauchglockenmanometer für die Messung sehr kleiner Differenzdrücke herstellbar. Sie sind für *Wirkdrücke* von 1 mm WS bis zu 40 mm WS lieferbar.

Tauchglockenmanometer *eignen* sich für Überdruck- oder Durchflußmessungen von Gasen, Dämpfen oder Flüssigkeiten in allen den Fällen, wo ein sehr kleiner An-

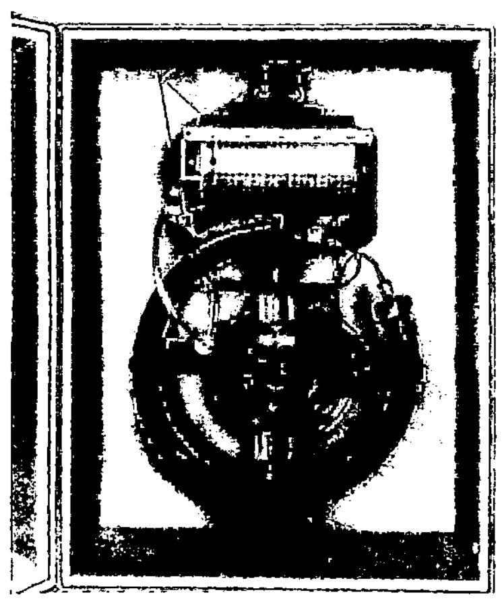

Abb. 36. Registrierende Hochdruckringwaage mit Wegradizierung. ICE.

zeigebereich gefordert wird. Sie werden daher hauptsächlich zur Durchflußmessung von Gasen bei geringen Vordrücken benutzt.

C. Durchfluß- und Mengenmessung strömender Stoffe in geschlossenen Rohrleitungen.

Die Messung strömender Stoffe ist für die wärmetechnische Überwachung von Anlagen aller Art von größter Bedeutung. Das gilt
besonders für Kraftwerke, in denen große Energiemengen umgesetzt
werden. Sie dient dort zur Beschaffung von Unterlagen für Bilanzen,
aber auch für die Steuerung von Betriebseinrichtungen.

Die zu messenden Stoffe sind
sehr verschieden, ebenso vielfältig sind die Betriebsbedingungen. Aus diesem Grunde kommen
sehr unterschiedliche Meßverfahren und Meßeinrichtungen zur
Anwendung.

Die Verfahren zur Messung
strömender Stoffe in gefüllten,
unter Druck stehenden Rohrleitungen kann man in zwei
Hauptgruppen einteilen[1]:

1. *Unmittelbare Mengenmessung* durch Zähler, welche die Gesamtmenge eines strömenden
Stoffes in einem beliebigen Beobachtungszeitraum ohne Bezug
auf diesen angeben, und

2. *mittelbare Mengenmessung*,
welche den Durchfluß angibt, wobei die Gesamtmenge erst durch
nachträgliche Integration ermittelt wird.

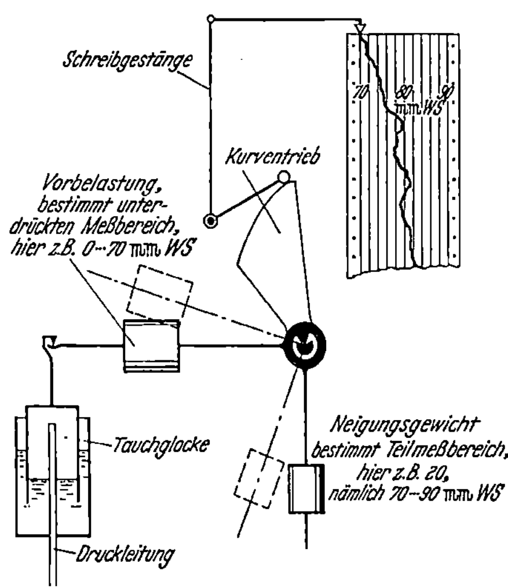

Abb. 37. Tauchglockengerät (schematisch). Debro.

1. Unmittelbare Mengenmessung.

Die unmittelbare Mengenmessung durch *motorische Zähler* beschränkt
sich auf Flüssigkeiten und Gase mit mäßigen Drücken und Temperaturen.
Ihre Bedeutung bei der Verrechnung von Haushaltswassermengen ist
erheblich, sie tritt aber in Dampfkraftwerken gegenüber anderen Verfahren, z. B. der Durchflußmessung, zurück, weil sie nicht den Durchfluß, sondern nur die Gesamtmenge innerhalb eines Ablesezeitraumes
angibt. Aus diesen Gründen wird hier lediglich die Mengenmessung
von Flüssigkeiten kurz behandelt, während sich Ausführungen über
die Gasmessung in diesem Zusammenhang erübrigen dürften.

Motorische Flüssigkeitszähler werden, entsprechend ihrer Arbeitsweise, in zwei *Hauptgruppen*: *Turbinen-* und *Kolbenzähler*, eingeteilt.

---

[1] LOHMANN, H.: Messung fließender Stoffe in geschlossenen Rohrleitungen
und offenen Gerinnen. Allgemeiner Überblick. ATM V 12-1-2. 1938.

a) **Turbinenzähler.** *Turbinenzähler integrieren* die *Geschwindigkeit* einer strömenden Flüssigkeit, d. h. sie messen den von ihr zurückgelegten Weg.

Sie *bestehen* im wesentlichen aus einem Flügelrad, welches — von der Strömung angetrieben — ein Zählwerk betätigt. Man unterscheidet Flügelradzähler mit tangentialer und WOLTMAN-Zähler mit axialer Beaufschlagung des Meßflügels sowie Verbundzähler. Letztere zeichnen sich durch einen weiten Belastungsbereich aus. Sie bestehen aus einem Hauptzähler für großen Durchfluß, aus einem Nebenzähler für kleine Durchflüsse und aus einer selbsttätigen Umschalteeinrichtung.

Den grundsätzlichen *Aufbau* von Flügelradzählern zeigt Abb. 38. Die Flüssigkeit trifft das Flügelrad tangential in einem Strahl (Einstrahlzähler) oder über eine Leitvorrichtung in mehreren Strahlen (Mehrstrahlzähler). Das Zählwerk befindet sich entweder unmittelbar in der Flüssigkeit selbst (Naßläufer) oder außerhalb derselben (Trockenläufer).

Bei WOLTMAN-Zählern kann der Meßflügel parallel zur Rohrachse oder senkrecht dazu angeordnet sein. Die Flüssigkeit strömt in beiden Fällen parallel zur Flügelradachse (Abb. 39).

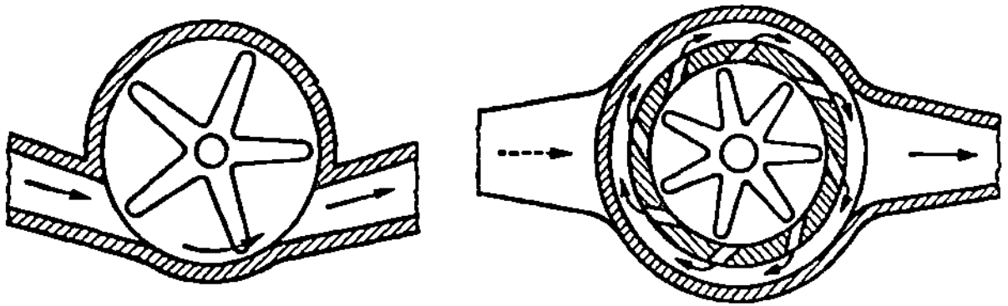

Abb. 38. Beaufschlagung der Meßflügel bei Einstrahl- und Mehrstrahl-Flügelradzähler.

WOLTMAN- und Flügelradzähler in Parallelschaltung als Verbundzähler zeigt Abb. 40.

Turbinenzähler werden fast ausschließlich für die Zählung von kaltem oder heißem Wasser verwendet. Die üblichen Ausführungen sind für Drücke von 10 bis 16, in Sonderfällen bis 40 kg/cm² und für Temperaturen bis etwa 120° C geeignet. Der Anwendungsbereich überdeckt sich mit dem der Durchflußmessung nach dem Wirkdruckverfahren und andererseits mit dem der Kolbenzähler.

Maßgebend für die *Wahl des Meßverfahrens* oder des Zählersystems sind folgende Gesichtspunkte:

1. Die *Nennbelastung* kennzeichnet nach den Vorschriften der „Eichordnung vom 24. 1. 1942"[1] die Zählergröße. Es ist der größte Durchfluß, mit welchem der Zähler vorübergehend, nicht im Dauerbetriebe, belastet werden darf. Beim Betriebe mit der Nennbelastung ist mit erhöhtem Verschleiß zu rechnen.

Turbinenzähler werden etwa für folgende Nennbelastungen geliefert:

Flügelradzähler	3 bis	150 m³/h
Woltmanzähler, Meßflügel senkrecht Rohrachse	30 ,,	350 m³/h
Woltmanzähler, Meßflügel in Rohrachse	30 ,,	4000 m³/h
Verbundzähler (Normgrößen)	30 ,,	300 m³/h

[1] PTR: Eichordnung vom 24. 1. 1952.

2. Die zulässige *Dauerbeanspruchung* ist erheblich niedriger, größenordnungsmäßig etwa bei der halben Nennbelastung.

3. Der *Meßbereich* ist jener Bereich des Durchflusses, in welchem der Zähler ohne Überschreitung der zulässigen Fehlergrenzen benützt werden kann. Die Grenzen des Meßbereiches werden für jeden einzelnen Zähler als absolute Werte angegeben.

Turbinenzähler können etwa in folgenden Meßbereichen benutzt werden:

Woltmanzähler, Meßflügel parallel
   zur Rohrachse . 1:25 bis 1:100
Woltmanzähler, Meßflügel senkrecht
   zur Rohrachse . 1:100 ,, 1:400
Flügelradzähler. . 1:40 ,, 1:230
Verbundzähler . . 1:450 ,, 1:6500

Da bei der Durchflußmessung nach dem Differenzdruckverfahren nur ein Meßbereich von etwa 1 : 20 ausführbar ist, sind gegebenenfalls Turbinenzähler in solchen Fällen einzusetzen, wo eine Zählung über einen großen Bereich erwünscht ist.

4. Die *untere Meßbereichsgrenze* ist der Durchfluß, bei dem der Meßfehler noch innerhalb der Meßfehlergrenze liegen muß. (Sie hat mit dem Anlaufwert des Zählers nichts zu tun.) Sie ist bei Flügelradzählern etwas günstiger als bei WOLTMAN-Zählern mit senkrecht zur Rohrachseangeordneten Meßflügeln und bei diesen weit günstiger als bei WOLTMAN-Zählern mit Meßflügeln parallel zur Rohrachse. Flügelradzähler werden daher vorwiegend zur Messung bei kleinen und mittleren Durchflüssen verwendet.

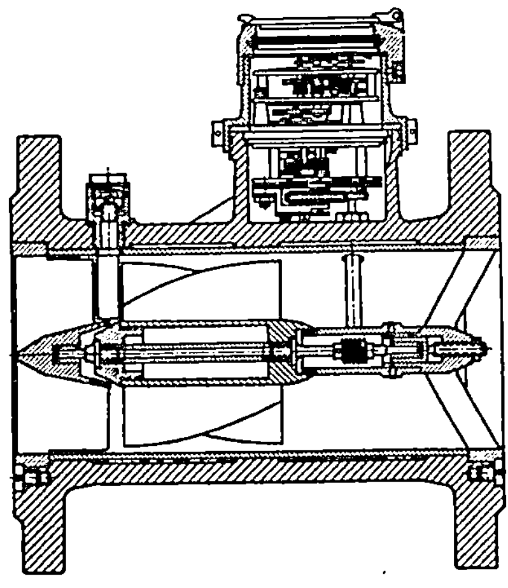

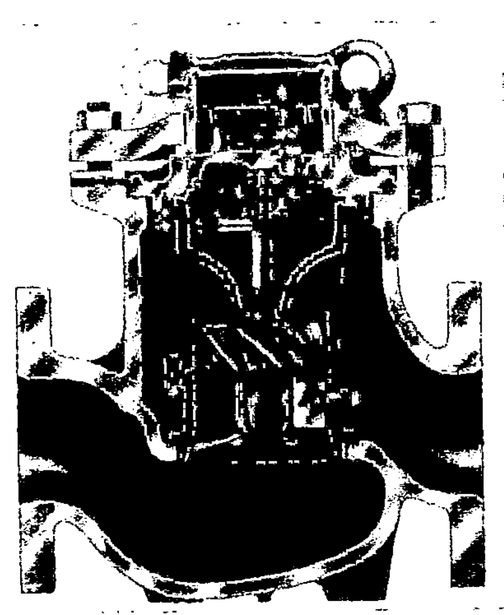

Abb. 39. WOLTMAN-Zähler. Meßflügel in bzw. senkrecht zur Rohrachse. (BuR bzw. MEINECKE).

5. Der *Durchlaßwert* kennzeichnet die hydraulischen Eigenschaften eines Zählers. Er ist durch den Durchfluß definiert, bei welchem ein bestimmter Druckverlust auftritt (Flügelradzähler: 10 m WS, WOLTMAN-Zähler: 1 m WS). Der Druckverlust nimmt näherungsweise quadratisch mit dem Durchfluß zu, so daß $H_2 = H_1 (Q_2/Q_1)^2$ gilt, wobei H_1 und H_2 die Werte des Druckverlustes bei den zugehörigen

Durchflüssen Q_1 und Q_2 sind. Hoher Druckverlust verringert den Durchlaß und bedeutet dauernden Arbeitsverlust. Bei der Planung ist daher u. a. auch niedriger Druckverlust anzustreben.

Der Druckverlust ist bei Turbinenzählern im allgemeinen höher als bei der Durchflußmessung nach dem Differenzdruckverfahren. Flügelradzähler haben einen höheren Druckverlust als WOLTMAN-Zähler mit Meßflügeln senkrecht zur Rohrachse. Bei WOLTMAN-Zählern mit Meßflügeln in Richtung der Rohrachse ist er am günstigsten.

6. Auch die *Beschaffenheit* der Meßflüssigkeit ist zu berücksichtigen. Flügelradzähler sind unempfindlich gegen Schmutzbeimengungen. Trotzdem ist aber in solchen Fällen eine regelmäßige Wartung zu empfehlen, weil Schmutzablagerungen die Meßgenauigkeit beeinträchtigen können.

Die *Meßfehler* der Turbinenzähler müssen nach den von der PTR in der „Eichordnung vom 24. 1. 1942" niedergelegten Vorschriften innerhalb bestimmter Grenzen liegen.

Man unterscheidet Eichfehlergrenzen für die Neueichung und verschärfte Nacheichung und

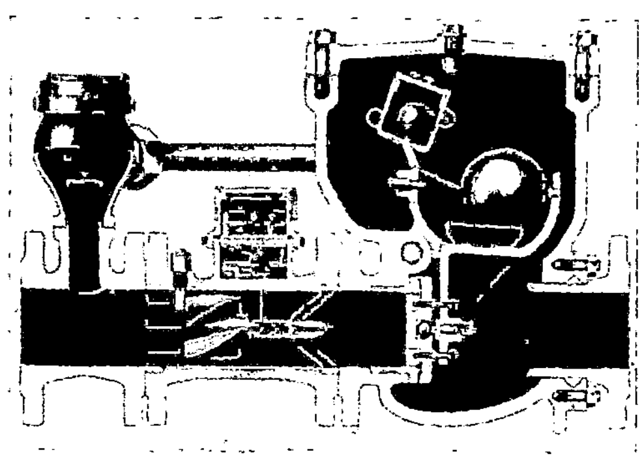

Abb. 40. Verbundzähler. BuR.

Verkehrsfehlergrenzen für die Befundprüfung.

Bei der Prüfung der Zähler werden die Meßfehler innerhalb des Meßbereiches festgestellt. Der Meßbereich ist in einen oberen und einen unteren Abschnitt geteilt. Der obere Abschnitt des Meßbereiches reicht von der Nennmenge bis zur Trenngrenze, der untere Abschnitt von der Trenngrenze bis zur unteren Meßbereichsgrenze. Für den unteren Abschnitt des Meßbereichs sind die Meßfehlergrenzen weiter, für den oberen Abschnitt enger.

Auch für die Rückwärtsströmung bestehen bei Hauswasserzählern Festlegungen für den Meßbereich und die Meßfehlergrenzen.

Für die Zählung kalten Wassers mit Flügelradzählern in Strömungsrichtung sind folgende Festlegungen der *Fehlergrenzen* getroffen:

Unterer Abschnitt des Meßbereiches von 2 bis 5% der Nennbelastung:

Meßfehlergrenzen: $\pm 5\%$.

Oberer Abschnitt des Meßbereiches von 5 bis 100% der Nennbelastung:

Meßfehlergrenzen: $\pm 2\%$.

Für WOLTMAN-Zähler und für Warm- und Heißwasserflügelradzähler werden die Grenzen des Meßbereiches bei der Zulassung der einzelnen Bauarten festgesetzt. Die Meßfehlergrenzen für den unteren und oberen Abschnitt des Meßbereiches sind wie vorstehend.

Zum Vergleiche sei erwähnt, daß mit sachgemäß ausgelegten Durchflußmeßanlagen nach dem Differenzdruckverfahren ebensolche Genauigkeiten erreichbar sind, obwohl dabei eine ganze Anzahl von Einflußgrößen wirksam werden.

Der *Einbau* von Turbinenzählern in die Rohrleitung muß so erfolgen, daß sie stets ganz mit der Meßflüssigkeit angefüllt sind. Bei Woltman-Zählern mit Meßflügeln parallel zur Rohrachse ergeben sich zusätzliche Meßfehler, wenn sie unmittelbar hinter Schiebern und Raumkrümmern angeordnet sind. Es ist daher vor ihnen eine gerade Rohrstrecke von etwa der 10- bis 12fachen Weite der Rohrleitung oder ein Strahlregler vorzusehen. Die Bauart mit senkrecht zur Rohrachse angeordnetem Meßflügel ist dagegen praktisch unempfindlich gegen Störungen des Strömungsverlaufes. Bei Flügelradzählern und Woltman-Zählern mit senkrecht zur Rohrachse angeordnetem Meßflügel ist darauf zu achten, daß der Flügel genau senkrecht steht, da hierbei die größte Meßgenauigkeit erreicht wird.

Es ist empfehlenswert, an Einbaustellen von Flüssigkeitszählern Umgehungsleitungen anzuordnen.

b) Kolbenzähler. Kolbenzähler *bestehen* im wesentlichen aus Meßkammern mit mindestens einer unter dem Druck der strömenden Flüssigkeit beweglichen Maßwand. Diese beweglichen Maßwände lassen

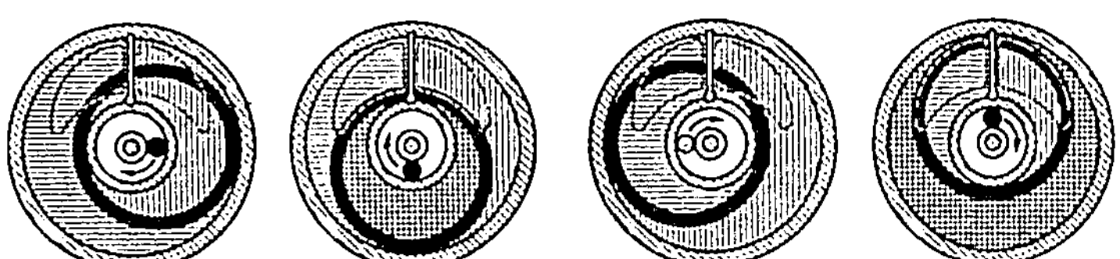

Abb. 41. Die Bewegung des Meßkolbens des Ringkolbenzählers. SuH. BuR.

die Flüssigkeit in periodischer Folge in die Meßkammern eintreten, schließen sie gegen den Flüssigkeitsstrom ab und befördern sie anschließend aus dem Zähler. Dabei wird ein Zählwerk betätigt. Dieses ist als Trockenläufer, bei manchen Konstruktionen auch als Naßläufer ausgeführt. Mit Hilfe zusätzlicher Einrichtungen ist bei manchen Ausführungen auch eine Fernübertragung der Zählwerksangaben möglich oder die Messung des Durchflusses.

Es gibt eine große Anzahl von *Bauarten für Kolbenzähler*, welche sich je nach der Bewegung der Maßwände in zwei Gruppen einordnen lassen.

Hubkolbenzähler mit hin und her gehender Kolbenbewegung werden als Einkolbenzähler und Mehrkolbenzähler gebaut. In den Endlagen der Kolbenbewegung erfolgt eine Umleitung der Flüssigkeit durch steuernde Schieber oder Ventile.

Die wichtigsten Bauformen der *Drehkolbenzähler* sind Ringkolbenzähler und Ovalradzähler.

Ringkolbenzähler nach Abb. 41 haben als bewegliche Maßwand einen in einer zylindrischen Meßkammer pendelnden Ringkolben. Bei

Ovalradzählern (Abb. 42) wirken zwei sich aufeinander abwälzende ovale Zahnräder als Trennwände.

Angewendet werden Kolbenzähler für die Zählung der verschiedenartigsten Flüssigkeiten. Sie sind unempfindlich gegen Druckschwankungen und gegen die Einflüsse der Viskosität sowie — bis zu einem gewissen Grad — auch gegen Verschmutzungen. Die Dauerhaftigkeit der Kolbenzähler ist der der Flügelradzähler überlegen, weil größere Schmutzablagerungen im Zähler nicht stattfinden können. Sie sind auch bei pulsierender Strömung verwendbar, wo die Durchflußmessung nach dem Differenzdruckverfahren versagt. Da sie sich außerdem durch einen weiten Meßbereich auszeichnen, können sie diese unter Umständen vorteilhaft ergänzen, z. B. wenn die Kesselspeisung durch Kolbenpumpen erfolgt oder wenn aus anderen Gründen die Durchflußmessung nicht anwendbar ist.

Hinsichtlich der *Anwendung* und Ausführung spezieller Bauarten gilt folgendes:

Hubkolbenzähler eignen sich für die Messung von Kesselspeisewasser, Laugen, Säuren, Heizöl, Mineralöl, zähflüssigen Ölrohprodukten und

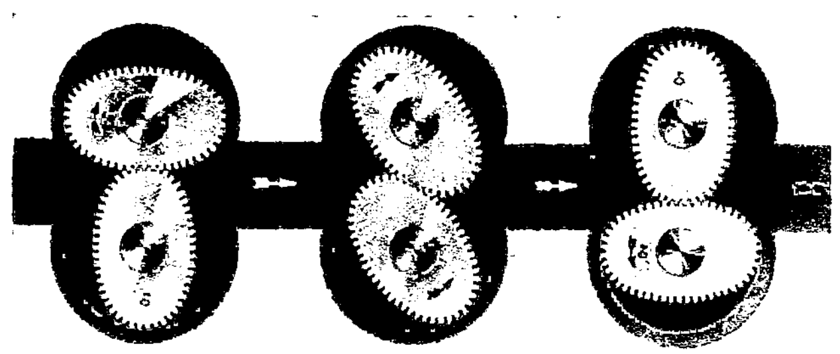

Abb. 42. Wirkungsschema des Ovalradzählers. BuR.

Benzin. Der Belastungsbereich beginnt etwa bei 3% der zulässigen Höchstbelastung. Nach der „Eichordnung vom 24. 1. 1942" der PTR sind die Eichfehlergrenzen der Hubkolbenzähler für kaltes Wasser in Strömungsrichtung für den unteren Abschnitt des Meßbereiches von 1 bis 5% der Nennbelastung zu $\pm 5\%$ und für den oberen Abschnitt von 5 bis 100% der Nennbelastung zu $\pm 2\%$ festgelegt. Für andere Flüssigkeiten wird die Eichfehlergrenze, bei Eichung auf einem Prüfstand, abhängig von der jeweils abgemessenen Menge festgelegt. Bei abgemessenen Mengen von 1 Liter oder mehr liegt sie bei $\pm 5\,cm^3$ pro Liter.

Ringkolbenzähler sind für die Messung von Schmier- und Heizstoffen und für die Zählung kleinerer Kalt- oder Heißwassermengen verwendbar. Sie werden für Nennbelastungen zwischen etwa 3 und 20 m^3/h bei Drücken bis 10 kg/cm^2, in Sonderausführung bis 30 kg/cm^2 und Temperaturen bis 150° C hergestellt. Die Messung kann, je nach Typengröße, in einem Bereich von etwa 1 : 300 bis 1 : 450 erfolgen, wobei für Kaltwasser, bei Vorwärtsströmung, zwischen 5 und 100%

der Nennbelastung Fehlergrenzen von $\pm 2\%$ und zwischen 1 und 5% der Nennbelastung solche von $\pm 5\%$ einzuhalten sind.

Ovalradzähler zeichnen sich durch ein nahezu gleichmäßiges Drehmoment, durch das Fehlen einer Totpunktlage und durch Unempfindlichkeit gegenüber der Viskosität der Flüssigkeit aus. Sie werden für Beanspruchungen von 6 l/h bis 600 m³/h bei Drücken bis 350 kg/cm² und Temperaturen bis 160° C hergestellt. Sie haben, je nach Ausführung, einen Meßbereich von etwa 1:10 bis 1:40 bei einer Fehlergrenze im allgemeinen von $\pm 0,5\%$. Der Druckverlust nimmt mit dem Durchfluß quadratisch zu, bis zu etwa 2 m Flüssigkeitssäule. Sie eignen sich vor allem für Heißwasser, Öle, Benzin, Benzol, Säuren und andere Flüssigkeiten, soweit sie nicht durch Fremdkörper verunreinigt sind. Dabei ist im Bedarfsfalle ein Schlammabscheider vorzuschalten.

Hinsichtlich der *Montage* von Kolbenzählern ist zu bemerken, daß sie nach Möglichkeit an gut zugänglichen Stellen untergebracht werden sollen, soweit sie nicht mit elektrischen Fernzählwerken versehen sind. Bei pulsierender Strömung ist die Anordnung eines Rückschlagventils notwendig. Es ist auch empfehlenswert, parallel zu Zählern absperrbare Umgehungsleitungen anzuordnen.

2. Durchflußmessung.

Die *Verfahren* zur mittelbaren Mengenmessung gliedern sich in zwei Hauptgruppen:

    a) *Durchflußmessung* nach dem *Schwebekörper*verfahren.

    b) *Durchflußmessung* nach dem *Wirkdruckverfahren*.

Die Bestimmung der Menge erfolgt dabei durch die Integration des Durchflusses.

Geräte der ersten Gruppe haben besonders in Industriebetrieben, z. B. zur Messung aggressiver Stoffe, eine gewisse Verbreitung gefunden. Die Durchflußmessung nach dem Wirkdruckverfahren wird dagegen wegen ihrer Anpassungsfähigkeit besonders in Kraftwerken angewendet.

a) Durchflußmessung nach dem Schwebekörperverfahren. Bei der *Durchflußmessung* durch Schwebekörper ist das Maß für den Durchfluß die Stellung eines von der Strömung beaufschlagten Schwimmers. Er übt auf den Meßstoff eine konstante Kraft aus und gibt ihm einen mit dem Durchfluß veränderlichen Querschnitt frei. Die Geräte sind im allgemeinen so dimensioniert, daß der Hub des Schwimmers proportional dem Durchfluß ist.

Es gelten folgende Gleichungen:

$$Q = \sqrt{2g\frac{PF}{C\gamma}}\ [\text{m}^3/\text{s}], \quad G = \sqrt{2g\frac{PF}{C}}\ \gamma\ [\text{kg/s}].$$

Dabei ist:

Q [m³/s] der Volumendurchfluß,

G [kg/s] der Gewichtsdurchfluß,

P [kg] die auf den Schwebekörper ausgeübte Kraft,

F [m²] der größte Querschnitt des Schwebekörpers,

γ [kg/m³] die Wichte des strömenden Stoffes,

g [m/s²] die Erdbeschleunigung,

C ein dimensionsloser Widerstandsbeiwert.

Abb. 43 und 44 zeigen den *Aufbau* zweier typischer Strömungsmesserbauformen. Das Gerät der Abb. 43 besteht aus einem Gehäuse, welches in seiner Gestaltung dem eines Ventilkörpers ähnlich ist. Der Verlauf der Strömung ist aus der Schnittzeichnung erkennbar. Sie wirkt auf einen durch ein Gewicht *c* belasteten Schwebekörper *b*. Eine Stange *d* überträgt dessen Stellung innerhalb einer ihn umgebenden düsenartig geformten Röhre *a* auf ein Zeigerwerk für den Durchfluß und ein Zählwerk *f* für die Menge. Seine Bewegung ist gedämpft *e*.

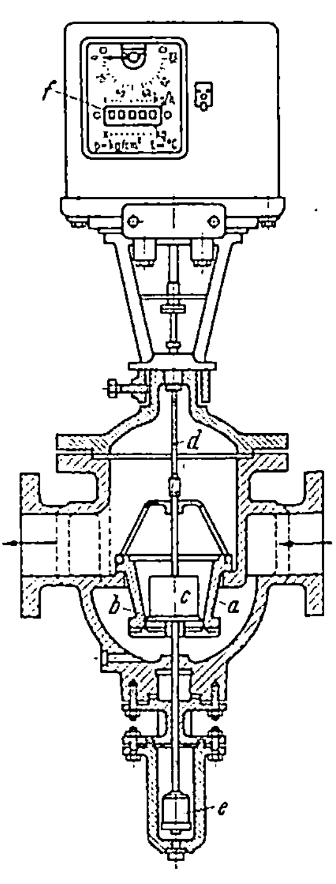

Abb. 43. Durchflußmesser nach dem Schwebekörperverfahren. BAYER.

Eine andere in Abb. 44 dargestellte Bauart zeigt die Schwebekörperstellung unmittelbar durch eine Glasröhre an einer Skala an. Ein Zählwerk ist hier nicht vorgesehen. Bei der anderen Ausführung der Abb. 44 verläuft die Strömung durch ein mit einer Durchflußskala versehenes Glasrohr. In diesem bewegt sich ein Schwebekörper, welcher durch Schrägkerben in Rotation versetzt wird. Auch hier kann die Ablesung unmittelbar erfolgen. Eine Zählung ist nicht ohne weiteres möglich.

Strömungsmesser können für Flüssigkeiten, Gase und Dämpfe hergestellt werden. Bei entsprechender Auswahl der Baustoffe *eignen* sie sich besonders für aggressive Stoffe, z.B. Säuren, Laugen usw.

Die Bauart der Abb. 43 wird für Rohrleitungen NW 25 bis 150 und für Betriebsdrücke bis 32 kg/cm² für Gase und Dämpfe und bis 40 kg/cm² für Flüssigkeiten hergestellt.

Geräte ähnlich Abb. 44 rechts sind bei Betriebsdrücken bis 20 kg/cm² und bei NW 200 für 1500 m³/h Luft oder Gas und bei NW 300 für 360 m³/h Flüssigkeit ausführbar. Sie eignen sich, entsprechend verstärkt, für Betriebsdrücke bis 150 kg/cm².

Geräteformen der Abb. 44 links werden für Betriebsdrücke bis 10 kg/cm² und Temperaturen bis 100° C gebaut. Bei unmittelbarem Anschluß an die Rohrleitung sind bis zu 200 m³/h Luft oder 20 m³/h Wasser und mit Hilfe von Drosselgeräten beliebig große Durchflüsse zu erfassen. Bei höheren Drücken und Temperaturen finden statt Glas unmagnetische Rohre Verwendung, wobei der Stand des Schwimmers magnetisch übertragen wird.

Die *Fehlergrenzen* der Schwebekörpermesser und der *kleinste meßbare Durchfluß* sind bestimmt durch die Genauigkeit, mit welcher der Schwebekörper und die ihn umgebenden Wände hergestellt sind. Die Fehlergrenzen werden bei vielen Bauarten zu etwa ±2 bis ±3% angegeben bei einem Meßbereich von etwa 1:10.

Aus obigen Gleichungen folgt, daß die *Wichte* des Meßstoffes *in die Messung eingeht.* Geringe Abweichungen von dem Berechnungszustand fälschen das Meßergebnis um die Hälfte des prozentualen Betrages. Bei der Strömungsmessung von Gasen und Dämpfen sind also Druck und Temperatur im Betriebszustand zu berücksichtigen, bei Flüssigkeiten kann auch die Zähigkeit von Einfluß sein.

Bei *pulsierender Strömung* ergeben sich Plusfehler, wenn die Schwebekörperbewegung gedämpft ist. Bei Geräten ohne besondere Dämpfungseinrichtungen kann andererseits bei raschen Änderungen des Schwimmerstandes die Ablesung schwierig und ungenau werden.

Der *Einbau* von Strömungsmessern in die Rohrleitung ist in einfacher Weise möglich. Die Stellung des Schwebekörpers kann durch induktive Stellungsferngeber elektrisch übertragen werden.

b) Durchflußmessung nach dem Wirkdruckverfahren. Die Durchflußmessung strömender Stoffe nach dem Wirkdruckverfahren ist in den VDI-Durchflußmeßregeln DIN 1952 in allen Einzelheiten behandelt. Es genügen daher hier lediglich einige Hinweise.

α) Meßverfahren.

Das Verfahren beruht darauf, daß bei Flüssigkeiten, Gasen oder Dämpfen, welche in Rohrleitungen unter Druck strömen, an genau definierten Verengungen des Querschnittes — an den Drosselgeräten — eine Erhöhung der Strömungsgeschwindigkeit und dadurch eine Erniedrigung des Druckes stattfindet. An dem Drosselgerät tritt also ein Druckunterschied, der Wirkdruck, auf, welcher ein Maß für den Durchfluß ist[1].

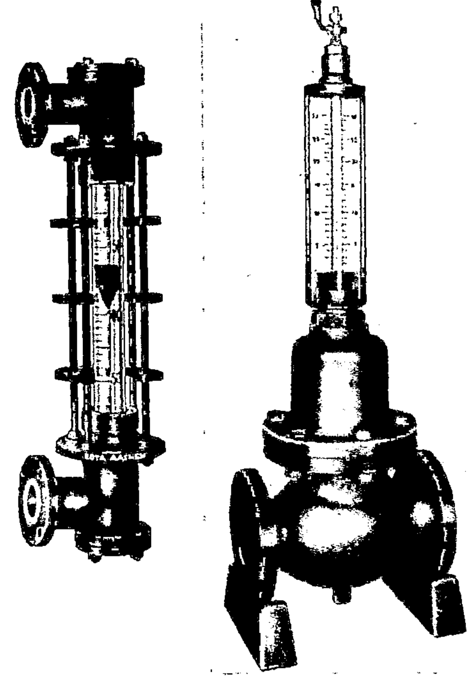

Abb. 44. Durchflußmesser nach dem Schwebekörperverfahren. ROTA bzw. GREFE.

---

[1] VDI-Durchfluß-Meßregeln DIN 1952, Ausg. 1943. Berlin: VDI-Verlag GmbH 1943 — Energie- und Betriebswirtschaftsstelle des Vereins Deutscher Eisenhüttenleute: Druck-, Zug- und Mengenmessung. Teil 5 der Wärmetechnischen Lehrblätter. Düsseldorf: Verlag Stahleisen m.b.H. — F. HERNING: Grundlagen und Praxis der Mengenstrommessung. Deutscher Ingenieur-Verlag Düsseldorf 1950. — K. KESSELS: Durchflußmessung. Mitteilung der Wärmestelle des Vereins Deutscher Eisenhüttenleute Nr. 348. — F. KRETZSCHMER:

In der praktisch gebräuchlichen Form lauten die Gleichungen für den Gewichtsdurchfluß G und für den Volumendurchfluß Q:

$$G = 0{,}01252 \, \alpha \varepsilon \, m \, D_t^2 \sqrt{\gamma_1} \sqrt{P_1 - P_2} \quad [\text{kg/h}],$$

$$Q = 0{,}01252 \, \alpha \varepsilon \, m \, D_t^2 \sqrt{\frac{1}{\gamma_1}} \sqrt{P_1 - P_2} \quad [\text{m}^3/\text{h}].$$

Dabei ist:

$P_1 - P_2$ der gemessene Wirkdruck in kg/m² (zahlenmäßig gleich dem Wirkdruck in mm WS, wobei P_1 der Plusdruck und P_2 der Minusdruck des Meßstoffes ist),

α die Durchflußzahl,

ε die Expansionszahl,

γ_1 die Wichte (spezifisches Gewicht) des Meßstoffes in kg/m³,

m das Öffnungsverhältnis: $m = \dfrac{d_t^2}{D_t^2}$,

d_t und D_t die lichten Weiten des Drosselgerätes bzw. der Leitung bei Betriebstemperatur.

Aus der Durchflußgleichung folgt:

1. Der Zusammenhang zwischen dem Wirkdruck $P_1 - P_2$ und dem Durchfluß (G bzw. Q) ist quadratisch.

2. Die Wichte γ_1 des Meßstoffes geht in die Messung ein.

Es muß also bei nicht zusammendrückbaren Flüssigkeiten die Temperatur und bei zusammendrückbaren Stoffen die Temperatur und der Druck, bei Gasen auch die relative Feuchte und ihre Zusammensetzung und die Abhängigkeit der Wichte von diesen Größen bekannt sein.

3. Gase und Dämpfe ändern gesetzmäßig bei der Strömung durch das Drosselgerät ihre Wichte. Dieser Umstand ist in der Durchflußgleichung durch die Expansionszahl ε berücksichtigt. Sie ist abhängig von der Art des Meßstoffes und von dem Verhältnis des Wirkdruckes zu dem absoluten Druck vor dem Drosselgerät (Vordruck). Bei nichtkompressiblen Flüssigkeiten ist $\varepsilon = 1$.

4. Die Durchflußzahl α ist ein die tatsächlichen Strömungsverhältnisse kennzeichnender Beiwert des Drosselgerätes. Sie berücksichtigt die vom Öffnungsverhältnis stark abhängige Zuströmgeschwindigkeit und die Einflüsse der Wandreibung, der Zähigkeit und der praktisch ausgeführten Druckentnahme.

Die *Anwendbarkeit* der VDI-Durchfluß-Meßregeln setzt die *Einhaltung gewisser Bedingungen* hinsichtlich des *Meßstoffes*, der *Strömung* und der *Ausführung des Drosselgerätes* voraus.

Vor allem muß die Wichte (das spezifische Gewicht) des *Meßstoffes* in dem Zustand vor dem Drosselgerät genau und die Zähigkeit angenähert bekannt sein. Außerdem ist es notwendig, daß sich der Meßstoff in reiner Phase befindet, daß also feste, ungelöste Stoffe, z. B. Schlamm, nicht enthalten sind und daß Gas- oder Dampfabscheidungen

Taschenbuch der Durchflußmessung mit Blenden. Düsseldorf: VDI-Verlag GmbH 1949. — B. Mester: Die Durchflußmessung des in einer Rohrleitung unter Druck strömenden Stoffes mit Normblende und Wirkdruckmesser. AEG-Mitt. 1941, H. 1/2.

nicht stattfinden. Die Einhaltung dieser Bedingungen ist besonders bei Flüssigkeiten in der Nähe des Siedepunktes oder bei Dämpfen nahe der Sättigung zu beachten.

Die *Strömung* muß mindestens quasistationär sein, d. h. die Geschwindigkeit soll sich an einem bestimmten Ort mit der Zeit nur langsam ändern. Dabei muß der Meßstoff alle Querschnitte des Drosselgerätes voll ausfüllen. Für eine pulsierende Strömung, wie sie durch Kolbenmaschinen entsteht, gelten die Durchfluß-Meßregeln nicht[1].

Die *Drosselgeräte* müssen *normgerecht* ausgeführt und auch normgerecht eingebaut sein.

β) Drosselgeräte. Drei *Ausführungen* von Drosselgeräten sind nach DIN 1952 genormt: Die *Normblende*, die *Normdüse* und die *Normventuridüse.* Abb. 45 zeigt die grundsätzliche Konstruktion dieser Drosselgeräte. Der große Vorteil bei deren Verwendung beruht darin, daß sie vorausberechnet werden können und daß ihre Durchflußbeiwerte nicht vorher experimentell ermittelt werden müssen. Für gewisse Zwecke verwendet man gelegentlich Sonderausführungen (z. B.

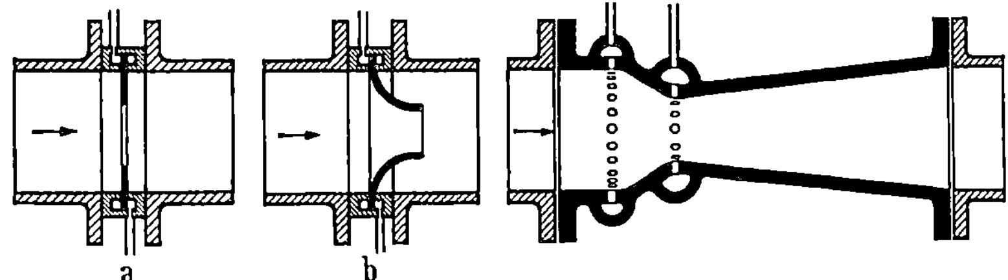

Abb. 45. Drosselgeräte für die Durchflußmessung nach dem Wirkdruckverfahren.

Segmentblenden), welche jedoch nicht den Normen entsprechen. Ihre Durchflußzahl muß vor der Verwendung durch Messung bestimmt werden.

Die Bedingungen, welche für die *Wahl* des einen oder anderen Drosselgerätes bestimmend sind, werden im übernächsten Abschnitt behandelt. Zunächst ist auf ihre Ausführung und ihre allgemeinen Eigenschaften einzugehen.

Die *Vorschriften* der *Normung* erstrecken sich auf die Ausgestaltung der Druckentnahmeöffnungen und auf die Formgebung der Düseneinsätze und der Blendenscheiben. Die sonstige Ausführung ist den Eigenschaften des Meßstoffes (z. B. Druck, Temperatur, Aggressivität) und der Rohrleitung (z. B. Flansche, Material) anzupassen.

Bei der *Auslegung* eines Drosselgerätes kommt es darauf an, sein Öffnungsverhältnis bzw. seine lichte Öffnung so festzulegen, daß sich bei höchstem Durchfluß der Berechnungswirkdruck (also im allgemeinen

---

[1] RUPPEL, G.: Durchflußmessung bei pulsierender Strömung. ATM V 1240-4. 1936. — SAUER, G.: Staudruckmessung bei pulsierenden Stoffströmen: Messen und Prüfen, H. 4. Halle (Saale): W. Knapp 1930. — STEFFEN: Die Schwimmermessung bei pulsierender Strömung. Diss. Berlin: R. Graetz 1939. — KREUZER, S.: Statische und dynamische Untersuchung von Mündungsdampfmessern unter besonderer Berücksichtigung der Messung pulsierender Gas-, Dampf- und Flüssigkeitsströme. VDI, Forsch.-Arb.Ing.-Wes. H. 297.

der Nennwirkdruck) des vorgesehenen Durchflußmessers ergibt. Da Wirkdruckmesser mit Anzeigebereichen von wenigen mm WS (z. B. Tauchglocken, Ringwaagen) bis zu etwa 24 m WS (Quecksilberschwimmermesser) zur Verfügung stehen, kann man Drosselgeräte, bei gegebenem Höchstdurchfluß, für verschiedene Öffnungsverhältnisse m auslegen. Kleines m ergibt zwar hohe Genauigkeit, aber auch hohen (bleibenden) Druckverlust. Es ist demnach ein passendes Kompromiß zu erstreben. Bei der Auslegung wird man den Anzeigebereichendwert aus Sicherheitsgründen etwa 10 bis 15% über den höchsten vorkommenden Durchfluß festlegen. Andererseits ist aber auch zu beachten, daß der geringste noch zu erfassende Durchfluß größer als 5 bis 10% des Endwertes (je nach der Bauart der Radiziereinrichtung) sein muß.

Hinter dem Drosselgerät steigt der absolute Druck des Meßstoffes nicht mehr auf die gleiche Höhe wie vor dem Drosselgerät an. Es tritt ein (bleibender) *Druckverlust* auf. Er ist vor allem vom Öffnungsverhältnis abhängig. Am höchsten ist er bei Normblenden und am kleinsten bei den Venturidüsen. Die folgenden Faustregeln geben die Größenordnung des Druckverlustes in Prozenten des Wirkdruckes an. Sie gelten hinsichtlich der Normdüsen und Venturidüsen nur mit einer Abweichung von etwa $\pm 15\%$. Genauere Angaben enthalten die Durchfluß-Meßregeln:

$$\begin{aligned}
\text{Normblenden} & \quad \ldots \ldots \quad (1 - m)\ 100\% \\
\text{Normdüsen} & \quad \ldots \ldots \quad (1 - 1{,}38\,m)\ 100\% \\
\text{Normventurirohre.} & \quad \ldots \quad (0{,}19 - 0{,}24\,m)\ 100\%
\end{aligned}$$

Bei Normventuridüsen ist also der Druckverlust am niedrigsten. Er liegt je nach Öffnungsverhältnis und Ausführung zwischen etwa 8 und 18% des Wirkdruckes.

Auch klein erscheinende Druckverluste an Wirkdruckgebern können Energieverluste verursachen, die zwar im Vergleich zur erzeugten Energie unbedeutend, aber hinsichtlich ihres absoluten Betrages so groß sind, daß sie die gegenüber der Blende höheren Anschaffungskosten einer Venturidüse rechtfertigen[1].

γ) *Durchflußmesser.* Zur Messung des Durchflusses, d. h. des Wirkdruckes an einem Drosselgerät, werden im allgemeinen *Differenzdruckmesser* mit *Radiziereinrichtungen* verwendet. Die verschiedenen Bauformen wurden schon S. 33 bis 37 behandelt, weil sie in ihrer Grundform auch für reine Druckmessungen verwendet werden können. Daneben gibt es aber noch Ausführungen, die ausschließlich auf die Durchflußmessung zugeschnitten sind und deshalb nachstehend erläutert werden sollen. Dazu kommen noch die Durchflußmesser nach dem Kompensationsverfahren.

Hierher gehört das U-Rohr, mit Quecksilber als Sperrflüssigkeit und elektrischer Abtastung des Quecksilberstandes nach Abb. 46. Es ist in der üblichen Weise an einen Wirkdruckgeber W angeschlossen.

---

[1] LANG, M.: Energieverlust durch Druckabfall in Dampfleitungen. BWK Bd. 3 (1951) H. 9, S. 301. — HAFERKAMP, H.: Was kostet der Druckabfall in Dampfleitungen. BWK Bd. 4 (1952) H. 9, S. 302.

Der dem augenblicklichen Durchfluß entsprechende Stand der Sperrflüssigkeit im Minusschenkel des U-Rohres wird — nach vorheriger Radizierung — auf elektrische Anzeigegeräte A, gegebenenfalls auch Schreiber S und Zähler Z, übertragen. Das geschieht mit Hilfe eines Stufenwiderstandes R und einer Konstantstromquelle E. Die einzelnen Widerstandsstufen sind dabei mit Kontakten verbunden, welche in quadratisch zunehmenden Abständen (Radizierung) in den gläsernen Minusschenkel des U-Rohres eingeschmolzen sind. Bei einem bestimmten Druckunterschied an dem Wirkdruckgeber ergibt sich ein entsprechender Ausschlag der Sperrflüssigkeit, welche den Stufenwiderstand zum Teil kurzschließt. In dem Übertragungsstromkreis fließt dadurch ein dem Durchfluß proportionaler Strom, welcher angezeigt, registriert oder gezählt werden kann. Darüber hinaus kann aber der Strom dieses Kreises auch noch durch Widerstände T und P, deren Größe von der Temperatur (Widerstandsthermometer) und dem Druck des Meßstoffes abhängen, gesetzmäßig verändert werden. Auf diese Weise ist es möglich,

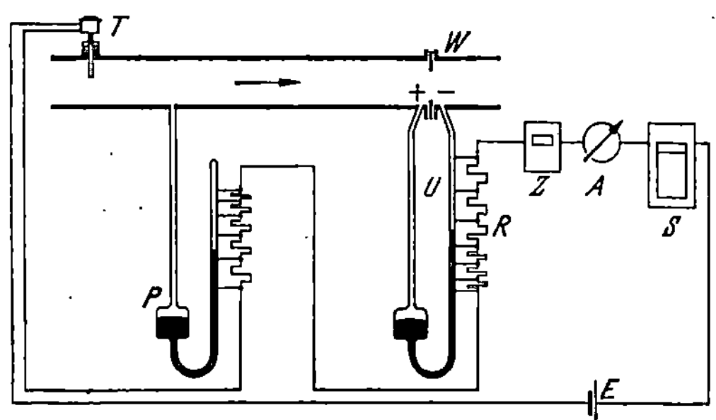

Abb. 46. Durchflußmessung mittels U-Rohrmeßwerk mit Druck- und Temperaturkorrektur. HALLWACHS u. MORCKEL.

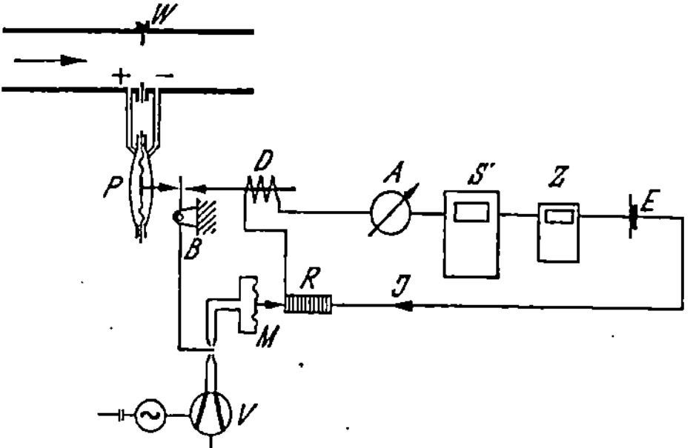

Abb. 47. Durchflußmessung nach dem Kompensationsverfahren. ASKANIA.

den Einfluß von Druck- und Temperaturabweichungen des Meßstoffes bei der Durchflußmessung zu berücksichtigen.

Die Einrichtung[1] nach Abb. 47 (Stromwaage) arbeitet nach einem Kompensationsverfahren, bei welchem der Durchfluß in eine Stromstärke umgeformt wird. An den Wirkdruckgeber W ist ein Plattenfedermeßwerk P angeschlossen, wobei der Plusdruck und der Minusdruck an je einer Seite des Meßwerkes angreifen. Die dabei auf die Plattenfeder ausgeübte Kraft wird jedoch, unter Benutzung eines Waagebalkens B, ausgewogen durch eine von einem elektrischen Dynamometer D herrührende Gegenkraft. Der Waagebalken steuert dabei über Düsen F, die von einem Gebläse V ganz oder teilweise be-

---

[1] MÜHLHAUSEN, F.: Geräte zum Messen mechanischer und wärmetechnischer Größen. Z. VDI Bd. 93 (1951) H. 18, S. 551. — TEUFERT, O.: Die Stromwaage — ein neuartiges Meßgerät für die Durchflußmessung von Gas, Dampf, Wasser u.a. Energie 2. Jg. (1950) H. 3.

aufschlagt werden können, über eine Membrane M, einen in weiten Grenzen veränderlichen Kohlestapelwiderstand R. Der sich dabei einstellende Kompensationsstrom J ist unabhängig von der Netzspannung E. Er ist ein Maß für den Durchfluß. Er kann auch an weit entfernter Stelle angezeigt A, registriert S oder gezählt Z werden.

In ähnlicher Weise wird bei dem Meßwertwandler (Transmitter)[1] der Abb. 48 der Durchfluß in einen proportionalen Luftdruck umgeformt und durch ein Manometer M angezeigt oder registriert.

An den Wirkdruckgeber W ist auch hier ein Plattenfeder-Differenzdruckmeßwerk P angeschlossen, welches an einem drehbar gelagerten Hebel B angreift. Auf diesen wirkt andererseits auch, in entgegengesetztem Sinne, eine Wellrohrfederdose D, welche über einen Kraftschalter K mit Druckluft L beaufschlagt wird. Solange das von dem Durchfluß über die Plattenfeder auf den Hebel ausgeübte Drehmoment gleich dem von der Druckluft über die Wellrohrfeder herrührenden ist, befindet sich die Einrichtung in Ruhestellung. Der von dem Manometer angezeigte Luftdruck entspricht dem Quadrat des Durchflusses. Sowie sich dieser ändert, wirkt die Druckluft über den Kraftschalter, im Sinne der Wiederherstellung der Gleichgewichtsbedingungen, auf den Hebel B ein. Dazu muß an der Wellrohrfeder jeweils ein Luftdruck angreifen, welcher dem Quadrat des Durchflusses proportional ist.

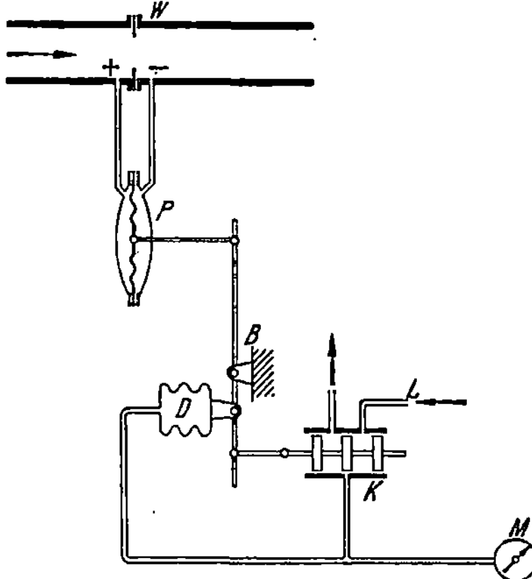

Abb. 48. Durchflußmessung mit pneumatischem Meßwertwandler.

Bei den Kompensationseinrichtungen nach Abb. 47 und 48 sind die Bewegungen der Plattenfedern und der Drehhebel so gering, daß sie kaum wahrnehmbar sind. Die Meß- bzw. Schutzstoffe in den Wirkdruckleitungen werden kaum bewegt. Bei Dampfmessungen sind deshalb Abgleichgefäße an den Wirkdruckgebern entbehrlich. Aus dem gleichen Grunde eignen sich diese Einrichtungen auch sehr gut für die Durchflußmessung aggressiver Meßstoffe. Das mechanische Gerät nach Abb. 48 kann man beheizen, um damit Durchflußmessungen an zähflüssigen Ölen auszuführen.

δ) *Anwendungsmöglichkeiten.* Die Durchflußmessung nach dem Wirkdruckverfahren eignet sich für den größten Teil, der in Kraftwerken und Industriebetrieben vorkommenden Messungen, weil sie genau und einfach in der Anwendung ist. Hinsichtlich der Drücke und Temperaturen bestehen keine Einschränkungen. Bei der *Auswahl* des Drosselgerätes sind jedoch die gegebenen Betriebsbedingungen zu berücksichtigen.

---

[1] Müller, R.: Der Meßwertwandler. Energie Bd. 5 (1953) H. 4, S. 125.

Normblenden eignen sich für Stoffe mit hoher Strömungsgeschwindigkeit, bei welchen der Druckverlust keine ausschlaggebende Rolle spielt. Sie neigen mehr zur Verschmutzung als Düsen und Venturirohre, lassen sich aber leichter einbauen und auswechseln und benötigen nur geringe Einbaulängen. Ihr Preis ist niedrig. Ihre Fehlergrenzen sind jedoch etwas weiter als die der Normdüsen und Norm-Venturirohre. Sie sind für alle Rohrdurchmesser ≥ 50 mm und für Öffnungsverhältnisse von 0,05 bis 0,7 anwendbar. Für Rohrdurchmesser ≤ 70 mm empfiehlt sich die Verwendung von Ringkammernormblenden mit längeren beiderseits angesetzten, geraden, *genau gearbeiteten Rohrstrecken.*

Für *Normdüsen* gelten die engsten Fehlergrenzen für die Durchflußzahl. Sie sind also am genauesten und haben gegenüber den Normblenden den Vorteil eines geringeren Druckverlustes und einer größeren Widerstandsfähigkeit. Sie sind auch weniger empfindlich gegen Störungen der Strömung, welche durch einen nicht normgemäßem Einbau verursacht sein können. Hinsichtlich des Preises, der Baulänge und der leichten Einbaumöglichkeit sind jedoch die Düsen gegenüber den Blenden im Nachteil. Sie sind für Rohrdurchmesser ≥ 50 mm und für Öffnungsverhältnisse zwischen 0,05 und 0,65 anwendbar.

Normventuridüsen eignen sich für alle jene Fälle, bei welchen ein möglichst geringer Druckverlust von ausschlaggebender Bedeutung ist, also vor allem für Flüssigkeiten mit geringem statischen Druck. In allen sonstigen Punkten sind sie den übrigen Drosselgeräten unterlegen. Die genormten Venturidüsen sind für Rohrdurchmesser von 50 bis 500 mm und für Öffnungsverhältnisse von 0,05 bis 0,6 anwendbar.

ε) *Toleranzen.* Durch die Wahl des Drosselgerätes und des Wirkdruckmessers, aber auch durch deren Anwendung sind die Meßfehler einer Durchflußmeßanlage bestimmt. Sie werden nach DIN 1952 gekennzeichnet durch Toleranzen. Die *Gesamttoleranz* kann nach dem Fehlerfortpflanzungsgesetz als „mittlerer Fehler" aus den *Einzeltoleranzen* der Durchflußzahl, der Expansionszahl, der Wirkdruckmessung und der Wichte nach DIN 1952 ermittelt werden. Sie ergibt sich als Wurzel aus der Summe der Quadrate der in % angegebenen Einzeltoleranzen x_1, x_2, x_3 usw.:

$$x = \pm \sqrt{x_1^2 + x_2^2 + x_3^2 + \cdots} \quad [\%].$$

Dabei sind die Toleranzen solcher Größen, welche in der Durchflußgleichung unter der Wurzel stehen, nur mit dem halben Betrag einzusetzen.

Es würde hier zu weit führen, die Bedingungen für die Größe der Einzeltoleranzen eingehender zu behandeln. Es soll nur ein Überblick gegeben werden:

1. Die Toleranz der *Durchflußzahl* α ergibt sich aus Einzeltoleranzen für die Rohrrauhigkeit, für den Einfluß der Zähigkeit, für die Kantenunschärfe bei Blenden und für Ungenauigkeiten bei der Ermittlung der Durchflußzahl, der Einhaltung der Konstruktionsmasse und der

Einbauvorschriften (Grundtoleranz). Die folgende Tabelle soll lediglich einen Begriff davon geben, welche Gesamttoleranz in Prozenten der Durchflußzahl bei verschiedenen Drosselgeräten zu erwarten ist:

Öffnungsverhältnis m		0,1	0,6	0,7
Normdüse	$D = 50$ mm	$\pm 0{,}5$	$\pm 1{,}9$	
	$D = 200$ mm	$\pm 0{,}5$	$\pm 1{,}25$	
Normblende	$D = 50$ mm	$\pm 1{,}8$	$\pm 2{,}4$	$\pm 2{,}7$
	$D = 200$ mm	$\pm 0{,}7$	$\pm 1{,}5$	$\pm 1{,}8$
	$D = 400$ mm	$\pm 0{,}5$	$\pm 0{,}8$	$\pm 1{,}1$
Normventuridüse	$D = 50$ mm	$\pm 1{,}0$	$\pm 2{,}1$	
	$D = 200$ mm	$\pm 1{,}0$	$\pm 1{,}6$	

Darüber hinaus sind noch folgende Toleranzen zu berücksichtigen:

2. Die Toleranzen für die *Expansionszahlen* ε der Gase und Dämpfe sind für die verschiedenen Drosselgeräte ebenfalls in den Durchfluß-Meßregeln angegeben. Sie sind abhängig von der Art des strömenden Stoffes und vom Verhältnis des Wirkdruckes zum Vordruck. Sie liegen zwischen ± 0 und $\pm 2\%$.

3. Die Toleranzen für die *Messung* des *Wirkdruckes* ergeben sich aus den Fehlergrenzen der Wirkdruckmeßgeräte. Nähere Angaben über die Toleranzen der verschiedenen Meßwerke enthalten die vorhergehenden Abschnitte. Als Richtwert kann man annehmen, daß bei gut konstruierten und gewarteten Geräten die Toleranz bei $\pm 0{,}5$ bis $\pm 1\%$ des Endwertes liegt.

4. Die Abhängigkeit der *Wichte* von Druck und Temperatur des Meßstoffes ist ebenfalls nur mit einer gewissen Toleranz bekannt. Bei feuchten Gasen ist dabei der Einfluß des Feuchtegehaltes und der Zusammensetzung zu berücksichtigen.

Der ganze Fragenkomplex konnte nur andeutungsweise behandelt werden. Für genauere Untersuchungen sind zweckmäßig die Toleranzen nach den VDI-Durchfluß-Meßregeln zu bestimmen.

ζ) *Berichtigungsfaktoren für die Durchflußmessung bei abweichendem Betriebszustand.* Sehr häufig wird bei Durchflußmessungen der Betriebszustand des Meßstoffes von dem *Berechnungszustand* abweichen. Dadurch können u. U. erhebliche Fehler entstehen, wenn der Durchflußmesser nicht mit selbsttätigen Berichtigungseinrichtungen versehen ist. Die nachträgliche Anbringung von Korrekturen[1] setzt die Kenntnis der Temperatur und gegebenenfalls auch des Druckes der Feuchte und Zusammensetzung des Meßstoffes voraus.

Die Berichtigung kann nach den nachstehenden Gleichungen erfolgen. Dabei bedeuten:

γ_M die Wichte des Meßstoffes im Betriebszustand,
γ_R die Wichte des strömenden Stoffes in dem Berechnungszustand,
P_M bzw. P_R die entsprechenden absoluten Drücke,
T_M bzw. T_R die entsprechenden absoluten Temperaturen,

---

[1] Jung, H., u. G. Ruppel: Gas- und Dampfmessung. Berücksichtigung der Zustandsgrößen. ATM V 1240-3. 1934.

G_A die Ist-Anzeige des Gewichtsdurchflusses [kg/h, t/h],
Q_A die Ist-Anzeige des Volumendurchflusses [m³/h],
G_M bzw. Q_M die entsprechenden Durchflüsse im Zustande der Messung
(Soll-Anzeige).

Für Flüssigkeiten, Gase und Dämpfe gilt:

$$G_M = G_A \sqrt{\frac{\gamma_M}{\gamma_R}} \quad \text{[kg/h oder t/h]},$$

$$Q_M = Q_A \sqrt{\frac{\gamma_R}{\gamma_M}} \quad \text{[m³/h]}.$$

Bei idealen Gasen unveränderlicher Zusammensetzung gilt auch:

$$Q_M = Q_A \sqrt{\frac{P_R \, T_M}{T_R \, P_M}} \quad \text{[m³/h]}.$$

Durchflußmesser für Gase haben häufig eine Skaleneinteilung in Normvolumeneinheiten.

Für trockene Gase gilt:

$$Q_{M_n} = Q_A \sqrt{\frac{P_M \, T_R}{T_M \, P_R}} \quad \text{[Nm³/h]}.$$

Für feuchte Gase gilt bei unveränderter Zusammensetzung des trockenen Gasanteils:

$$Q_{M_n} = Q_A \sqrt{\frac{\gamma_R}{\gamma_M} \frac{\gamma_{tr_M}}{\gamma_{tr_R}}} \quad \text{[Nm³/h]}.$$

Näherungsweise ist also der prozentuale Fehler der Durchflußmessung halb so groß wie die in Prozenten ausgedrückte Abweichung
des absoluten Druckes oder der absoluten Temperatur vom Berechnungszustand des Meßstoffes. Bei zu niedrigem Druck zeigt der Durchflußmesser zuviel, bei zu niedriger Temperatur zuwenig an und umgekehrt.

Aus den Abb. 49a bis d sind die Wurzelwerte a der Wichte γ des
Dampfes für die Korrektur der Durchflußmessung zu entnehmen. Der
Korrekturfaktor ist:

$$f = \frac{a_M}{a_R} = \frac{\sqrt{\gamma_M}}{\sqrt{\gamma_R}} \cdot$$

Dabei kennzeichnet wieder der Index M den Betriebszustand, R den
Berechnungszustand.

Beispiel. Eine Durchflußmeßeinrichtung für Dampf sei ausgelegt für einen
Dampfzustand von 40 ata und 400° C. Der Betriebszustand sei: $P_1 = 45$ ata
und $t_1 = 420°$ C. Aus Abb. 49 ist zu entnehmen: $a_R = 3{,}66$ und $a_M = 3{,}82$.
Der am Durchflußmesser abgelesene Wert ist demnach mit $f = \dfrac{3{,}82}{3{,}66} = 1{,}043$
zu multiplizieren, um den Durchfluß des Dampfes im Betriebszustand zu erhalten.

Die Messung des absoluten Druckes und der absoluten Temperatur
zum Zwecke der Berichtigung der Durchflußmessung müssen mit der
gleichen Genauigkeit ausgeführt werden wie diese selbst, weil ihre
Fehler in die Berichtigung der Durchflußmessung eingehen.

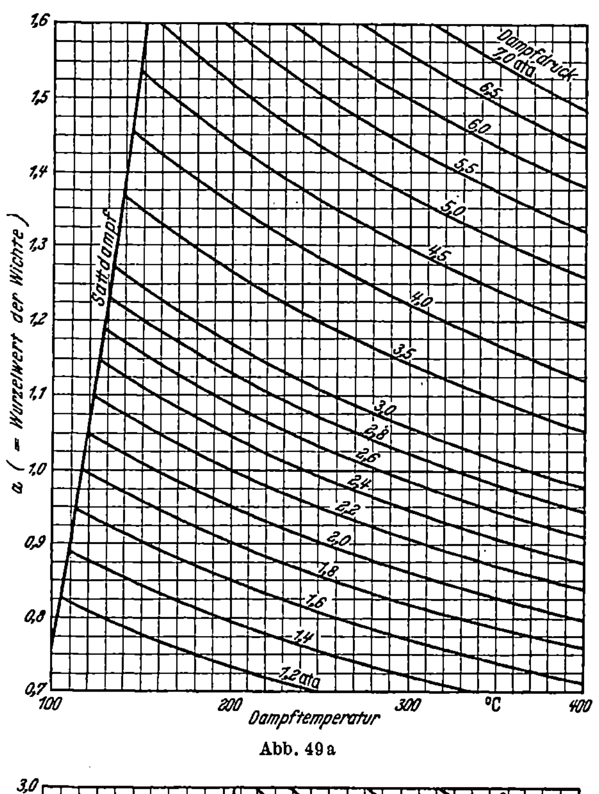

Abb. 49 a

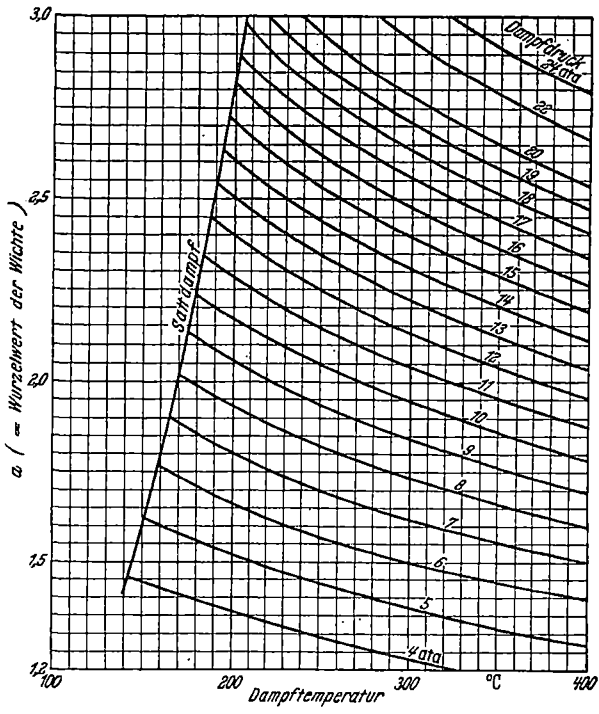

Abb. 49 b

Abb. 49a–d. Wurzelwerte der Wichte des Wasser-

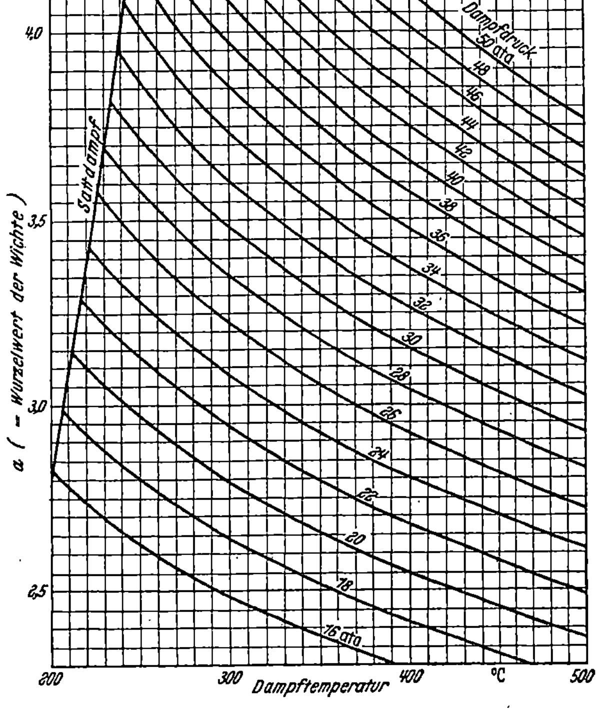

Abb. 49 c

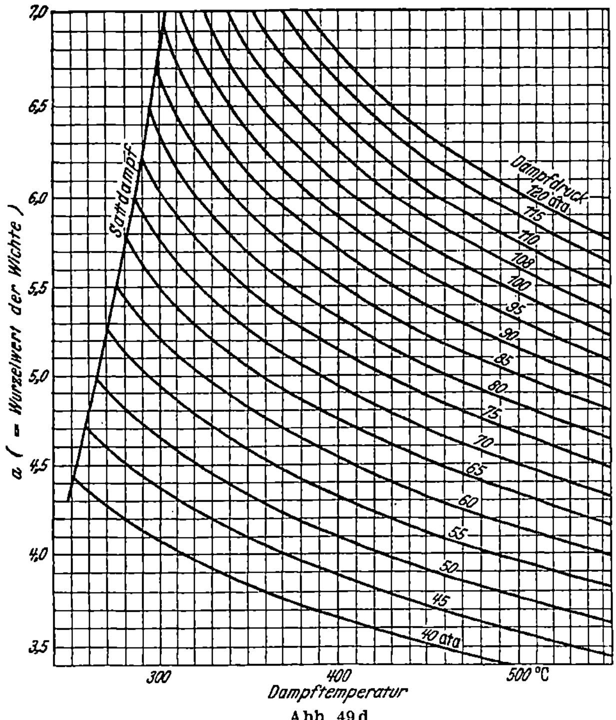

Abb. 49 d

dampfes zur Berichtigung der Durchflußmessung.

η) *Richtlinien für die Montage.* Durchfluß-Meßanlagen bestehen aus Wirkdruckgebern, Wirkdruckleitungen, Wirkdruckmessern und Ventilen. Es ist mit Rücksicht auf Meßgenauigkeit und Betriebssicherheit *unerläßlich*, diese Teile sachgemäß anzuordnen. Bei der Errichtung neuer Anlagen sollen deshalb schon bei der Planung der Rohrleitungen eines Kraftwerkes die Erfordernisse der Messung berücksichtigt werden.

Vor allem ist das *Drosselgerät normgerecht* einzubauen. Das setzt voraus:

1. Zentrische Anordnung des Drosselgerätes zur Rohrachse. Zentrierung z. B. durch die Verbindungsschrauben der Rohrleitungsflansche.

2. Ansammlungen von Flüssigkeiten oder Schmutz vor oder hinter dem Drosselgerät vermeiden! Gegebenenfalls Abscheider oder Reinigungsvorrichtungen vorsehen!

3. Runde Einlauföffnung der Rohrleitung zum Drosselgerät. Das Aufwalzen und Aufnieten von Flanschen, Aufstauchen von Bunden ist zu vermeiden. Gegebenenfalls Rohrinnenfläche überdrehen! Vor dem Einbau des Drosselgerätes die wahre lichte Weite der Leitung auf 0,1 mm genau nachmessen!

4. Glatte oder mindestens betriebsrauhe Rohrinnenfläche. Grobe Verkrustungen, kantige Schweißnähte und vorstehende Dichtungen vermeiden!

5. Einbau in Rohrstrecken mit unverändertem Durchmesser. Also vor allem den Einbau hinter oder auch vor kegelförmigen Erweiterungen der Rohrleitung unterlassen!

6. Ausreichende gerade Rohrstrecken vor und hinter dem Drosselgerät. Die Nähe von Raumkrümmern, Schiebern, Krümmern und Thermometerstutzen meiden. Die VDI-Durchfluß-Meßregeln DIN 1952 schreiben in Vielfachen des Rohrdurchmessers folgende Strecken vor:

| Öffnungsverhältnis | Einlauf | | | | Auslauf | | |
m	0,1	0,2	0,4	0,6	0,2	0,6	
Krümmer	5	6	18	40	5	5	Normdüse
	6	10	22	38	5	5	Normblende
Krümmer	5	6	20		5	5	Normdüse
	5	6	14	30	5	5	Normblende
Raumkrümmer	32	35	38		5	5	Normdüse
	35	35	38	42	5	5	Normblende
Ventile	5	10	29		5	5	Normdüse
	6	10	18	27	5	5	Normblende
Schieber, teilweise geöffnet, Querschnittsverhältnis 0,3 bis 0,8	10	10	10	10	5	5	Normdüse
	10	10	12	15	5	5	Normblende

Die angegebenen Rohrstrecken kann man bei Ringkammern auf die Hälfte verringern, ohne daß der zusätzliche Fehler 0,5% überschreitet. Da bei kleinen Öffnungsverhältnissen die erforderlichen Längen geringer sind, kann man sich bei räumlich beengten Verhältnissen gegebenenfalls durch die Wahl eines höheren Differenzdruckes helfen.

Neben dem normgerechten Einbau des Drosselgerätes ist vor allem die sachgemäße *Anordnung des Durchflußmessers und der Wirkdruckleitungen* außerordentlich wichtig. Sie muß so erfolgen, daß bei Gasmessungen eine unerwünschte Ansammlung von Kondensat und bei Flüssigkeits- oder Dampfmessungen Luftblasen oder Ablagerungen

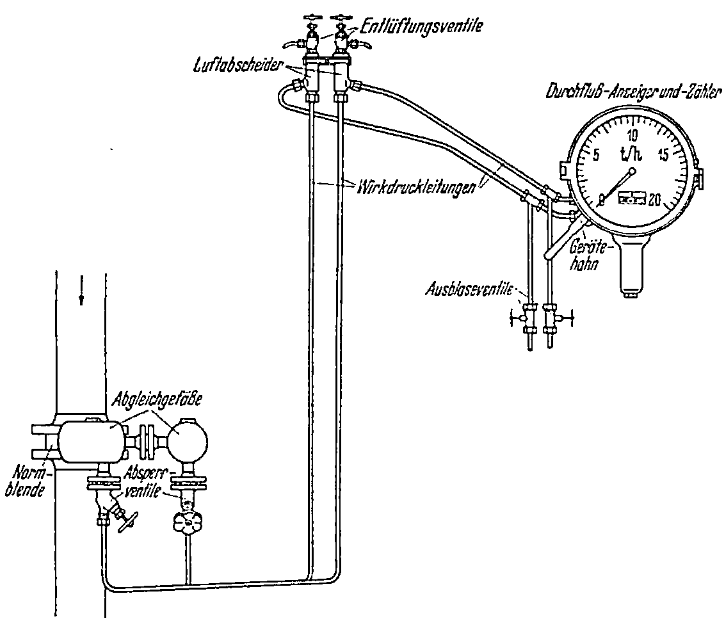

Abb. 50. Durchflußmeßanlage für Dampf. (Meßgerät über dem Drosselgerät.)

von Schmutz nicht auftreten können oder leicht zu entfernen sind. Außerdem muß die ganze Anlage dicht sein. Demnach ist folgendes zu beachten[1]:

1. Durchflußmessung von *Flüssigkeiten*: Am betriebssichersten ist die Anordnung des Durchflußmessers unter einem Drosselgerät in horizontaler Leitung. Wirkdruckleitungen mit stetigem Gefälle, mindestens 1:10 verlegen, damit Luftblasen in die zu kontrollierende Leitung abziehen können.

Wenn sich der Durchflußmesser über dem Drosselgerät befindet, sind an der höchsten Stelle der Meßanlage Luftabscheidegefäße mit Entlüftungsventilen vorzusehen (ähnlich Abb. 50). Die Anlage muß bei dieser Anordnung besonders sorgfältig gedichtet werden. Zweckmäßig ist es, nach jeder Betriebspause zu entlüften.

Es ist nicht zulässig, das Meßgerät beliebig hoch über dem Drosselgerät anzuordnen, weil bei niedrigen Betriebsdrücken Dampfausschei-

---

[1] WITTE, R.: Anordnungsblätter für die Durchflußmeßtechnik. Regelungstechn. 1. Jg. (1953) H. 8, S. 189.

dungen an der höchsten Stelle der Anlage entstehen können. Der Vordruck der strömenden Flüssigkeit oder des Dampfes, vermindert um den Wirkdruck und um das Gewicht der Flüssigkeitssäule in den Wirkdruckleitungen, muß größer sein als der Dampfdruck der Flüssigkeit in den Wirkdruckleitungen bei der betreffenden Temperatur.

Beispiel. Bei der Durchflußmessung von Wasser mit 1,25 ata Vordruck, entsprechend 2,5 m WS Überdruck mit einem Durchflußmesser mit einem Nennwirkdruck von 2 m. WS, ist bei einer Temperatur der Luftabscheidegefäße von

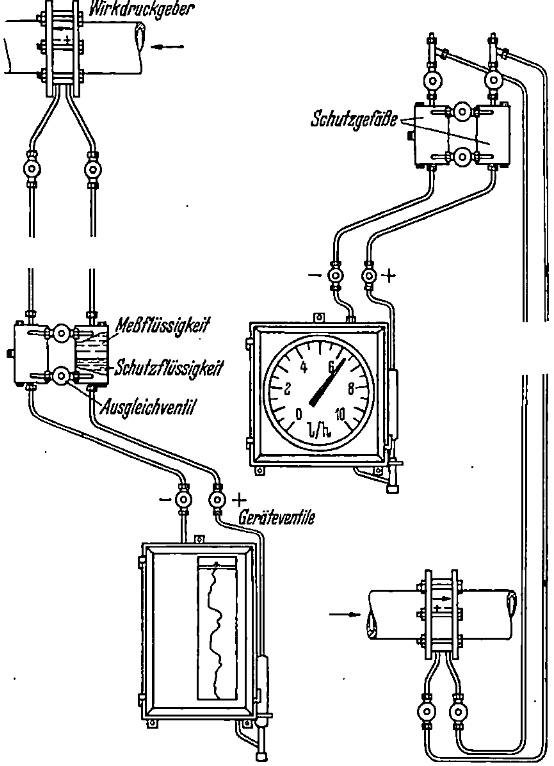

Abb. 51. Durchflußmeßanlage für aggressive Flüssigkeiten. (Schutzflüssigkeit schwerer als Meßflüssigkeit.)

45° C (zugehöriger Dampfdruck 0,1 ata) die höchste zulässige Höhe des Meßgerätes oder der Wirkdruckleitungen über dem Drosselgerät 9,5 m. Dabei ist zu beachten, daß im vorliegenden Falle die Wirkdruckleitungen infolge des niedrigen Überdruckes des Meßstoffes nicht mehr in der üblichen Weise entlüftet werden können. Sie müßten von außen mit Wasser gefüllt werden.

Bei der Messung heißer Flüssigkeiten sind entweder Kühlgefäße am Drosselgerät vorzusehen oder so lange Wirkdruckleitungen, daß bei dem Ausschlagen des Meßgerätes der heiße Meßstoff nicht in dieses eindringen kann.

Das Eindringen schmutziger Flüssigkeiten in Wirkdruckleitungen und Meßgerät ist durch Filter oder Schmutzabscheider zu verhindern.

Als Drosselgeräte sind hier Segmentblenden zweckmäßig. (Deren Durchflußbeiwert ist aber vor der Benutzung zu ermitteln.)

Säure- oder laugehaltige Flüssigkeiten werden von dem Meßgerät durch Schutzgefäße mit neutralen Schutzflüssigkeiten, welche sich mit der zu messenden Flüssigkeit nicht mischen, ferngehalten. Die Schutzflüssigkeiten in den beiden Trenngefäßen müssen bei der In-

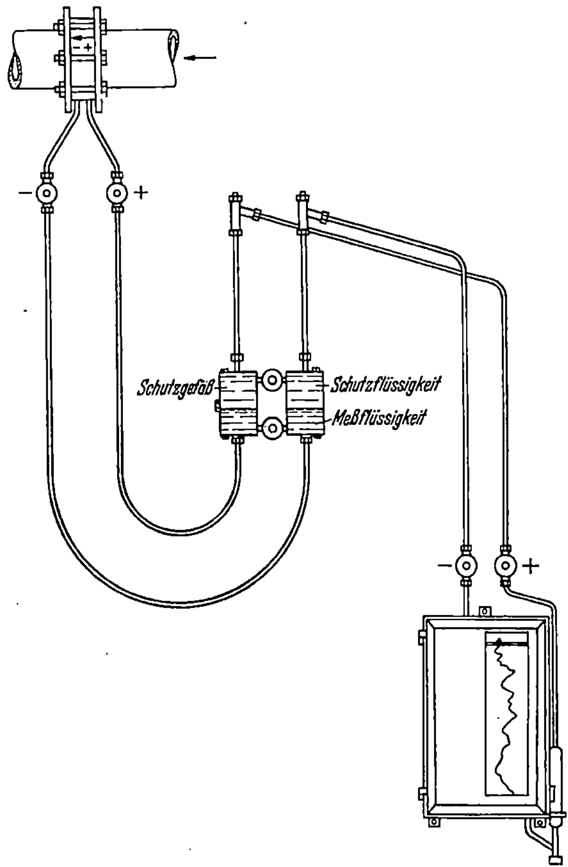

Abb. 52. Durchflußmeßanlage für aggressive Flüssigkeiten. (Schutzflüssigkeit leichter als Meßflüssigkeit.)

betriebnahme gleich hoch stehen. Abb. 51 und 52 zeigen derartige Meßanlagen, bei welchen die Schutzflüssigkeit schwerer bzw. leichter als die zu messende Flüssigkeit ist. Letztere Anordnung ist bei gashaltigen Meßflüssigkeiten möglichst zu vermeiden.

2. Durchflußmessung von *Dampf*: Es gelten hinsichtlich der günstigsten Anordnung und der Anbringung des Durchflußmessers über dem Drosselgerät ähnliche Grundsätze wie bei der Flüssigkeitsdurchflußmessung. Es ist zu beachten, daß hier die Wirkdruckleitungen

im allgemeinen über *Abgleichgefäße* an das Drosselgerät angeschlossen werden müssen (Abb. 54), damit auch bei Belastungsänderungen der Stand des Kondensates in beiden Wirkdruckleitungen (zur Vermeidung von Meßfehlern) gleich hoch gehalten wird. Bei der Verwendung von Durchflußmessern nach der Kompensationsmethode (z. B. Abb. 47 u. 48)

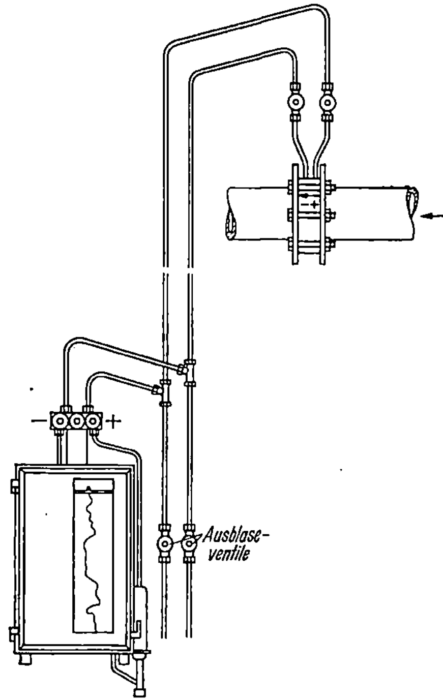

Abb. 53. Durchflußmeßanlage für Gas.

sind solche Abgleichgefäße jedoch nicht erforderlich.

3. Durchflußmessung von *Gas*: Am betriebssichersten ist die Anordnung des Durchflußmessers über dem Drosselgerät, weil dabei kondensierende Flüssigkeiten nicht in das Meßgerät, sondern in die Gasleitung abfließen können. In allen anderen Fällen ist die Anbringung von toten Rohrstrecken oder Flüssigkeitsabscheidern mit Ausblaseventilen an den tiefsten Stellen der Wirkdruckleitungen nötig (Abb. 53).

Bei staub- oder teerhaltigen und angreifenden Gasen kann es nötig sein, Reinigungsvorrichtungen zur Spülung der Drosselgeräte vorzusehen. Außerdem muß das Eindringen von Verunreinigungen in die Wirkdruckleitungen verhindert werden. Das unterbleibt weitgehend bei der Verwendung von Durchflußmessern nach dem Kompensationsverfahren (Abb. 47 u. 48), weil dabei eine Bewegung des Meßstoffes in den Wirkdruckleitungen kaum stattfindet. Sonst sind in den Wirkdruckleitungen Filter oder Schutzgefäße möglichst nahe dem Drosselgerät anzuordnen oder es ist dauernd mit Schutzgas zu spülen. Der Druck des Schutzgases muß etwas höher als der Druck des Meßstoffes sein. Der Schutzgasstrom ist mit Hilfe von Dosiereinrichtungen so klein zu halten, daß er in den Wirkdruckleitungen keinen merklichen Druckabfall hervorruft.

Der *Anschluß* der *Wirkdruckleitungen an Drosselgeräte* soll bei Flüssigkeitsmessungen in horizontalen Leitungen in der unteren Hälfte des Drosselgerätes erfolgen, jedoch nicht an der tiefsten Stelle, am besten, wie nachstehend dargelegt:

1. Bei Anordnung des Durchflußmessers unter dem Drosselgerät sollen die Wirkdruckleitungen unter etwa 45° nach unten gerichtet sein, damit Verunreinigungen in der Hauptleitung nicht ohne weiteres in die Wirkdruckleitungen, aber andererseits Luftblasen aus diesen leicht in die Hauptleitung gelangen können.

2. Bei Anordnung des Durchflußmessers über dem Drosselgerät sollen sie unter etwa 45° nach unten und dann erst nach oben zum Instrument gerichtet sein, damit Luftblasen in der Hauptleitung nicht ohne weiteres in die Wirkdruckleitungen gelangen können.

Bei der Durchflußmessung von Gasen sind die Wirkdruckleitungen in analoger Weise in der oberen Hälfte des Drosselgerätes anzuschließen, wobei sie zunächst etwa unter 45° nach oben gerichtet sein sollen.

Ventile werden nach Abb. 54 zweckmäßig an folgenden Stellen der Meßanlage vorgesehen:

Absperrventile in den Wirkdruckleitungen *c* unmittelbar an den Drosselgeräten *a* und Geräteventile *e* vor den Durchflußmessern *g*.

Ein Ausgleichsventil *f* zwischen beiden Seiten des Durchflußmessers zum Zwecke der Nullpunktskontrolle bei abgesperrten Wirkdruckleitungen.

Ausblaseventile *l* unmittelbar vor dem Meßgerät zur Entfernung von Luftblasen und Schmutz aus den Wirkdruckleitungen.

Entlüftungsventile, soweit diese nach den obigen Angaben erforderlich sind (z. B. bei der Anordnung des Meßgerätes über dem Drosselgerät).

D. Die Messung von Flüssigkeitsständen.

In Kraftwerken sind Flüssigkeitsstände teils an offenen Vorratsbehältern, z. B. für Wasser, Schmier- oder Brennstoffe, zu messen, teils an geschlossenen, unter Druck stehenden Kesseltrommeln oder Speichern.

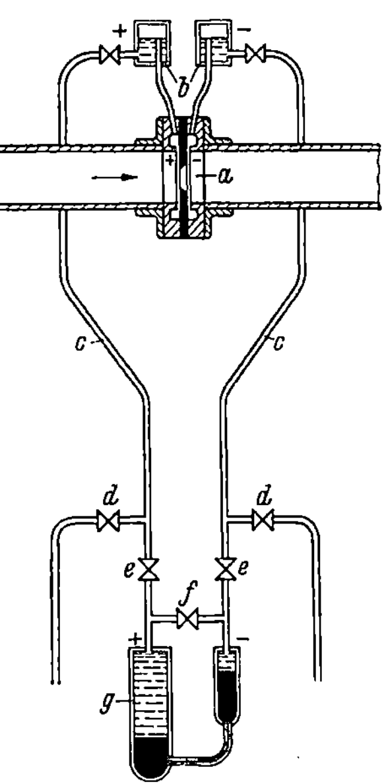

Abb. 54. Durchflußmeßanlage für Dampf. *a* Drosselgerät; *b* Abgleichgefäße; *c* Wirkdruckleitungen; *d* Ausblaseventile; *e* Geräteventile; *f* Ausgleichventil; *g* Durchflußmesser.

Die Meßstellen können unmittelbar im Blickfeld des Bedienungspersonals sein oder weit davon entfernt. Es kommen deshalb ganz verschiedenartige Meßverfahren und Bauarten von Geräten zur Anwendung, welche den gegebenen Bedingungen angepaßt sind.

1. Meßverfahren.

a) Offene Behälter und Gerinne. Gut zugängliche offene Behälter oder Gerinne können entweder unmittelbar oder nach dem Prinzip der kommunizierenden Röhren mit Skalenpegeln versehen sein, welche eine direkte Ablesung des Flüssigkeitsstandes ermöglichen.

Durch *Schwimmer* können über Seil- oder Kettenzüge Anzeigevorrichtungen entweder unmittelbar oder über elektrische Ferngeber auf größere Entfernungen betätigt werden.

Bei der Anordnung der Abb. 55 erfolgt die Bestimmung des Flüssigkeitsstandes mittels einer *luftgefüllten Tauchglocke* und eines Manometers mit passendem Anzeigebereich. Derartige pneumatische Übertragungseinrichtungen erfordern eine ständige oder wenigstens rechtzeitige Luftzufuhr zu der Tauchglocke.

Bei *hydrostatischen Pegeln* nach Abb. 56 steht die Flüssigkeit, deren Stand zu messen ist, unmittelbar mit dem Meßgerät, einem Manometer, in Verbindung.

b) Geschlossene Behälter unter Überdruck. Ähnliche Verfahren eignen sich auch für die Messung des Flüssigkeitsstandes in geschlossenen, unter Druck stehenden Behältern, z. B. für die *Trommeln* von *Dampfkesseln*.

Am häufigsten wird der Wasserstand unmittelbar durch druckfeste *Schaugläser* angezeigt. Zur besseren Kennzeichnung des Wasserstandes werden optische Anordnungen verwendet, welche z. B. den mit Wasser gefüllten Teil der Einrichtung grün und den Dampfraum rot erscheinen lassen.

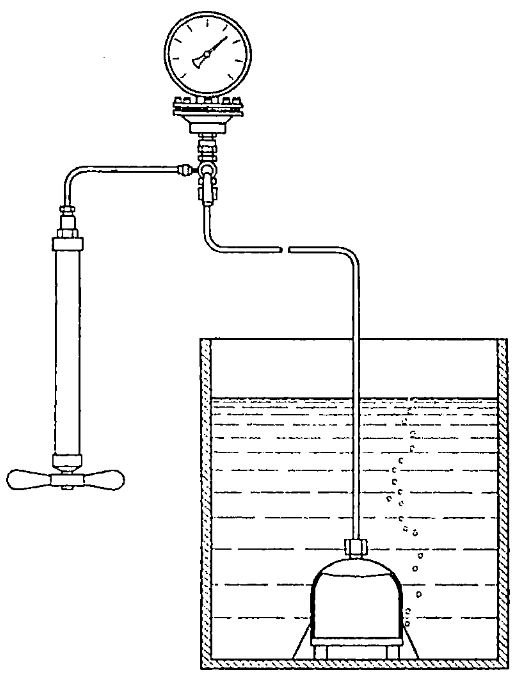

Abb. 55. Pneumatische Wasserstandmessung.

Nach Abb. 57 werden z. B. *Schwimmer* benutzt, deren Stand mit Hilfe eines Anzeigekörpers durch ein Schauglas auf der Höhe des

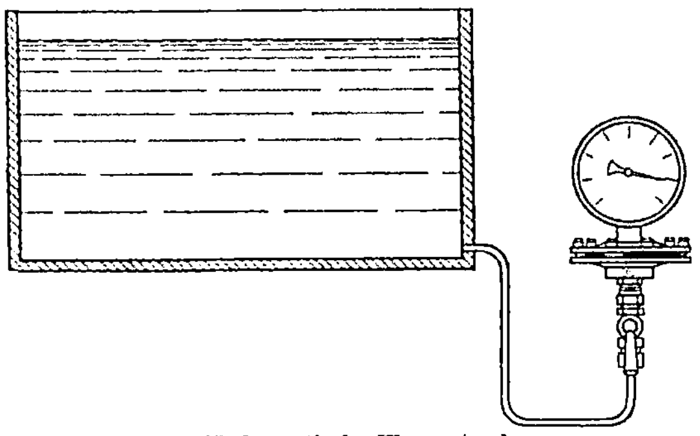

Abb. 56. Hydrostatische Wasserstandmessung.

Heizerstandes abzulesen ist. In Abb. 58 ist eine Einrichtung dargestellt, bei welcher der Stand eines Schwimmers in einer Kesseltrommel durch eine mechanische Kupplung nach außen übertragen wird.

Von besonderer Bedeutung ist das *hydrostatische Verfahren* nach Abb. 59, bei welchem Differenzdruckmesser als Anzeigegeräte verwendet werden können. Der Wasserstand in einem Kondensgefäß bildet dabei den Bezugspunkt.

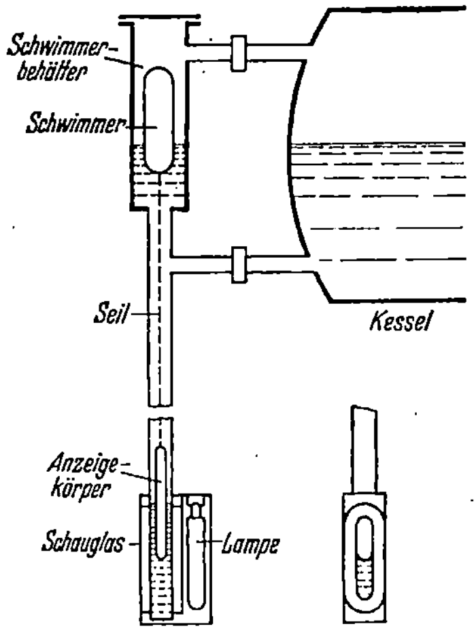

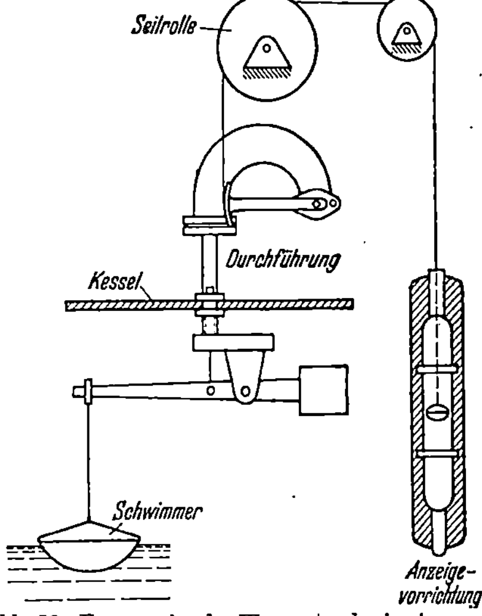

Abb. 57. Wasserstandanzeigevorrichtung für geschlossene Behälter. HANOMAG.

Abb. 58. Fernanzeige des Wasserstandes in einem geschlossenen Behälter mittels Schwimmer. HANNEMANN.

2. Gesichtspunkte für die Wahl der Meßverfahren.
a) Offene Behälter und Gerinne.

Skalenpegel haben in dem hier behandelten Zusammenhange nur eine verhältnismäßig untergeordnete Bedeutung, weil sie sich nur für unmittelbare Ablesung, an gut zugänglichen Stellen, eignen.

Schwimmerpegel mit größerem Durchmesser haben hohe Richtkräfte und eine dementsprechend sichere Einstellung. In Wasser sind sie bei Temperaturen unter dem Gefrierpunkt nicht mehr ohne weiteres verwendbar. Auf Entfernungen bis zu etwa 100 m ist eine Übertragung des Flüssigkeitsstandes mittels eines Seilzuges auf eine mechanische Anzeigevorrichtung möglich. Dabei ist der Temperatureinfluß zu berücksichtigen. Mit Stahlseil ergibt sich bei dieser Entfernung und bei 10° Temperaturänderung ein Fehler von 12 mm. Wenn größere Temperaturschwankungen zu erwarten sind, ist es zweckmäßig, das Übertragungsseil unterirdisch zu verlegen. Entfernungen bis zu mehreren Kilometern sind durch *elektrische Fernübertragung* des Schwimmerstandes zu überbrücken, etwa durch Widerstandsgeber mit Quotientenmeßgerät. In Abbildung 60 ist eine derartige Übertragung schematisch dargestellt. Die Wirkungsweise wird weiter unten noch erläutert.

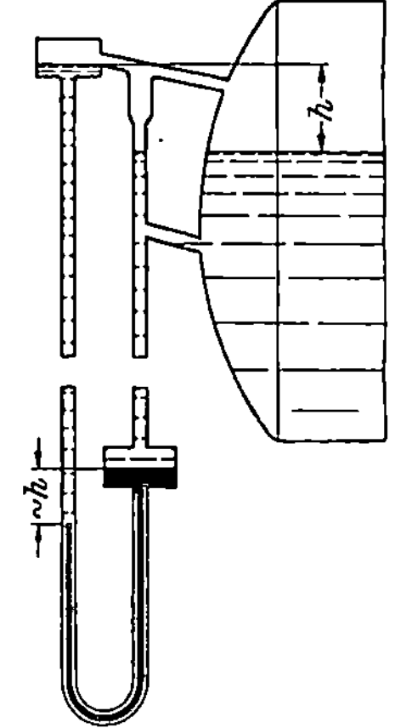

Abb. 59. Hydrostatische Wasserstandmessung an einem geschlossenen unter Druck stehenden Behälter. IGEMA.

Pegel mit *pneumatischer Übertragung* zeichnen sich durch niedrige Anlagekosten aus. Sie sind auch bei niedrigen Temperaturen betriebsfähig. Die Übertragung des Flüssigkeitsstandes ist bis zu einigen Kilometern möglich. Sie benötigen jedoch nahe der Meßstelle Einrichtungen für eine ständige oder wenigstens zeitweise Luftzufuhr. Bei pneumatischen Pegeln ohne ständige Luftzufuhr können Fehler durch Nullpunktverschiebungen auftreten, welche durch Schwankungen der Temperatur, des Barometerstandes und der mit dem Flüssigkeitsstande veränderlichen Druckhöhe verursacht sein können. Auch Änderungen der Wichte der zu kontrollierenden Flüssigkeit sind zu berücksichtigen.

Flüssigkeitspegel mit *hydrostatischer Übertragung* eignen sich für Entfernungen von etwa 100 bis 200 m. Wenn Temperaturen unter dem Gefrierpunkt der Flüssigkeit auftreten können, sind entsprechende

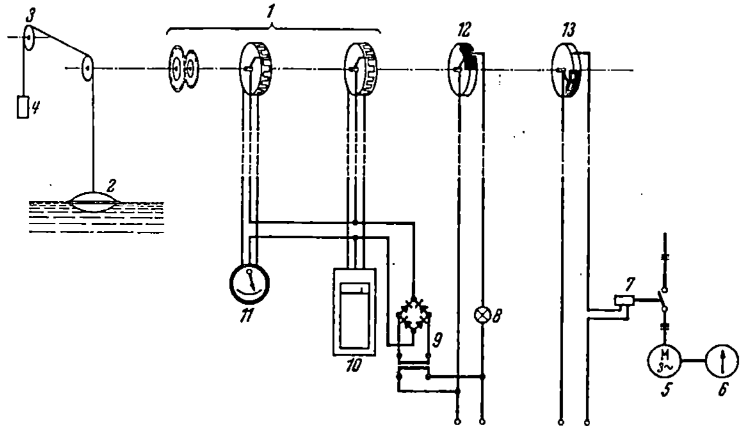

Abb. 60. Wasserstandfernübertragung mittels Widerstandsgeber sowie Signalgabe und Fernsteuerung einer Pumpe.
1 Stellungs-Doppel-Ferngeber mit Vorgelege; *2* Schwimmer; *3* Umlenkrolle; *4* Gegengewicht; *5* Motor; *6* Pumpe; *7* Motorschaltschütz; *8* Signallampe; *9* Netzanschlußgerät; *10* Registriergerät; *11* Anzeigegerät; *12* Signalkontakt; *13* Steuerkontakt.

Vorkehrungen nötig. Das Verfahren ist aus diesen Gründen für die Messung in offenen Behältern nur bedingt von Bedeutung.

b) Geschlossene Behälter unter Überdruck. Für geschlossene Behälter unter Überdruck kommt die direkte Wasserstandanzeige durch Schaugläser, die Übertragung des Schwimmerstandes und die hydrostatische Wasserstandmessung in Frage. Polizeiliche Vorschriften verlangen, daß an jedem Landdampfkessel mindestens 2 Wasserstandanzeigevorrichtungen angebracht sein müssen, davon mindestens eine mit Wasserstandgläsern.

Wasserstände mit *Schaugläsern* sind zwar übersichtlich und betriebssicher, sie können jedoch eine erhebliche Minderanzeige aufweisen, wenn die Temperatur des Wassers im Wasserstandgefäß niedriger als die Sattdampftemperatur ist. Das ist vor allem beim Anfahren des Kessels der Fall. Bei hohen Dampfdrücken und vergleichsweise niedrigen Temperaturen im Wasserstandgefäß kann die Minderanzeige größenordnungsmäßig 5 bis 25% betragen[1], bezogen auf die Höhe des abgelesenen Wasserstandes über dem unteren Anschluß der Einrichtung an die Kesseltrommel.

Bei *Schwimmerwasserstandsanzeigern* beeinflussen Änderungen des spezifischen Gewichtes der Flüssigkeit die Anzeige nur geringfügig, weil die Eintauchtiefe des Schwimmers nur gering ist.

Die *hydrostatischen Wasserstandsmeßverfahren* eignen sich auch für geschlossene Behälter. Ihr besonderer Vorteil ist ihre Anpassungsfähigkeit an gegebene, räumliche Verhältnisse. Starke Wasserbewegungen beeinflussen die Anzeige nur unmerklich. Es ist jedoch notwendig, die Meßeinrichtung für einen bestimmten Betriebszustand auszulegen, weil ihre Anzeige durch den Dampfdruck bzw. die Wichte des Dampfes und des Wassers in Kesseltrommel und Meßleitungen beeinflußt wird. Diese Fehler sind beim Anfahren des Kessels am größten. Es wird ein zu hoher Wasserstand angezeigt. Beim Anheizen eines Dampfkessels für einige Atmosphären kann größenordnungsmäßig etwa 10%, bei Hochdruckkesseln bis etwa 25% zuviel angezeigt werden, bezogen auf die Wasserstandshöhe über dem unteren Anschluß. Bei den im normalen Betriebe auftretenden Druckschwankungen sind die Fehler jedoch nur gering[2]. Dieser Fehlereinfluß ist besonders zu beachten beim Vergleich zweier Wasserstandsmeßeinrichtungen, welche nicht die gleiche Höhenlage der Anschlüsse an die Kesseltrommel haben.

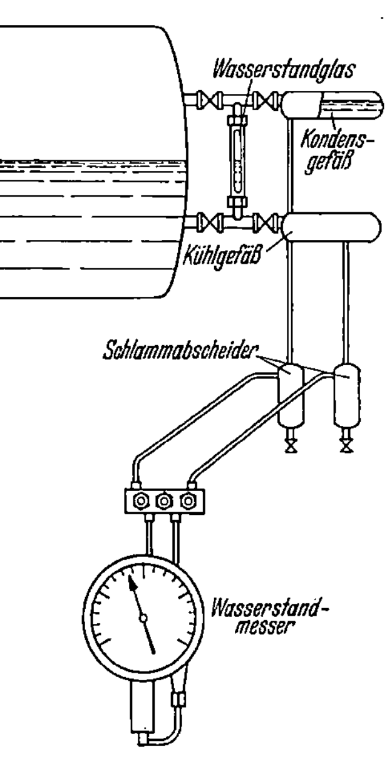

Abb. 61. Hydrostatische Wasserstandsmessung an einem Dampfkessel.

3. Richtlinien für die Montage.

Wasserstandsmeßeinrichtungen bedürfen einer sorgfältig ausgeführten Montage.

Das gilt besonders für pneumatische und hydrostatische Pegel. Die Meßleitungen und Meßeinrichtungen müssen an allen Stellen dicht sein.

Schwimmerpegel sind gegen die Einwirkung von Strömungen zu schützen, z. B. durch die Unterbringung des Schwimmers in einem offenen Rohre.

Die Leitungsführung für den Anschluß eines hydrostatischen Wasserstandsmessers an einen Dampfkessel ist in Abb. 61 dargestellt.

---

[1] LOHMANN, H.: Direkte Wasserstandanzeiger und optische Fernanzeiger für geschlossene, unter Druck und erhöhten Temperaturen stehende Behälter. ATM V 1123-5. 1936.

[2] LOHMANN, H.: Hydrostatische Wasserstand-Fernanzeiger für geschlossene, unter Druck und erhöhten Temperaturen stehende Behälter. ATM V 1123-6, 1936.

An dem höchsten Wasserstand befindet sich ein großes Kondensgefäß, an dem tiefsten ein Kühlgefäß mit Schmutzabscheidern.

E. Die Abgasanalyse.

1. Allgemeines.

Mit Hilfe der Gasanalyse läßt sich der Ablauf vieler chemischer Prozesse kontrollieren. In Kraftwerken und Industriebetrieben benutzt man sie vorwiegend zur Überwachung der Vollkommenheit der Verbrennung und des Luftüberschusses in den Feuerungen der Dampfkessel. Für den letztgenannten Zweck genügt es im allgemeinen, in dem Gemisch der Abgase den Anteil des Kohlendioxydes (CO_2) oder des Sauerstoffes (O_2) zu ermitteln. Die unvollkommene Verbrennung ist — soweit sie unter der Bildung von Kohlenoxyd (CO) und Wasserstoff (H_2) auftritt — durch die Analyse der Abgase hinsichtlich dieser Bestandteile erkennbar.

a) **Vollkommene Verbrennung.** Bei der *Verbrennung*[1] findet eine chemische Reaktion des Brennstoffes mit dem Sauerstoff der Luft unter Wärmeentbindung statt. Dabei entsteht bei vollkommener Verbrennung aus Kohlenstoff: Kohlendioxyd, aus Wasserstoff: Wasserdampf und aus Kohlenwasserstoffen: Kohlendioxyd und Wasserdampf in einem bestimmten Verhältnis.

Die natürlichen Brennstoffe setzen sich im wesentlichen aus Kohlenstoff, Wasserstoff, Schwefel, Sauerstoff, Stickstoff, Wasser und unbrennbaren Mineralien zusammen. CO_2-haltige Gase, wie z. B. Gichtgas, sollen hier außer Betracht bleiben. Bei der Verbrennung natürlicher Brennstoffe wird Sauerstoff nicht nur für die Verbrennung des Kohlenstoffs, sondern auch für die des Wasserstoffes, Schwefels usw. verbraucht. Der theoretisch — bei einer Verbrennung ohne Luftüberschuß — auftretende höchste CO_2-Gehalt der Abgase — $CO_{2\,max}$ — ist dann immer kleiner als 21%. Er läßt sich bei bekannter

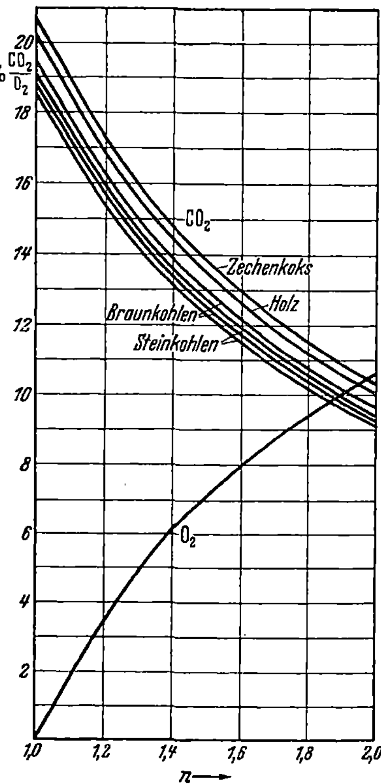

Abb. 62. CO_2- und O_2-Gehalt der Abgase fester Brennstoffe abhängig vom Luftüberschuß.

[1] Gumz, W.: Kurzes Handbuch der Brennstoff- und Feuerungstechnik. 2. Aufl. Berlin/Göttingen/Heidelberg: Springer 1953. — „Hütte", Des Ingenieurs. Taschenbuch, Bd. I. Berlin: Wilh. Ernst u. Sohn.

Brennstoffzusammensetzung aus den Verbrennungsgleichungen errechnen, ist also eine Größe, welche den Brennstoff kennzeichnet.

Es ist nun nicht möglich, eine vollkommene Verbrennung mit der theoretisch nötigen Mindestluftmenge durchzuführen, weil es nicht gelingt, den Sauerstoff so an den Brennstoff heranzubringen, daß alle O_2-Moleküle zur Reaktion gelangen. Es würde eine unvollkommene Verbrennung stattfinden, bei welcher brennbares Kohlenoxyd ungenutzt in den Abgasen entweichen würde. Eine solche Feuerung wäre sehr verlustreich. Man betreibt daher technische Feuerungen stets mit einem *Luftüberschuß*. Die überschüssige Luft ist neben den Verbrennungsprodukten, Wasserdampf, Kohlensäure usw. in den Abgasen enthalten.

Die Luftüberschußzahl n ist das Verhältnis der tatsächlich der Feuerung zugeführten Luftmenge L zur theoretischen Mindestluftmenge L_{min}

$$n = \frac{L}{L_{min}}.$$

Technische Feuerungen werden, je nach ihrer Bauart und der Art des verwendeten Brennstoffes, mit verschiedenen Luftüberschüssen[1] betrieben:

Handfeuerungen	$n = 1,6$	bis	2,0
Mechanische Rostfeuerungen	1,3	„	1,5
Kohlenstaub- und Ölfeuerungen	1,1	„	1,4
Gasfeuerungen	1,05	„	1,2

Der prozentuale Anteil des Sauerstoffs und Kohlendioxyds an den Abgasen ist in seiner Höhe durch den Luftüberschuß und durch die Zusammensetzung der Brennstoffe bestimmt. Bei Brennstoffen von bekannter Zusammensetzung kann also der Luftüberschuß durch die Messung des CO_2- oder O_2-Gehaltes der Abgase kontrolliert werden.

Mit vereinfachenden Annahmen, die vor allem für feste Brennstoffe gelten, ergibt sich der Zusammenhang zwischen dem Luftüberschuß und dem gemessenen prozentualen CO_2- bzw. O_2-Gehalt der Rauchgase wie folgt:

$$n = \frac{CO_{2max}}{CO_2} \qquad n = \frac{21}{21 - O_2}.$$

Abb. 62 zeigt den CO_2-Gehalt und den O_2-Gehalt der trockenen Abgase verschiedener fester Brennstoffe abhängig vom Luftüberschuß. Da es sich um Brennstoffe von sehr verschiedener Zusammensetzung: Zechenkoks, Holz, verschiedene Stein- und Braunkohlensorten, handelt, ist auch der größtmögliche CO_2-Gehalt verschieden. Demgemäß fallen die Kurven des CO_2-Gehaltes, abhängig vom Luftüberschuß, nicht zusammen. Dagegen ist der O_2-Gehalt aller festen Brennstoffe in eindeutiger Weise vom Luftüberschuß abhängig. Das trifft auch mit genügender Genauigkeit für die flüssigen Brennstoffe der Abb. 63 zu. Dagegen unterscheidet sich der Verlauf der Kurven des CO_2-Gehaltes

---

[1] s. Fußnote, S. 66.

flüssiger Brennstoffe nicht unerheblich von denen der festen. Abb. 64 und 65 geben den CO_2- bzw. den O_2-Gehalt der Abgase bei der Verbrennung gasförmiger Brennstoffe an. Da diese von sehr verschiedener Zusammensetzung sind, ist auch der Verlauf der Kurven unterschiedlich. Sie sind im übrigen nur als Mittelwerte anzusehen, weil die einzelnen Brenngassorten durch ihre Bezeichnung, hinsichtlich ihrer Zusammensetzung, nur unvollkommen definiert sind.

b) Unvollkommene Verbrennung. Bei einer Verbrennung kohlen-

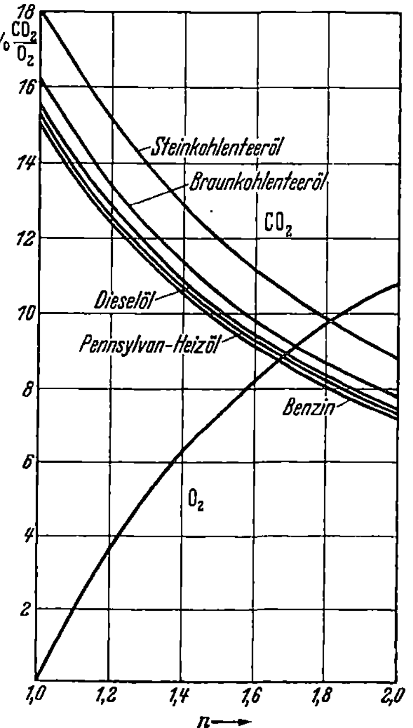

Abb. 63. CO_2- und O_2-Gehalt der Abgase flüssiger Brennstoffe abhängig vom Luftüberschuß.

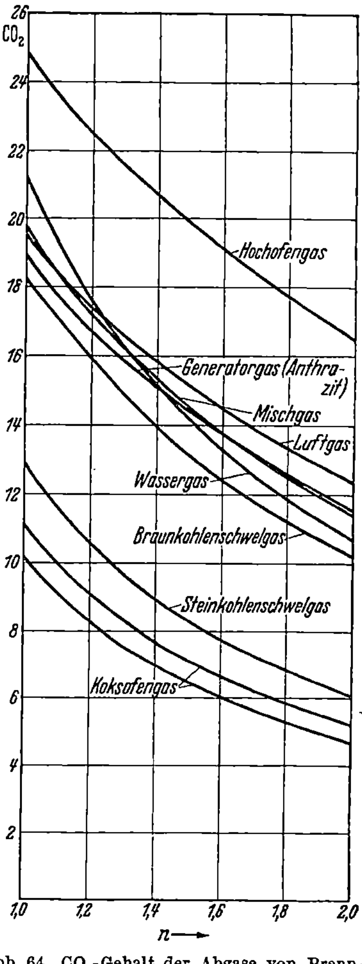

Abb. 64. CO_2-Gehalt der Abgase von Brenngasen abhängig vom Luftüberschuß.

stoffhaltiger Brennstoffe unter Luftmangel[1] können als Verbrennungsprodukte brennbare Gase, z. B. CO, entstehen. Es ist aber auch möglich, daß ein Teil des Brennstoffes in Form von Ruß oder Flugkoks unverbrannt mit den Rauchgasen abgeht.

In Abb. 66 ist der theoretische Gehalt der Abgase an CO, CO_2 und O_2 bei der Verbrennung von Kohlenstoff bei Luftmangel und bei Luftüberschuß dargestellt. Sie gilt unter der Voraussetzung, daß

---

[1] s. Fußnote, S. 66.

es möglich ist, ohne jeden Luftüberschuß mit der theoretischen Luftmenge eine vollkommene Verbrennung zu erreichen und daß andererseits bei Luftmangel die gesamte Kohlenstoffmenge in Gas umgesetzt
wird und nicht etwa teilweise als Ruß
abgeht.

Diese Voraussetzungen werden in
der Praxis im allgemeinen nicht vollkommen erfüllt sein. Schon bei geringem Luftüberschuß, in der Nähe
der theoretischen Mindestluftmenge,
kann in den Abgasen auch unver-
branntes CO, aber auch unverbrann-
ter Kohlenstoff enthalten sein. Es ist
ja allgemein bekannt, daß Feuerungen
bei Luftmangel stark qualmen.

Abb. 66 zeigt, wie im Gebiete der
unvollkommenen Verbrennung mit
wachsender Luftzufuhr in zunehmendem Maße CO zu CO_2 verbrannt wird.
Der CO-Gehalt der Abgase nimmt daher ab, der CO_2-Gehalt zu. Bei vollkommener Verbrennung nimmt da-

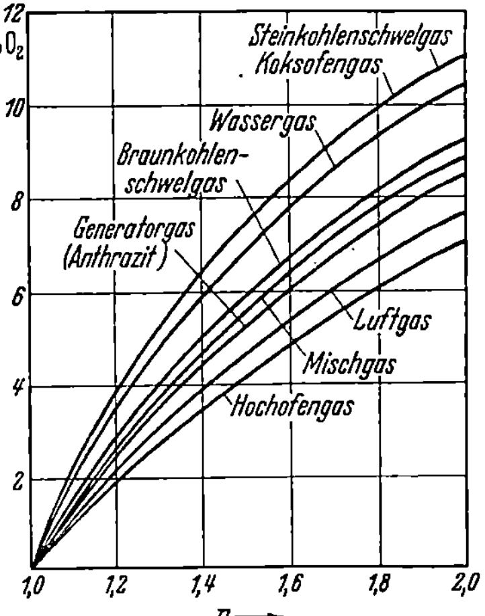

Abb. 65. O₂-Gehalt der Abgase von Brenngasen abhängig vom Luftüberschuß.

gegen der CO_2-Gehalt mit zunehmendem Luftüberschuß wieder ab. Die
CO_2-Analyse zur Kontrolle des Luftüberschusses ist daher doppeldeutig,
weil einem CO_2-Gehalt von 12% hier ein Luftüberschuß von 70% oder

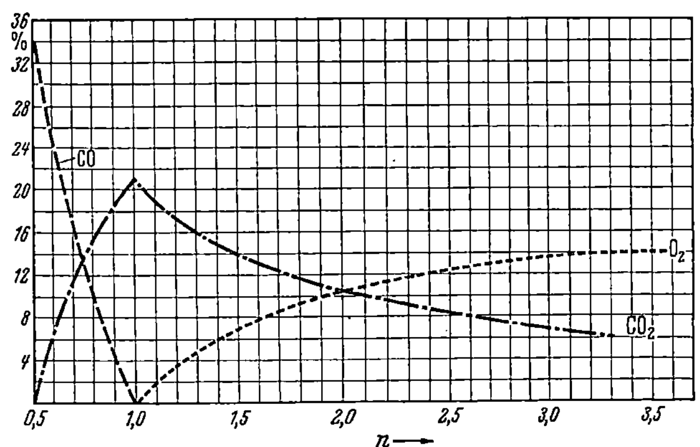

Abb. 66. CO₂-, CO- und O₂-Gehalt bei der Verbrennung von Kohlenstoff bei Luftmangel und
Luftüberschuß.

ein Luftmangel von 28% entsprechen kann. Die Sauerstoffkontrolle
versagt — in gewissem Grade — ebenfalls bei unvollkommener
Verbrennung, weil 0% O_2 keinen bestimmten Wert des Luftmangels
kennzeichnet.

Auf Grund dieser theoretischen Überlegungen ergänzt man vielfach
die CO_2- oder die O_2-Messung durch die CO- und H_2-Messung, um

auf diese Weise einen Hinweis auf eine unvollkommene Verbrennung zu bekommen. Für eine quantitative Auswertung der Meßresultate hinsichtlich des Abgasverlustes reicht dieses Verfahren aber nur dann aus, wenn auf andere Weise auch noch die Menge des unverbrannt abgehenden, nicht umgesetzten Kohlenstoffes ermittelt wird.

2. Wichtige Verfahren der Gasanalyse.

Für die Betriebskontrolle in Dampfkraftwerken eignen sich sowohl chemische als auch physikalische Verfahren der Gasanalyse.

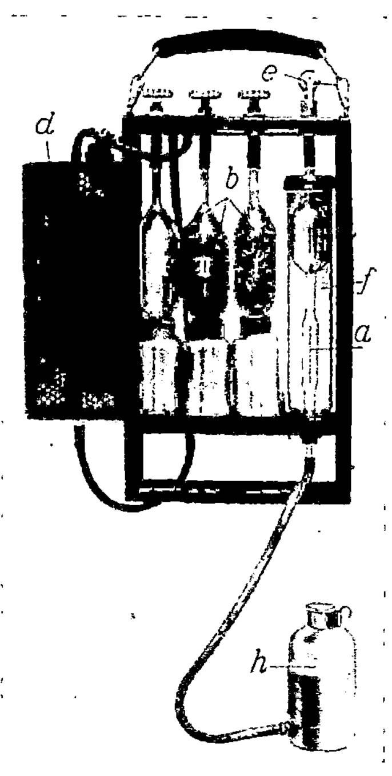

Abb. 67. Orsat-Apparat für die Abgasanalyse. MAIHAK.

Bei *chemischen Verfahren* wird aus einem abgemessenen Volumen eines Gasgemisches durch chemische Reaktionen — entweder durch Absorption in geeigneten Flüssigkeiten oder durch Verbrennung — eine bestimmte Gaskomponente entfernt. Aus der Volumenverminderung der Probe ergibt sich der Anteil des betreffenden Gases am Gemisch.

Für die gelegentliche Ausführung von Gasanalysen nach diesem Verfahren eignet sich besonders der in Abb. 67 dargestellte *Orsat-Apparat*. Er besteht im wesentlichen aus einer Meßbürette, mehreren Absorptionspipetten und gegebenenfalls aus einem Ofen für die Verbrennung der brennbaren Gasanteile.

Die Messung geht so vor sich, daß mit Hilfe einer Hubflasche h oder eines Ansaugeballes das zu untersuchende Gas durch den Dreiwegehahn e in eine mit Kochsalzlösung gefüllte Meßbürette a gesaugt wird. Diese ist zur Verringerung des Temperatureinflusses mit einem Wassermantel f umgeben. Das abgemessene Gasgemisch leitet man durch Absorptionspipetten b, welche mit geeigneten Absorptionsmitteln gefüllt sind. Nach der Absorption der verschiedenen Gasanteile erfolgt jeweils eine Volumenbestimmung in der Meßbürette. Den Gehalt brennbarer Gase kann man auch durch Verbrennung über Kupferoxyd oder an einem geeigneten Katalysator d bestimmen.

Für die laufende chemische Analysierung von Gasgemischen sind *selbsttätige Apparate* lieferbar. Sie eignen sich für Einfach- und Mehrfachanalysen. Abb. 68 zeigt ein derartiges Gerät für die Registrierung des CO_2 und des $CO_2 + (CO + H_2)$-Gehaltes. Aus der Differenz beider Aufzeichnungen ergibt sich der $CO + H_2$-Gehalt der Abgase.

Neben den Büretten für die Analyse enthält es einen großen Behälter für die Absorptionsflüssigkeit. Rechts an der Außenseite ist ein Ofen für die Verbrennung der unverbrannten Gase angebracht, links der Antriebsmotor für den Mechanismus.

Andere Ausführungen zeichnen den CO_2- und den $CO + H_2$-Gehalt auf einem gemeinsamen Diagrammstreifen in zwei Linienzügen auf. Auch für Dreifachanalysen sind chemische Gasanalysatoren ausführbar.

Auch die *physikalischen* Eigenschaften der Gase werden für die Untersuchung von Gasgemischen benutzt. Von besonderer Bedeutung

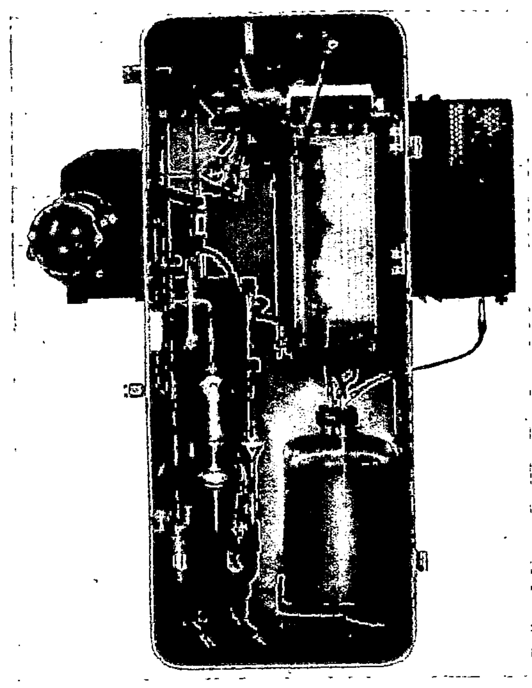

Abb. 68. Chemischer Rauchgasprüfer. MAIHAK.

sind dabei die *Wärmeleitfähigkeit*[1], die *Wärmetönung bei katalytischer Verbrennung* und neuerdings der *Paramagnetismus*[2] des *Sauerstoffes*.

Mit derartigen Rauchgasprüfern werden keine absoluten Bestimmungen der jeweiligen physikalischen Eigenschaften des Gas-

---

[1] EGGERS, H. R.: Die AEG-Rauchgasprüfer. AEG-Mitteilungen Bd. 41, (1951) S. 65. — NAUMANN, A., u. E. SCHNEIDER: Verbesserte Gasanalysengeräte nach dem Wärmeleitverfahren. Siemens Zeitschr. Bd. 27. (1953), H. 1, S. 8.

[2] LEHRER, E., u. E. EBBINGHAUS: Ein Apparat zur Sauerstoffmessung in Gasgemischen auf magnetischer Grundlage. Z. angew. Phys. Bd. 2 (1950) H. 1, S. 20. — B. STURM: Neuzeitliche physikalische Gasanalysengeräte. BWK Bd. 3, (1951) H. 11, S. 374. — A. NAUMANN: Ein Sauerstoffmesser auf magnetischer Grundlage. Siemens-Z. Bd. 26 (1952) H. 3, S. 134.

gemisches ausgeführt, sondern nur Vergleichsmessungen mit Luft von sonst gleichem physikalischen Zustande. Auf diese einfache Weise wird der Einfluß von Druck, Temperatur und Feuchte ausgeschaltet.

So vergleichen z. B. Gasanalysatoren nach dem *Wärmeleitfähigkeitsverfahren* (Abb. 69) die Wärmeleitfähigkeit des zu untersuchenden Gasgemisches mit jener von Luft. Die Apparatur besteht im wesentlichen aus einem Block h mit vier gleichen, länglichen Meßkammern,

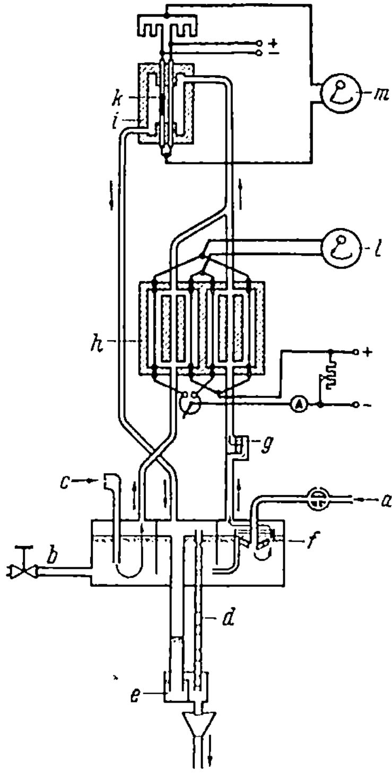

Abb. 69. Rauchgasprüfer nach dem Wärmeleitfähigkeits- und Wärmetönungsverfahren. (schematisch) AEG.
k (CO + H₂)-Meßdrähte mit Katalysator; i (CO + H₂)-Meßkammer; m (CO + H₂)-Anzeigegerät; l CO₂-Anzeigegerät; h CO₂-Meßblock; g Warnfilter; c Luftdüse; a Rauchgaseintritt mit Dreiwegehahn; g Wendel; b Wasserzufluß mit Regulierhahn; d Fallrohr; e Überlaufgefäß mit Wasserabfluß.

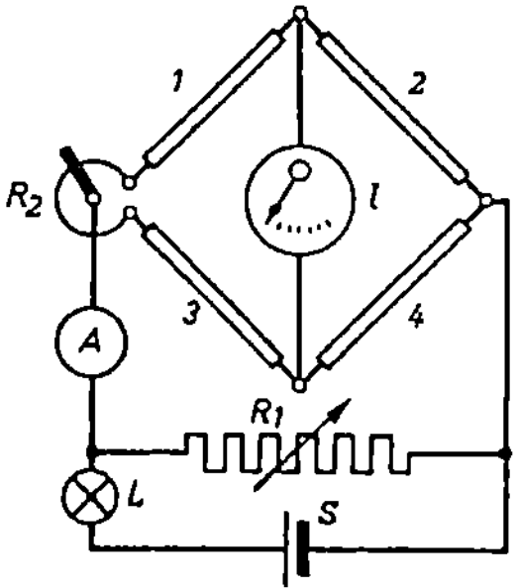

Meßbrücke des Wärmeleitfähigkeitsverfahrens.
1,2,3,4 geschützte Meßdrähte; R_1 Stromregelwiderstand; R_2 Nullpunktwiderstand; S Stromquelle; L Stromregellampe; A Prüfstrommesser; l Anzeigegerät.

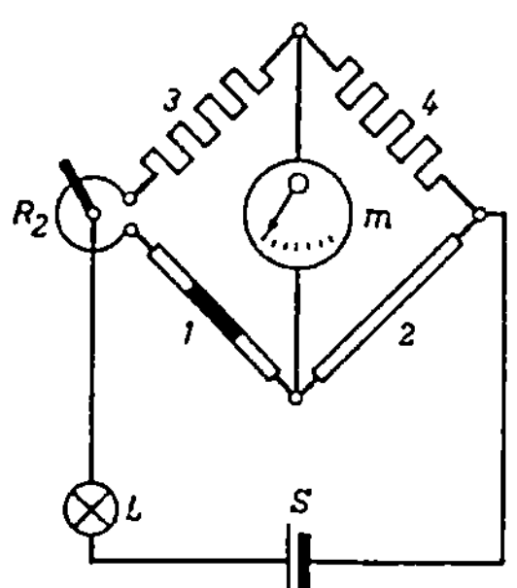

Meßbrücke des Wärmetönungsverfahrens.
1 geschützter Meßdraht mit Katalysator; *2* geschützter Meßdraht ohne Katalysator; *3, 4* feste Brückenwiderstände; S Stromquelle; L Stromregellampe; m Anzeigegerät.
Abb. 70. Grundsätzliche Schaltung eines Rauchgasprüfers nach Abb. 69.

in welchen je ein mit konstantem Strom beheizter Widerstandsdraht ausgespannt ist. Sie sind als WHEATSTONEsche Meßbrücke geschaltet (Abb. 70). Zwei der Meßkammern werden mit dem zu untersuchenden Gasgemisch beschickt und zwei weitere mit einem Vergleichsgas — in der Regel mit Luft von gleichem Druck und gleicher Temperatur und Feuchte.

Infolge des Unterschiedes der Wärmeleitfähigkeiten des Gasgemisches und der Vergleichsluft nehmen die Widerstandsdrähte *1* bis *4* in beiden Meßkammerpaaren verschiedene Temperaturen und damit verschiedene Widerstandswerte an. Es ergibt sich eine Verstimmung der Brücke und ein Ausschlag des Nullinstrumentes *l*, welcher bei Rauchgasprüfern proportional dem CO_2-Gehalt ist.

Eine an die Wasserleitung *b* (Abb. 69) angeschlossene Fallrohrpumpe *d*, *e* saugt Rauchgas bei *a* und Vergleichsluft bei *c* an. Aus dem Rauchgas wird auf dem Weg durch die Pumpenkammern SO_2, welches im Analysator Korrosionen verursachen könnte, bei *f* ausgewaschen. Andererseits ist die Absorption von CO_2 wegen des niedrigen Wasserverbrauches der Fallrohrpumpe nur geringfügig. Die Rauchgase gelangen über ein Feinfilter *g* in die Meßkammern *h*. In gleicher Weise wird die Vergleichsluft *c* gefiltert, in einer anderen Pumpenkammer befeuchtet und in die entsprechenden Meßkammern geleitet.

Abb. 71 zeigt den äußeren Aufbau eines derartigen Rauchgasprüfers.

Bei anderen Ausführungen[1] erfolgt die Ansaugung von Rauchgas und Vergleichsluft in ähnlicher Weise durch eine Pumpe. Anschließend wird in einem Feuchteausgleicher durch eine besondere Flüssigkeit das Meßgas auf die gleiche relative Feuchte und den gleichen physikalischen Zustand wie das Vergleichsgas gebracht. Das Meßgas tritt dabei ungesättigt in die Meßkammern ein.

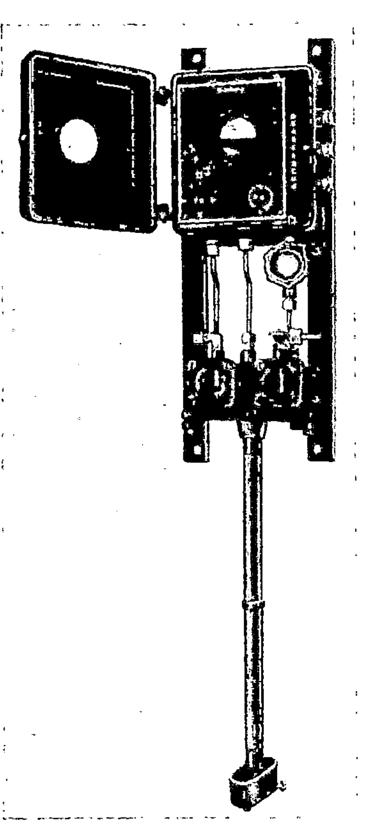

Abb. 71.
Rauchgasprüfergerät nach Abb. 69. AEG.

Durch die Bestimmung der *Wärmetönung* bei katalytischer Verbrennung kann man ferner den Gehalt der brennbaren Bestandteile — CO und H_2 — in den Abgasen ermitteln. In Abb. 69/70 ist der Aufbau und die Schaltung eines derartigen Gerätes dargestellt. In einer Meßkammer *i* sind 2 geschützte Platindrähte ausgespannt, von denen einer mit einem Katalysator *k* in fein verteilter Form versehen ist. Die Meßdrähte *1* und *2* bilden zusammen mit 2 festen Widerständen *3* und *4* (Abb. 70) eine Brücke, welche über einen Urdox-Eisenwasserstoff-

---

[1] s. Fußnote 1, S. 71. Zweiter Aufsatz.

widerstand L mit gleichbleibendem Strom beheizt wird. Brennbare Gase werden in der Meßkammer an dem Katalysator verbrannt. Die Temperatur bzw. der Widerstand des betreffenden Heizdrahtes 1 erhöht sich dadurch gegenüber dem inaktiven Heizleiter 2 und bewirkt eine Verstimmung der Brücke, welche durch das Nullinstrument m angezeigt wird.

In den letzten Jahren haben auch *Sauerstoffmesser* auf *magnetischer Grundlage*, vor allem durch die' von LEHRER und EBBINGHAUS entworfene Ausführung, große Bedeutung erlangt. Sie beruhen darauf, daß Sauerstoff stark paramagnetisch ist und daß er diese Eigenschaft mit zunehmender Temperatur verliert. Infolgedessen wird Sauerstoff gegenüber anderen Gasen, bevorzugt zu Stellen mit hoher magnetischer Felddichte gezogen. Sofern dieses Gas dort erwärmt wird, verliert es seinen Paramagnetismus in entsprechendem Maße und wird durch nachströmenden kalten Sauerstoff aus dem Magnetfeld verdrängt. Es entsteht also ein „magnetischer Wind", dessen Geschwindigkeit dem Sauerstoffgehalt des Gasgemisches praktisch proportional ist.

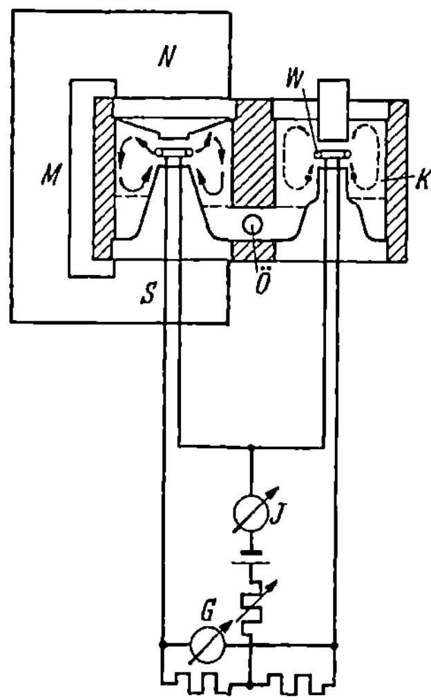

Abb. 72. Magnetischer Sauerstoffmesser (schematisch) HuB.

Abb. 72 zeigt schematisch den Aufbau eines derartigen Sauerstoffmessers. Das Gerät besteht aus zwei gleichartigen Kammern K, in welche das zu untersuchende Gas durch die Öffnung $Ö$ eintritt. In der einen Kammer erzeugt ein Magnet M, der mit entsprechenden Polschuhen N, S versehen ist, ein kräftiges Magnetfeld. Zwischen den Polschuhen des Magneten befindet sich eine elektrisch beheizte Drahtwendel W, an welcher sich — bei sauerstoffhaltigen Gasgemischen — unter der Einwirkung des Magnetfeldes eine Gasströmung entwickelt. An der Heizwendel der anderen, thermisch vollkommen gleichartigen Kammer entsteht jedoch nur eine thermische Konvektionsströmung. Die Wendeln in beiden Kammern werden also bei sauerstoffhaltigen Gasgemischen verschieden stark gekühlt. Sie unterscheiden sich dementsprechend in ihrem elektrischen Widerstand, der in einer Brückenschaltung gemessen wird. Das zugehörige Brückengalvanometer G ist in % O_2 geeicht.

3. Richtlinien für die Wahl des Analysenverfahrens und der Meßeinrichtung.

Das wichtigste Anwendungsgebiet der Gasanalyse bei der Betriebskontrolle von Kraftwerken und Industriebetrieben ist die *Rauchgasprüfung*. Der folgende Abschnitt erstreckt sich ausschließlich darauf.

Bei der Erstellung einer Anlage für die Analyse der Feuerungsabgase ist eine *Entscheidung* zu treffen, ob die O_2- oder die CO_2-Messung zweckmäßiger ist[1] und außerdem eine geeignete Meßeinrichtung auszuwählen.

Der Zweck der *Abgasanalyse* ist unter anderem die Kontrolle des Luftüberschusses. Demnach ist die O_2-Messung am anschaulichsten, weil der O_2-Gehalt der Abgase bei geringen Luftüberschußzahlen in grober Annäherung dem Luftüberschuß proportional ist oder wenigstens im gleichen Sinne verläuft. Demgegenüber nimmt der CO_2-Gehalt mit zunehmendem Luftüberschuß ab. (Vgl. z. B. Abb. 62.)

Wenn bisher trotzdem die CO_2-Messung eine größere Verbreitung als die O_2-Messung gefunden hat, ist das darauf zurückzuführen, daß die Geräte für die Kontrolle des CO_2-Gehaltes in ihrem Aufbau einfacher und in ihrer Wartung anspruchsloser sind, als die bisher verwendeten O_2-Messer. Letztere benötigen im allgemeinen für ihren Betrieb Wasserstoff als Hilfsgas, welches aus einer Flasche zu entnehmen ist. Das gilt jedoch nicht für die in den letzten Jahren entwickelten magnetischen Sauerstoffprüfer. Wenn in einer Feuerung *ein* bestimmter Brennstoff von bekannter Zusammensetzung zu verbrennen ist, erfüllt sowohl die O_2- als auch die CO_2-Messung den gewünschten Zweck. Man kann dann ohne weiteres der bisher üblichen CO_2-Messung, weil sie einfach ist, den Vorzug geben. Die Abb. 64 und 65 zeigen aber, daß die Empfindlichkeit der Sauerstoffmessung bei Gasen mit niedrigem CO_{2max} (Koksofengas, Steinkohlenschwelgas) größer ist, als die der CO_2-Messung. Einer Änderung des Luftüberschusses von 1,0 bis 1,1 entspricht bei gewissen Brennstoffsorten eine Änderung des Sauerstoffgehaltes um 2%, während sie bei der CO_2-Messung nur 1% beträgt. Deshalb ist die O_2-Messung für manche Gasfeuerungen mit geringen Luftüberschüssen vorteilhafter.

Die Abb. 62 bis 65 zeigen für verschiedene Brennstoffe den Zusammenhang zwischen dem O_2- bzw. dem CO_2-Gehalt der Abgase und dem Luftüberschuß bei vollkommener Verbrennung. Dabei fällt auf, daß die Kurven für den O_2-Gehalt für alle festen und flüssigen und für manche gasförmige Brennstoffe weitgehend zusammenfallen, daß dagegen Gase mit hohem Stickstoffgehalt, wie Hochofen- und Generatorgas, starke Abweichungen aufweisen. Wesentlich weniger einheitlich verlaufen die Kurven für den CO_2-Gehalt, weil der größtmögliche CO_2-Gehalt entsprechend der Zusammensetzung der Brennstoffe sehr unterschiedlich ist.

Für die meisten Feuerungen, in welchen *gleichzeitig verschiedene* feste, flüssige oder gasförmige Brennstoffe verbrannt werden (*Mischfeuerungen*), eignet sich daher die O_2-Messung besser, soweit die betreffenden Kurven zusammenfallen[1]. Eine Änderung des Mischungsverhältnisses der Brennstoffe ist dadurch ohne Einfluß auf das Meß-

<hr>

[1] Boie: Feuerungsüberwachung durch CO_2 oder O_2-Messung? Feuerungstechn. 29. Jg (1941) H. 1. — H. Grüss u. F. Lieneweg: Rauchgasanalyse auf CO_2 oder O_2. ATM V 723-8, 1934. — R. Quack: Die Messung des Sauerstoffgehaltes in Rauchgasen. BWK Bd. 3 (1951) H. 11, S. 377.

ergebnis. Das gilt besonders für Kohlen und gewisse Gase, z. B. Koks-ofengas, Steinkohlenschwelgas, Wassergas, Leuchtgas und für diese Gase untereinander.

In anderen Fällen stimmen jedoch die Kurven des CO_2-Gehaltes, wenigstens in dem fraglichen Bereiche des Luftüberschusses, besser überein. Dann ist die CO_2-Messung vorteilhafter, z. B. bei Misch-feuerungen von gewissen Kohlen und Mischgas oder Braunkohlen-schwelgas bei kleinem Luftüberschuß und für manche Gase unter-einander.

Keine eindeutigen Ergebnisse gibt die Abgasanalyse bei der Ver-feuerung von Gichtgas, Generatorgas und Luftgas mit anderen, be-sonders mit festen Brennstoffen in wechselndem Verhältnis. In solchen Fällen bleibt nur die sorgfältige Anpassung der für die einzelnen Brennstoffmengen erforderlichen Luftzufuhr vor dem Eintritt in die Feuerung. Immerhin sind solche Mischfeuerungen bei kleinen Luft-überschüssen besser mit Hilfe der O_2-Messungen zu betreiben, als mit der CO_2-Kontrolle.

Aus Abb. 66 geht hervor, daß sowohl die Messung des CO_2- als auch des O_2-Gehaltes keine eindeutigen Ergebnisse bringt, wenn Feuerungen mit *Luftmangel* betrieben werden. Kennzeichnend für die unvollkommene Verbrennung ist das Auftreten von Qualm, Ruß und unverbrannten Bestandteilen in den Abgasen. Letztere sind durch die Kontrolle des $(CO + H_2)$-Gehaltes der Rauchgase feststellbar.

Wenn entsprechend der Betriebsweise und der Bauart einer Feuerung und nach Abwägung der geschilderten Verhältnisse fest-steht, ob die Messung des O_2- oder des CO_2-Gehaltes vorteilhafter ist und ob zusätzlich die $CO + H_2$-Überwachung notwendig erscheint, ist das *Meßverfahren auszuwählen.*

Die selbsttätigen *chemischen Analysatoren* zeichnen sich gegenüber den physikalischen durch eine etwas höhere Genauigkeit aus; anderer-seits arbeiten sie nicht kontinuierlich und benötigen zu der Aus-führung einer Analyse etwa 2 Minuten zunätzlich zu der Totzeit, d. h. der Anzeigeverzögerung durch die Gasansaugung. Dadurch können sich bei schwacher Last Meßfehler ergeben[1]. Außerdem ist auf eine rechtzeitige Erneuerung der Absorptionsmittel zu achten. Die Meßgenauigkeit wird durch die Anwesenheit brennbarer Gase nicht beeinflußt.

Physikalische Rauchgasprüfer gestatten dagegen eine stetige Messung. Die sehr verbreiteten *Wärmeleitfähigkeitsmesser* und die *magnetischen Sauerstoffmesser* eignen sich für die Fernmessung. Sie können daher nahe bei der Gasentnahmestelle angebracht werden, so daß die Totzeit, die durch längere Rauchgasleitungen entsteht, wegfällt. Die Wartung beschränkt sich im wesentlichen auf eine ge-legentliche Überprüfung des Brückenstromes und des Instrumenten-nullpunktes. Durch unverbrannte Gase können bei Wärmeleitfähig-keitsmessern Fehler verursacht werden (1% H_2 bewirkt eine Minder-

---

[1] NAUMANN, A., u. E. SCHNEIDER: Verbesserte Gasanalysengeräte nach dem Wärmeleitfähigkeitsverfahren. Siemens-Z. Bd. 27 (1953) H. 1, S. 16.

anzeige von 7% CO_2). Sie eignen sich daher nicht für stark wasserstoffhaltige Abgase. Magnetische Sauerstoffmesser sind dagegen unempfindlicher gegen Wasserstoff in den Abgasen.

4. Fehlereinflüsse und Fehlergrenzen der Rauchgasprüfung.

Die sachgemäße Ausführung von Gasanalysen setzt die sorgfältige Ausschaltung aller *Fehlereinflüsse* voraus. Solche können durch einen mangelhaften Zustand der Apparatur oder der Anlage (z. B. Undichtigkeiten, Falschluft, Verschmutzung, Verstopfungen) verursacht sein oder durch die Nichteinhaltung der physikalischen Voraussetzungen (Übereinstimmung von Druck, Temperatur und Feuchte des Vergleichs- und Meßgases). Außerdem ist es notwendig, bei Rückschlüssen auf den Luftüberschuß die Zusammensetzung des jeweils verwendeten Brennstoffes zu berücksichtigen bzw. den Zusammenhang zwischen dem CO_2- oder O_2-Gehalt der Abgase und dem Luftüberschuß nach Abb. 62 bis 65.

Unter Beachtung dieser Voraussetzungen ist die geringste Streuung bei der Durchführung von Einzelanalysen mit dem Orsatapparat zu erreichen, und zwar mit tragbaren Geräten günstigstenfalls 0,1% CO_2, mit stationären etwa 0,05% CO_2.

Betriebsmeßgeräte für die laufende Kontrolle der Abgaszusammensetzung haben weitere *Fehlergrenzen*. Sie sind bei chemischen Rauchgasprüfern etwa $\pm 1,2\%$ des Skalenendwertes bei Geräten nach dem Wärmeleitfähigkeitsverfahren und bei magnetischen Rauchgasprüfern etwa $\pm 2,5\%$ des Skalenendwertes. Diese Fehlergrenzen sind für die Zwecke der Feuerführung vollkommen ausreichend.

Die Anzeige magnetischer Sauerstoffmesser kann durch klimatisch bedingte Luftdruckschwankungen um $\pm 2,5\%$ beeinflußt werden. Die Wirkung von Temperaturänderungen ist dagegen unwirksam gemacht.

5. Richtlinien für die Montage von Rauchgasprüfern.

Bei Rauchgasprüfern ist zur Vermeidung von Meßfehlern die Auswahl der Entnahmestelle für das Abgas, die Leitungsführung und -verlegung und die Aufstellung des Analysators mit großer Sorgfalt auszuführen.

Die *Entnahmestelle* für das Rauchgas soll an dem Kessel so ausgewählt sein, daß man möglichst unverfälschte Proben der abziehenden Gase erhält. Diese Forderung ist nicht leicht zu erfüllen, weil die Zusammensetzung der Abgase über den Querschnitt des Rauchgaskanals stark unterschiedlich ist[1]. Die Gasproben sind daher am besten aus der Mitte des Gasstromes, nicht aber aus toten Ecken, hinter Schiebern oder an der Einmündung anderer Kanäle zu entnehmen. Besonders sorgfältig ist die Ansaugung von Falschluft, wie sie durch undichtes Mauerwerk oder nicht sicher schließende Schieber auftreten kann, zu vermeiden. Die Entnahme erfolgt deshalb am besten im

---

[1] MUDERSBACH, E.: Rauchgasmessungen in Dampferzeugern. BWK Bd. 3, (1951), H. 11. S. 385.

letzten Zug des Kessels, einerseits möglichst nahe dem Feuerraum, aber andererseits an einer Stelle, wo die Verbrennung mit Sicherheit beendet ist. Die Temperatur der Abgabe soll 400° nicht überschreiten, damit keine Nachverbrennungen von CO und H_2 innerhalb des Entnahmerohres stattfinden. Unter Berücksichtigung dieser Umstände wird im allgemeinen die Entnahme des Abgases vor der letzten Gruppe des Speisewasservorwärmers oder des Luftvorwärmers vorgenommen. Wenn das nicht möglich ist, müssen gegebenenfalls wassergekühlte Entnahmerohre verwendet werden.

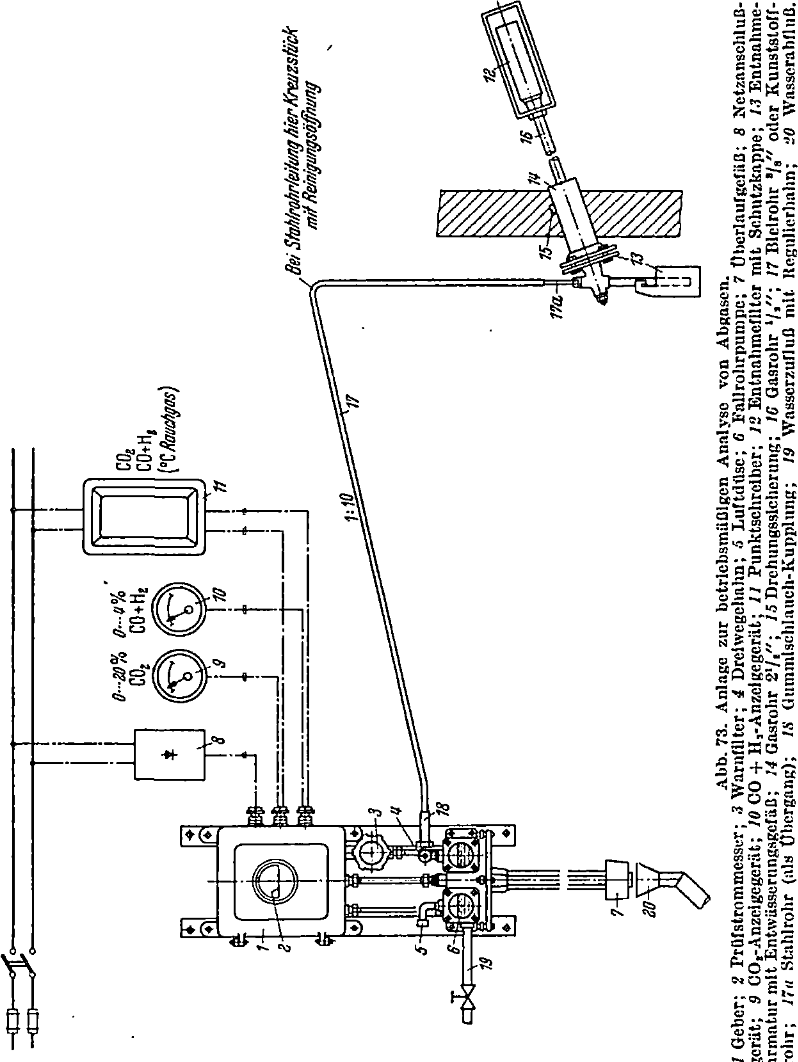

Abb. 73. Anlage zur betriebsmäßigen Analyse von Abgasen. *1* Geber; *2* Prüfstrommesser; *3* Warnfilter; *4* Dreiwegehahn; *5* Luftdüse; *6* Fallrohrpumpe; *7* Überlaufgefäß; *8* Netzanschlußgerät; *9* CO_2-Anzeigegerät; *10* CO + H_2-Anzeigegerät; *11* Punktschreiber; *12* Entnahmefilter mit Schutzkappe; *13* Entnahmearmatur mit Entwässerungsgefäß; *14* Gasrohr 2¹/₈''; *15* Drehungssicherung; *16* Gasrohr ¹/₈''; *17* Bleirohr ³/₈'' oder Kunststoffrohr; *17a* Stahlrohr (als Übergang); *18* Gummischlauch-Kupplung; *19* Wasserzufluß mit Regulierhahn; *20* Wasserabfluß.

Das Entnahmerohr für das Rauchgas ist an seinem Ende durch ein *Filterrohr* abgeschlossen. Dieses soll so befestigt sein, daß auch bei hohen Temperaturen ein dichter Anschluß des Filters gewährleistet ist. Unter schwierigen Bedingungen, wenn sehr viel Flugkoks oder Asche auftritt, kann auf der dem Rauchgasstrom entgegenstehenden Seite des Filters eine Abschirmung angebracht werden. Die üblichen Filter eignen sich nicht für Temperaturen über 500°C. Wenn eine geeignete Entnahmestelle nicht zu finden ist, muß die Filterung außerhalb des Kessels stattfinden.

Das *Entnahmerohr* für die Rauchgase ist so anzuordnen, daß das sich *absetzende Kondensat* nicht in das Filter fließt. Es würde dieses verstopfen oder zerstören. Am günstigsten ist daher der Einbau nach Abb. 73 in eine vertikale Wand des Kesselmauerwerkes mit schräg nach unten gerichteter Absaugeeinrichtung. Schwieriger ist die Anordnung an einer horizontalen Wand. Wenn sich das Filter im Rauchgaskanal befindet, kann es nämlich durch Kondensat, welches sich in dem vertikalen Entnahmerohr abscheidet, leicht verstopft oder zerstört werden. Man muß daher außerhalb des Kessels für eine sehr gute Wärmeisolation des Entnahmerohres sorgen, damit sich darin kein Kondensat bilden kann. Noch besser ist es, dieses konzentrisch in einem weiten Rohr zu befestigen und letzteres durch einen Teilstrom der Rauchgase zu beheizen oder eine Anordnung nach Abb. 74 zu wählen, bei welcher sich das Filter außerhalb des Rauchgases in einem Gehäuse befindet.

Die *Verbindungsleitungen* zwischen der Entnahmearmatur und dem Analysator sollen möglichst kurz sein, damit die Anzeigeverzögerung gering ist. Diese Bedingung läßt sich am leichtesten bei den Verfahren der elektrischen Wärmeleitfähigkeitsbestimmung und den magnetischen Rauchgasprüfern verwirklichen, weil man wegen der elektrischen Verbindung zwischen Analysator und zugehörigen Instrumenten weitgehend freizügig ist. Die Leitung ist so zu führen, daß sich Kondensat in Wasserabscheidern absetzen kann. Diese sind also zweckmäßig überall dort anzubringen, wo die Leitung von fallender Richtung in steigende übergeht (Abb. 73). Bei der Verbrennung schwefelhaltiger Brennstoffe kann sich in den Rauchgasleitungen schweflige Säure absetzen, welche bei der Verwendung eines ungeeigneten Materials,

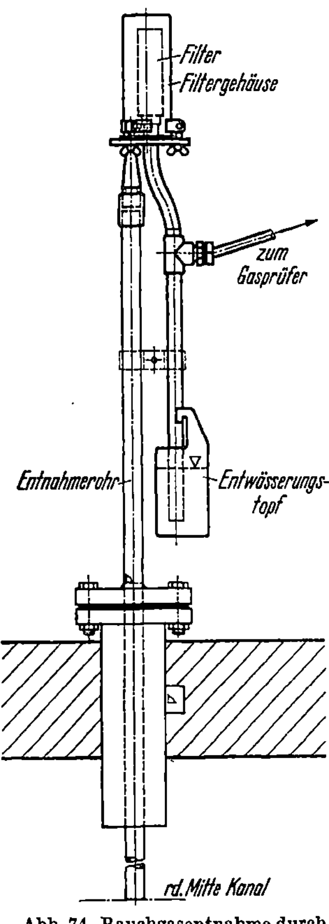

Abb. 74. Rauchgasentnahme durch eine horizontale Wand.

z. B. Eisen, zu Korrosionen und Verstopfungen führen kann. Geeignet sind dafür Blei- oder Kunststoffrohre.

Die Anlage muß in allen ihren Teilen dicht sein, damit keine Ansaugung von Falschluft stattfinden kann.

Der *Analysator* soll so aufgestellt werden, daß er nicht unerwünscht hohe Temperaturen annehmen kann. Bei chemischen und gewissen physikalischen Rauchgasprüfern hat man außerdem darauf zu achten, daß man sie vom Heizerstand aus gut übersehen kann.

F. Die Messung der elektrischen Leitfähigkeit wäßriger Lösungen.

Es ist in den letzten Jahren gelungen, die Härtebildner so weitgehend aus dem Speisewasser zu entfernen, daß Kesselsteinablagerungen nicht mehr zu befürchten sind. Heute ist es dagegen ein Problem, den Dampf möglichst weitgehend frei von Salzen zu halten. Das ist vor allem dann erfüllbar, wenn der Salzgehalt des Speisewassers gewisse Grenzen nicht überschreitet. Aus diesen Gründen ist an verschiedenen Stellen der Kraftwerke und Industriebetriebe die Kontrolle des Salzgehaltes von Wasser und Dampf notwendig.

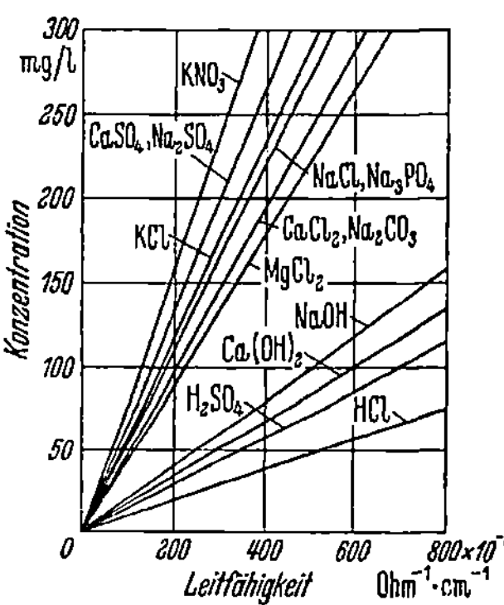

Abb. 75. Elektrische Leitfähigkeit verdünnter wäßriger Lösungen.

1. Allgemeines.

Abb. 75 zeigt, daß bei bestimmter Temperatur und bei niedrigen Konzentrationen die *elektrische Leitfähigkeit* wäßriger Lösungen von Salzen, Basen und Säuren weitgehend direkt *proportional* der *Konzentration* ist. Die Leitfähigkeitskurven der Salze liegen, ebenso wie jene der Säuren und Basen, in Gruppen beisammen.

Die Überwachung der Leitfähigkeit des Wassers und Dampfes ermöglicht also gewisse Rückschlüsse auf den *Salzgehalt*. Sie ist deshalb für die Betriebskontrolle in Dampfkraftwerken an vielen Stellen von Bedeutung. Da aber die zu untersuchenden Lösungen sehr häufig aus mehreren Komponenten bestehen, deren Anteile sich gegenseitig ändern können, wird in vielen Fällen der Rückschluß auf den Salzgehalt der Lösung verhältnismäßig schwierig sein. In solchen Fällen ist es richtiger, auf der Skala des Instrumentes die Leitfähigkeit anzugeben.

2. Meßverfahren.

Die elektrische Leitfähigkeit ist der reziproke Wert des Ohmschen Widerstandes. Die Messung der Leitfähigkeit wäßriger Lösungen muß in einer Gebereinrichtung zwischen zwei Elektroden mit genau definierter Feldverteilung mit Wechselspannung erfolgen. Bei Gleichspannung würden an den Elektroden Polarisationserscheinungen auftreten, d. h. die Ausbildung einer elektromotorischen Gegenkraft. Man führt deshalb Betriebsmessungen mit Wechselstrom von 50 Hz aus.

Laboratoriumsgeräte werden auch für Frequenzen von 1000 oder 3000 Hz gebaut.

Die *Messung* der Leitfähigkeit ist bei dem Verfahren nach dem Prinzipschaltbild 76 unter Benutzung eines Spannungsgleichhalters auf die Messung des Stromes zurückgeführt, der durch die Elektrodenanordnung des Gebers fließt. Dabei wird der Temperatureinfluß auf die Leitfähigkeit der jeweiligen Lösungen in einem gewissen Bereich mit Hilfe eines Widerstandsthermometers, welches in der Innenelektrode des Gebers untergebracht ist, ausgeglichen. Es ist zusammen mit festen Widerständen und dem zugehörigen Drehspulinstrument nach Art einer WHEATSTONEschen Brücke geschaltet, wobei eine Gleichrichterweiche den Stromdurchgang durch das Instrument nur in einer Richtung gestattet.

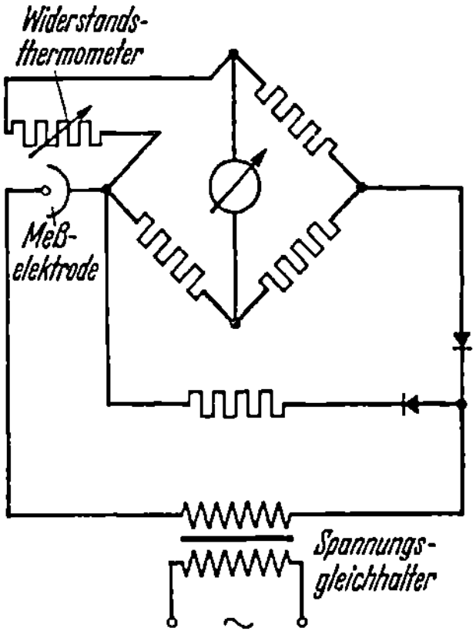

Nach anderen Verfahren kann die Leitfähigkeit auch mit Hilfe von *Ringeiseninstrumenten* oder *Wechselstromdynamometern* gemessen werden, welche unmittelbar auf Wechselstrom ansprechen. Sie sind in einem gewissen Bereiche spannungs- und frequenzunabhängig.

Die *Salzgehaltbestimmung* des *Dampfes* kann nach vorheriger Kondensation ebenfalls in der besprochenen Weise erfolgen. Dabei treten jedoch Schwierigkeiten durch die Entnahme der Proben auf, auf welche später noch einzugehen ist.

Widerstands-
thermometer

Meß-
elektrode

Spannungs-
gleichhalter

Abb. 76.   Prinzipschaltbild einer Anlage zur Überwachung der elektrischen Leitfähigkeit. SuH.

3. Gebereinrichtungen.

Die *Gebereinrichtung* für die Leitfähigkeitsmessung nach Abb. 77 besteht im wesentlichen aus konzentrisch angeordneten Hauptelektroden *1* und *2* für die Messung und aus einer Hilfselektrode *3*, welche mit einem innerhalb der Elektroden angebrachten Nickelwiderstandsthermometer *4* für den Temperaturausgleich benötigt wird.

V 2 A-Elektroden eignen sich für verdünnte Salzlösungen. Für stärkere Konzentrationen (z. B. Kesselwasser) sind dagegen Kohle- oder Platinelektroden erforderlich.

Die Gebereinrichtung wird, je nach den gegebenen Verhältnissen, entweder direkt in die zu kontrollierende Rohrleitung (*Einbaugeber*) (Abb. 78) oder in ein besonderes *Durchflußgefäß* (Abb. 79) eingebaut. Dabei kann das Meßgut entweder in die Rohrleitung zurückgeführt werden oder hinter dem Geber frei abfließen.

Im allgemeinen sind Gebereinrichtungen für Drücke bis 10 kg/cm² und Temperaturen bis etwa 100° C ausgelegt. Es kann also notwendig sein, das Meßgut zu drosseln und zu kühlen.

4. Leitfähigkeitsmeßgeräte.

Zur Messung der elektrischen Leitfähigkeit verwendet man hochohmige Drehspulgeräte, Ringeisengeräte oder Wechselstromdynamometer mit getrennt angeordnetem Meßzusatz. Dieser dient der Anpassung des Instrumentes an den Geber und zur Ausführung des Temperaturausgleichs.

5. Anwendungsmöglichkeiten.

Die Messung der elektrischen Leitfähigkeit ermöglicht Rückschlüsse auf den Salzgehalt im Turbinenkondensat, Verdampferdestillat, Kesselwasser, im (kondensierten) Dampf und im chemisch aufbereiteten und entsalzten Speisewasser.

Für reines *Kondensat* und *Destillat* wird die Meßeinrichtung bei Mitteldruckanlagen im allgemeinen mit einem Anzeigebereich von etwa 10 mg/l NaCl, bei Hochdruckanlagen mit 5 mg/l NaCl ausgeführt. Für derartige Fälle sind Elektroden aus V 2 A-Stahl zweckmäßig.

Bei Drücken unter 80 kg/cm² ist der *Salzgehalt* des *Dampfes* im wesentlichen durch das Mitreißen von Kesselwasser durch den Dampf verursacht. Bei höheren Drücken (bzw. Wassertemperaturen) wirkt dagegen der Dampf möglicherweise als Lösungsmittel auf Salze, Basen und Kieselsäure. Nach neueren Forschungen[1] können solche Beimengungen auch trocken, als Staub, in dem Dampf mitgerissen werden, wenn die entsprechenden Lösungen auf überhitzten Flächen des Kessels verdampfen.

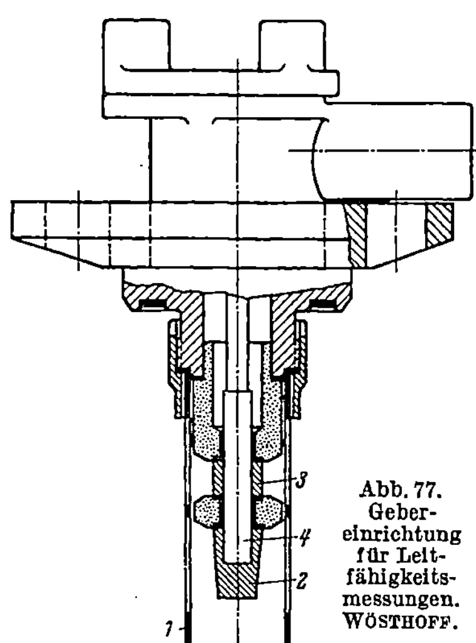

Abb. 77.
Geber-
einrichtung
für Leit-
fähigkeits-
messungen.
WÖSTHOFF.

Für die Kontrolle des Dampf-Salz-Gehaltes gelten hinsichtlich der Elektroden und Anzeigebereiche ähnliche Gesichtspunkte und Werte wie bei der Überwachung des Kondensates oder Destillates.

Für *Kesselwasser* hoher Konzentration kommen dagegen Kohleelektroden zur Anwendung. Die Anzeigebereiche liegen bei Mitteldruckkesseln, je nach Bauart, etwa zwischen 500 und 2000 mg/l.

Für die Kontrolle des *chemisch aufbereiteten Speisewassers* eignet sich die Salzgehaltmessung im allgemeinen nicht, weil es dabei auf die Einhaltung einer bestimmten Alkalität (p_H-Wert) ankommt. Nur bei Basenaustauschverfahren mit teilweiser oder weitgehender Entsalzung, welche hinsichtlich des Salzgehaltes dem Kondensat oder dem Verdampferdestillat gleichkommen, hat sie eine Berechtigung.

6. Fehlergrenzen und Fehlereinflüsse.

Es ist zu unterscheiden zwischen den Fehlern der Leitfähigkeits- und der der Salzgehaltmessung.

---

[1] TIETZ, H.: Zerstäubung von im Kesselwasser gelösten Salzen. Mitt. Ver. Großkesselbes. 1950, H. 10, S. 124.

Außerdem sind die Fehler bei der Entnahme der Proben zu berücksichtigen, welche besonders bei der Salzgehaltbestimmung des Dampfes auftreten.

Die *Genauigkeit der Leitfähigkeitsmessung* an sich ist bei einwandfreier Einrichtung bestimmt durch die Fehler des Instrumentes und des Gebers. Die Anzeige der Instrumente wird beeinflußt durch Spannungs-, Frequenz- und Raumtemperaturänderungen. Ihre Fehlergrenzen sollen der Klasse 1,5 der VDE-Vorschriften entsprechen. Die Fehler der Geber sind durch die Präzision der Herstellung und der Justierung gegeben. Sie werden üblicherweise mit $\pm 3\%$ vom Meßwert garantiert. Nach längerer Betriebszeit können zusätzliche Fehler

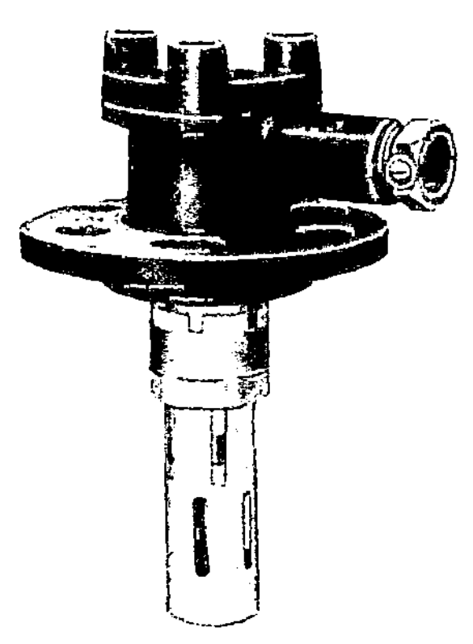

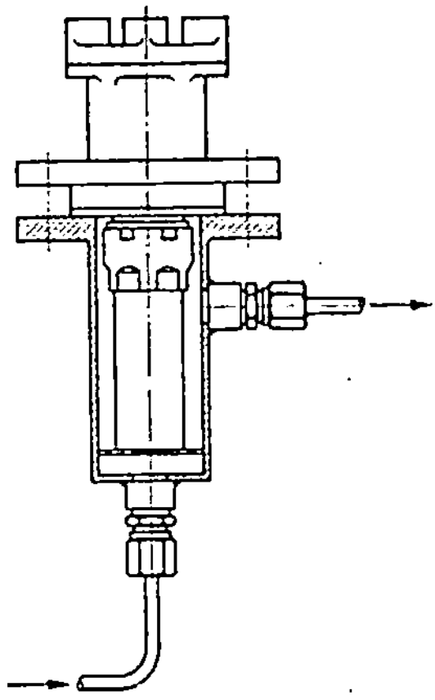

Abb. 78. Einbaugeber für Leitfähigkeitsmessungen SuH.　　Abb. 79. Durchflußgeber für Leitfähigkeitsmessungen. WÖSTHOFF.

auftreten, welche durch Schmutzablagerungen auf den Elektroden und durch andere Ursachen — wahrscheinlich eine Aufrauhung bei Kohle- und Stahlelektroden — hervorgerufen sein können. Bei der Durchführung betriebsmäßiger Leitfähigkeitsmessungen sind mit einwandfreier Meßeinrichtung Fehlergrenzen von etwa $\pm 3\%$ vom Endwert erreichbar.

Die *Fehler* der *Salzgehaltmessung* hängen von der Güte des Temperaturausgleiches und vor allem von der Genauigkeit ab, mit der die Zusammensetzung der Lösung und damit die Abhängigkeit ihrer Leitfähigkeit von der Konzentration bekannt ist.

Die Leitfähigkeit verdünnter wäßriger Salzlösungen ändert sich bei gegebener Konzentration mit der Temperatur um etwa 2% je °C. Ein den Salzgehalt anzeigender Leitfähigkeitsmesser würde, wenn die Temperatur der Lösung von dem der Justierung zugrunde gelegten Wert abweicht, entsprechende Fehler aufweisen. Diese können innerhalb eines Temperaturbereiches von 90° C mit Hilfe eines Korrekturthermometers durch eine Kunstschaltung auf etwa 1 bis 5% dieses Fehlereinflusses reduziert werden.

Aus Abb. 75 ist ferner zu ersehen, daß die Leitfähigkeit einer Lösung bei schwankender Zusammensetzung bei einer bestimmten Konzentration einen relativ großen Spielraum überstreichen kann. Dementsprechend unsicher ist bei Lösungsgemischen der Schluß von der Leitfähigkeit auf die Konzentration dann, wenn sich die Zusammensetzung im Betriebe ändert. Da aber die Leitfähigkeit der Gruppen der Säuren und Basen, der Chloride und Karbonate, der Sulfate und Nitrate jeweils in ihrem Verlaufe nicht allzu stark auseinanderliegen kann man unter günstigen Umständen noch Fehlergrenzen der Salzgehaltmessung von etwa $\pm 15\%$ vom Sollwert erwarten, welche für die Konzentrationsbestimmung noch hinreichend sind.

Die Salzgehaltbestimmung wird jedoch illusorisch, wenn die zu überwachende Lösung *Kohlensäure* oder *Ammoniak* enthält[1]. Dieser Fall ist besonders deshalb von großer praktischer Bedeutung, weil dem Speisewasser häufig Ammoniak zugesetzt wird zur Vermeidung von Korrosionen, welche durch den Angriff der Kohlensäure auf Kondensatleitungen und Pumpen verursacht sein können. Sowohl Ammoniak und — bis zu einem gewissen Grade — auch Kohlensäure erhöhen die Leitfähigkeit beträchtlich. Es wird also ein viel zu hoher Salzgehalt vorgetäuscht. Man hat versucht, durch thermische Entgasung der Proben die Kohlensäure aus den Lösungen zu entfernen, bzw. den Einfluß von Ammoniak mit Hilfe eines Kationenaustauschers zu beseitigen. Dieses Problem scheint aber noch nicht endgültig gelöst zu sein.

Es hat sich weiterhin gezeigt[2], daß bei der Salzgehaltmessung des Dampfes erhebliche Fehler auftreten können. Auf der inneren Oberfläche der Dampfleitung bildet sich ein Wasserfilm, der mitgerissen wird. Er hat viel höhere Salzkonzentration als der Dampf selbst. Bei der bisherigen Art der Entnahme der Dampfproben wird im allgemeinen kein richtiger Durchschnittswert erreicht. Der Salzgehalt des Dampfes wird viel zu niedrig gemessen. Der Fehler kann besonders bei hohen

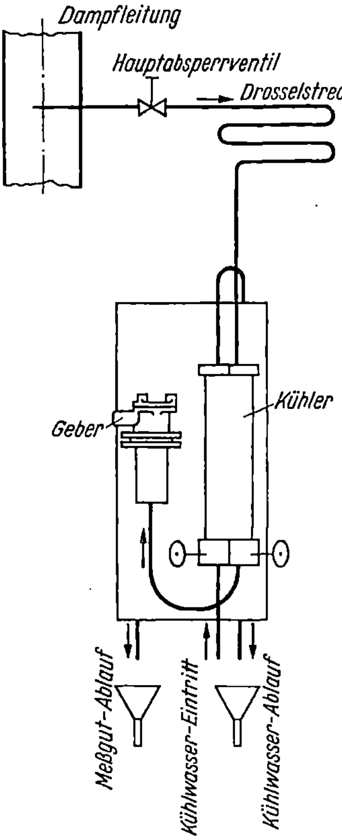

Abb. 80. Salzgehaltmeßanlage für Dampf.

---

[1] MEYER, A., u. M. WERNER: Einfluß von Ammoniak und Kohlensäure auf die Leitfähigkeitsmessung des Salzgehaltes von Speisewasser. Mitt. Ver. Großkesselbes. 1950, H. 10, S. 132.
[2] LIST, H.: Theorie und Praxis moderner Speiswasserpflege. Mitt. Ver. Großkesselbes. 1951, H. 17/18. S. 39.

Dampfgeschwindigkeiten mehrere hundert Prozent betragen. Es sind Untersuchungen im Gange, welche die Behebung dieser Schwierigkeiten zum Ziele haben.

7. Richtlinien für die Montage.

Bei der Montage von Leitfähigkeitsmeßanlagen ist vor allem die richtige Anordnung der Geber wesentlich.

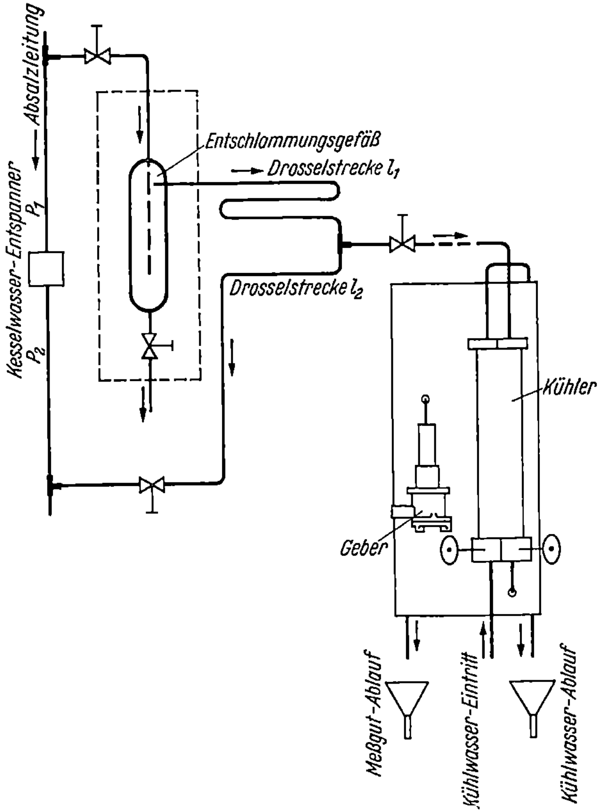

Abb. 81. Salzgehaltmeßanlage für Speisewasser.

In *Kondensatleitungen* mit niedrigem Druck kann der *Geber direkt eingebaut* werden (Abb. 78). Die Elektroden müssen vollständig von Flüssigkeit umgeben sein.

In Anlagen mit höherem Druck oder an schlecht zugänglichen Stellen können *Durchflußgeber* nach Abb. 79 verwendet werden. Dabei befindet sich die Gebereinrichtung in einem besonderen Gefäß, welches von der Wasserprobe fortlaufend durchströmt wird. Dieses Durchflußgefäß kann parallel zu der zu kontrollierenden Leitung liegen, wobei das Meßgut in diese zurückgeführt wird. Es ist zweckmäßig, die

Eintrittsöffnung trichterförmig zu gestalten und sie der Strömung entgegen zu richten. Zu- und Abfluß sollen durch Ventile absperrbar sein.

*Dampf*proben für die Salzgehaltmessung werden am besten hinter der Kesseltrommel entnommen, weil hinter dem Überhitzer der Salzgehalt merklich niedriger sein kann. Gewisse Salze setzen sich schon im Überhitzer ab[1]. Im vorhergehenden Abschnitt wurde dargelegt, daß eine einwandfreie Entnahme von Proben für die Salzgehaltbestimmung des Dampfes zur Zeit noch nicht gewährleistet ist. Vorläufig wird gewöhnlich noch die Anordnung der Abb. 80 verwendet. Die Proben werden dabei durch ein Rohr entnommen, durch eine Kapillarleitung von entsprechender Länge gedrosselt, in einem Kühler kondensiert, im Durchflußgeber gemessen und ins Freie geleitet.

Kessel- oder *Speisewasser* von hohem Druck und hoher Temperatur wird vor der Messung ebenfalls gedrosselt und gekühlt. Die Ableitung der Proben erfolgt jedoch nicht ins Freie, sie werden vielmehr — wirtschaftlicher — vor einem Anlageteil mit ausreichendem Druckabfall (Kesselwasserentspanner, Kesselspeisepumpe) abgezweigt und hinter diesem wieder in die Leitung zurückgeführt (Abb. 81). Der Drosselstrecke ist ein Schlammabscheider vorgeschaltet. An dem Ein- und Austritt der Entnahmeleitungen aus den Hauptleitungen und vor dem Kühler sind Absperrventile vorgesehen.

Bei der Überwachung ölhaltigen Meßgutes werden die Elektroden durch Filter aus aktiver Kohle vor Verschmutzung geschützt.

G. Die Messung der Wasserstoffionenkonzentration (p_H-Wert).

1. Allgemeines[2].

Saure Flüssigkeiten können Korrosionen an vielen Metallen, z. B. an den Schaufeln von Pumpen oder an Rohren und sonstigen Teilen der Dampfkessel bewirken. Solche Zerstörungen sind in vielen Fällen auf den Angriff von Wasserstoffionen zurückzuführen.

In allen wäßrigen Lösungen befinden sich Ionen, d. h. elektrisch geladene Molekülbruchstücke. Unter dem Einfluß geringer elektrischer Potentiale, wie sie durch die Verwendung verschiedener metallischer Werkstoffe verursacht sein können, wandern diese an die ihrer Ladung entgegengesetzte Elektrode und können dort eine chemische Reaktion, welche zu Beschädigungen von Anlageteilen führen kann, bewirken. Diese Ionen können teils positiv geladene Wasserstoffionen und teils negative Hydroxylionen sein. (Daneben können sich noch andere Ionen in Lösungen befinden, die aber in diesem Zusammenhange weniger

---

[1] SPLITTGERBER, A.: Kesselspeisewasserpflege. In: Ergebnisse der angewandten physikalischen Chemie Bd. 4, II. Teil. Berlin: Akademische Verlagsgesellschaft Becker und Erler 1941.

[2] KORDATZKI, W.: Taschenbuch der praktischen p_H-Messung. Verlag Müller u. Steinicke, München 1949. — L. KRATZ: Die Glaselektrode und ihre Anwendungen. Wissenschaftliche Forschungsberichte; Naturwissenschaftl. Reihe, Bd. 59, 1950, Verlag Steinkopf. — F. LIENEWEG: Technische p_H-Messungen. Siemens-Zeitschrift 1952, H. 4, S. 188.

interessieren.) Die Anzahl der vorhandenen Wasserstoff- und Hydroxylionen in ihrem gegenseitigen Verhältnis bestimmt die Reaktion der Lösung. Überwiegen die Wasserstoffionen, so ist die Lösung sauer, überwiegen die Hydroxylionen, so ist sie alkalisch. Bei gleich viel Wasserstoff- und Hydroxylionen ist die Lösung neutral.

Zur Charakterisierung der Ionenkonzentration gibt man die Zahl der Ionen nicht unmittelbar an, weil sie mehrere Zehnerpotenzen umfassen würde. Man drückt sie vielmehr durch die negativen Exponenten der Potenzen von 10 aus und bezeichnet diese Werte als p_H-Wert der Lösung. Der Schritt von einem p_H-Wert zum anderen entspricht also einer Konzentrationsänderung der Wasserstoffionen um das Zehnfache. Die gebräuchliche p_H-Wertskala umfaßt den Bereich von 0 bis 14. Dabei kennzeichnen bei 25° C die Werte < 7 saure, 7 neutrale und > 7 alkalische Lösungen. Die durch die Extremwerte 0 bzw. 14 gekennzeichneten Lösungen sind in ihrer Konzentration am stärksten, und zwar die ersteren an Wasserstoffionen, die letzteren an Hydroxylionen.

2. Meßverfahren.

Die Messung des p_H-Wertes erfolgt durch *kolorimetrische* oder *elektrometrische* Meßverfahren.

Erstere eignen sich nicht für die Überwachung von wäßrigen Lösungen im Dauerbetriebe, sondern mehr für Einzeluntersuchungen. Es erübrigt sich also, hier näher darauf einzugehen. Sie beruhen darauf, daß Farbindikatoren oder Indikatorpapiere, welche in die zu untersuchende Lösung gebracht werden, abhängig vom p_H-Wert ihre Farbtönung ändern.

Bei *elektrometrischen Meßverfahren* zur Bestimmung der Wasserstoffionenkonzentration wird der Potentialunterschied zwischen einer Meßelektrode, welche auf den Gehalt der Wasserstoffionen in der zu untersuchenden Flüssigkeit anspricht und einer Vergleichselektrode von konstantem Potential gemessen. Diese beiden Elektroden bilden ein galvanisches Element. Die an ihm auftretende Potentialdifferenz ist ein Maß für den p_H-Wert. Die zu prüfende Flüssigkeit, mit der in sie eintauchenden Meßelektrode, steht mit der Bezugselektrode durch ein Diaphragma (z. B. Tonwand) in leitender Verbindung (Abb. 82).

Die dabei auftretende *Potentialdifferenzänderung* ist theoretisch 58 mV pro 1 p_H bei 20° C, unabhängig von der Art der Elektroden. Die Differenz ändert sich linear mit dem p_H-Wert, ist aber abhängig von der Temperatur der Lösung.

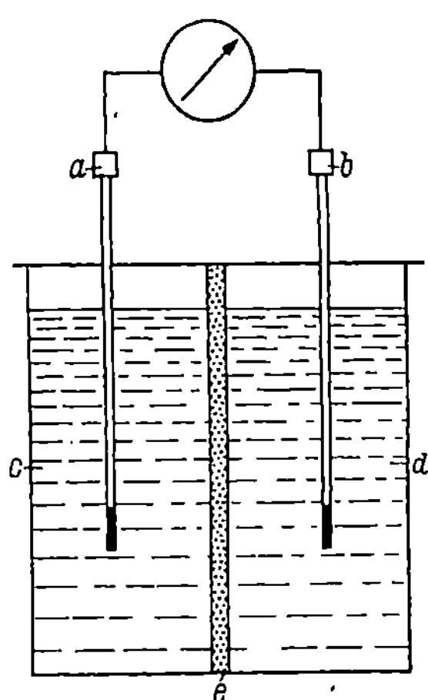

Abb. 82. p_H-Messung (schematisch). *a* Meßelektrode; *b* Bezugselektrode; *c* zu prüfende Lösung; *d* Lösung mit konstanter Ionenkonzentration; *e* Diaphragma.

Die *Messung* der Potentialdifferenz von Elektrodenketten soll möglichst in stromlosem Zustand erfolgen, damit Fehlanzeigen, welche auf den inneren Widerstand der Elektrodenketten zurückzuführen sind und Störungen durch Polarisationsspannungen und Änderungen des inneren Widerstandes ausgeschaltet werden. Nur bei einfachen Betriebsmessungen ohne besondere Genauigkeitsforderungen ist, bei der Verwendung von Antimonelektroden, der *direkte Anschluß* von Drehspulinstrumenten mit geringem Stromverbrauch zulässig (Abb. 83). Betriebsmeßgeräte können dagegen an Glaselektroden — wegen ihres hohen inneren Widerstandes — nicht unmittelbar, sondern nur unter Zwischenschaltung empfindlicher Verstärker angeschlossen werden.

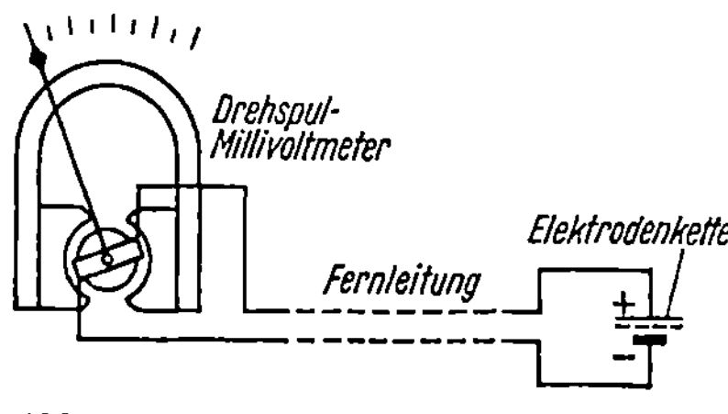

Abb. 83. Antimonelektrodenkette mit unmittelbarer Anzeige.

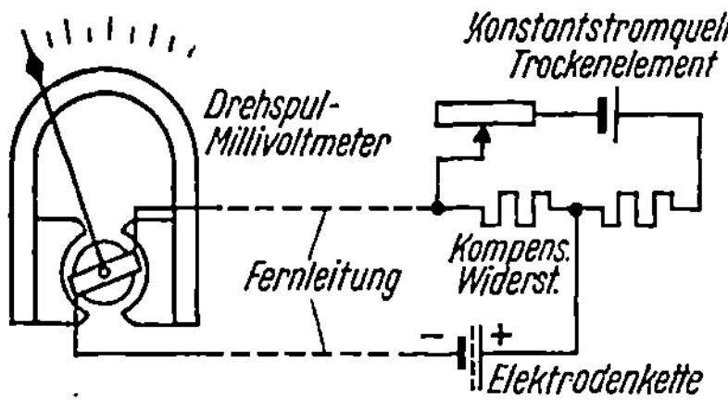

Abb. 84. Antimonelektrodenkette in halbpotentiometrischer Schaltung zur Nullpunktunterdrückung. HuB.

Halbpotentiometrische Schaltungen nach Abb. 84 sind — bei Verwendung von Antimonelektroden — genauer und zweckmäßiger, als der unmittelbare Anschluß eines Betriebsmeßgerätes an die Elektrodenkette. Dabei wird ihrer Potentialdifferenz eine konstante Hilfsspannung, welche einen bestimmten p_H-Wert entspricht, entgegengeschaltet.

Für den der Gegenspannung entsprechenden p_H-Wert ist das Instrument stromlos. Alle abweichenden p_H-Werte werden durch die Größe des Instrumentenausschlages gemessen. Mit Hilfe eines zusätzlich angebrachten Widerstandsthermometers kann bei solchen Schaltungen der Einfluß von Temperaturschwankungen der zu prüfenden Flüssigkeit auf das Meßergebnis selbsttätig ausgeglichen werden.

Die *reinen Kompensationsschaltungen* eignen sich, ähnlich wie die Anordnungen nach Abb. 13, für gelegentliche Einzelmessungen. Sie zeichnen sich durch hohe Genauigkeit aus, weil die Messung stromlos erfolgt. Bei der Verwendung von Glaselektroden ist auch hier die Erhöhung der Galvanometerempfindlichkeit durch Verstärker notwendig.

Mit *selbsttätigen Kompensationseinrichtungen*, z. B. mit dem Photozellen- oder Schwenkspulkompensator sind Betriebsmessungen ohne merkliche Stromentnahme in Verbindung mit Antimonelektroden möglich. Bei der Verwendung von Glaselektroden sind jedoch Verstärker erforderlich. Bei solchen Ausführungen kann ebenfalls ein Ausgleich des Temperatureinflusses erfolgen.

3. Elektrodenketten.

Für die Messung des p_H-Wertes wurden eine Reihe von Meß- und Bezugselektroden entwickelt.

Die wichtigsten *Meßelektroden* sind die *Wasserstoff-*, die *Chinhydron-*, die *Antimon-* und die *Glaselektrode*. Von diesen eignen sich die beiden letzteren für die Zwecke der Betriebskontrolle in Kraftwerken.

Als *Bezugselektrode* findet wegen ihrer guten Potentialkonstanz vorwiegend die gesättigte Kalomelelektrode Anwendung. Sie besteht aus Quecksilber, Kalomel und einer Kaliumchloridlösung. Auch Silber-Silberchlorid-Elektroden eignen sich als Bezugselektroden.

Meß- und Bezugselektroden sind gewöhnlich zusammen mit einem Widerstandsthermo-

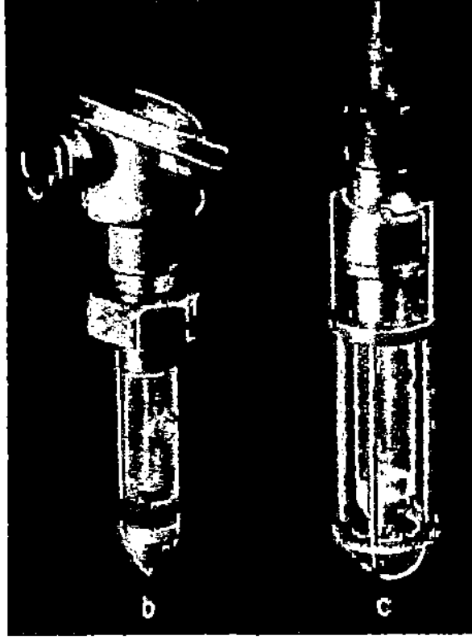

Abb. 85. p$_H$-Geber mit Antimon-Silberchlorid-Elektrodenkette. SuH.
a) Geber im Durchflußelektrodengefäß;   b) Einschraub-Geber;   c) Eintauch-Geber.

meter für den Ausgleich des Temperatureinflusses in einem korrosionsfesten Gehäuse untergebracht. Derartige Elektrodenkombinationen können für Dauermessungen — ähnlich wie die Salzgehaltgeber — als *Eintauch-* oder *Durchflußelektrodengefäße* ausgebildet sein (Abbildung 85).

Die *Antimonelektrode* ist im allgemeinen konstruktiv als stabförmiger Geber ausgebildet, in welchem auch die Bezugselektrode und die Temperaturkompensation untergebracht ist. Vielfach sind sie mit selbsttätigen Reinigungseinrichtungen durch Bürsten, Glasperlen u. ä. versehen. Sie sind verwendbar bis etwa 100° C und 10 kg/cm².

Glaselektroden sind im wesentlichen als Hohlkörper von sehr geringer Wandstärke ausgebildet (Abb. 86). Sie werden heute für den jeweiligen Verwendungszweck aus verschiedenen Glassorten mit mehr oder minder hoher Leitfähigkeit hergestellt. Für technische Betriebsmessungen werden Glaselektroden mit einem inneren Widerstand von etwa 5 bis 80 MOhm verwendet. Für andere Zwecke sind auch Glaselektroden

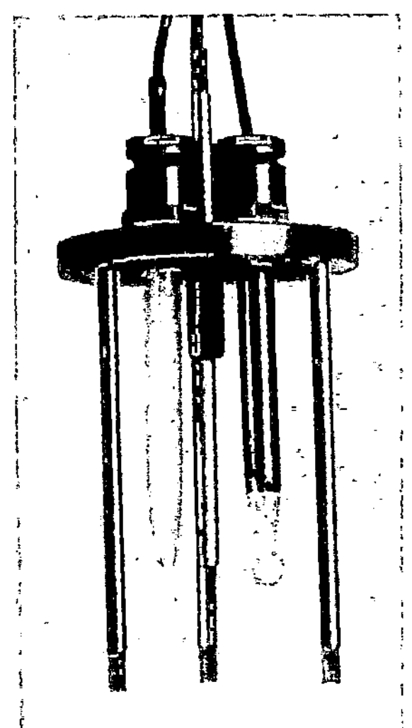

Abb. 86. Geber mit Glaselektrode zum Einbau in Durchflußgefäß. SuH.

mit geringerem Innenwiderstand erhältlich. Sie enthalten im Inneren eine Füllflüssigkeit mit konstanter Wasserstoffionenkonzentration und eine Ableitelektrode. Außen sind sie von der zu untersuchenden Flüssigkeit umgeben. Ihr konstruktiver Aufbau ist heute hinreichend betriebssicher.

4. Instrumente.

Drehspulmeßgeräte für den *direkten* Anschluß an Antimonelektroden müssen aus den geschilderten Gründen einen möglichst hohen Innenwiderstand bei einer Stromaufnahme von einigen Mikroampere haben. Es sind deshalb halbpotentiometrische Schaltungen oder die Verwendung von Verstärkern vorzuziehen.

5. Richtlinien für die Anwendung der Elektrodenketten.

Antimonelektroden zeichnen sich durch einen besonders einfachen und robusten Aufbau der Meßanordnung aus. Sie erfordern auch wenig Wartung. Sie werden deshalb gern angewendet, obwohl ihre Genauigkeit geringer ist, als die der Glaselektroden. Sie eignen sich für Messungen zwischen 0 und 12 p_H über einen beschränkten Bereich. Die Zusammensetzung der zu untersuchenden Lösung soll sich im Laufe der Messung nicht zu stark ändern. Sie sind ungeeignet für Lösungen, welche Öl, Schwefelwasserstoff, freies Chlor oder einen hohen Gehalt an Salzen haben.

Glaselektroden sind Universalelektroden, welche fast für alle Lösungen in einem p_H-Bereich von 0 bis 13 verwendbar sind. Für Kesselspeisewasser kommen nur hochohmige Glaselektroden in Frage. Auch für die Untersuchung von Kondensat, Destillat und sonstigen schwach gepufferten Wässern stehen heute bei reduzierten Genauigkeitsansprüchen geeignete Glassorten zur Verfügung, welche nur wenig Alkalien an das Wasser abgeben. Sie versagen jedoch in stark sauren und alkalischen Lösungen mit hohem Natriumgehalt. Die zulässige Höchsttemperatur ist bei handelsüblichen Ausführungen etwa 45°, bei Spezialelektroden 100° C. Nachteilig ist ihre verhältnismäßig geringe mechanische Festigkeit.

6. Fehlergrenzen der p_H-Messung und Fehlereinflüsse.

Im Dauerbetrieb kann man bei sorgfältiger Wartung und unter günstigen Umständen folgende Genauigkeiten der p_H-Messung erwarten:

Antimonelektrode . . . 0,1 bis 0,2 p_H
Glaselektrode . . . . . 0,05 ,, 0,15 p_H

Im übrigen kann die Genauigkeit der elektrometrischen p_H-Wertmessung durch Verschmutzung der Elektroden, durch Flüssigkeitspotentiale und durch die oben angegebenen Beimengungen zu der zu messenden Lösung nachteilig beeinflußt werden. Dazu kommen Potentialänderungen der Elektroden selbst, die durch Temperatureinflüsse bedingt sein können.

7. Richtlinien für die Montage.

Die Einbau- und Durchflußelektroden für die p_H-Messung sind im allgemeinen mechanisch und thermisch nicht so widerstandsfähig, daß sie an Hochdruckkesseln unmittelbar verwendbar sind. Die zu untersuchenden Proben sind daher in ähnlicher Weise, wie das bei der Salzgehaltmessung dargelegt wurde, zu entnehmen und den Elektroden mit geeignetem Druck und Temperatur zuzuführen.

H. Die Messung der Feuchte von Gasen.

Durch die Messung der relativen Feuchte können Kühler für Luft oder andere Gase auf Kühlwasserdurchbrüche überwacht werden. Im übrigen ist Feuchtemessung hier von verhältnismäßig untergeordneter Bedeutung.

1. Allgemeines.

Nach dem *Daltonschen Gesetz* ist der Druck eines Gasgemisches gleich der Summe der Teildrücke. In feuchten Gasen stellt sich demnach bei einer bestimmten Temperatur ein Gesamtdruck ein, welcher sich aus dem Teildruck des trockenen Gases und dem Teildruck des Wasserdampfes ergibt. Wenn sich das feuchte Gas über einer Wasserfläche befindet, wird als Teildruck des Wasserdampfes der volle Sättigungsdruck P_s nach Abbildung 87 auftreten. Wenn jedoch das Gas unvollkommen mit Wasserdampf gesättigt ist, ist der Dampf-

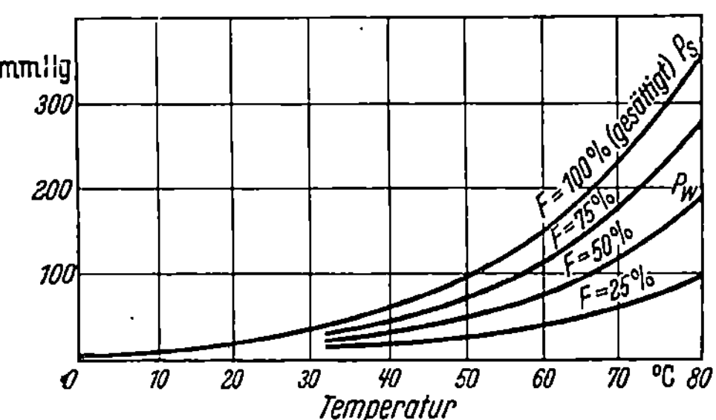

Abb. 87. Partialdruck des Wasserdampfes abhängig von Temperatur und Sättigung.

druck P_w kleiner als der Sättigungsdruck P_s. Das Verhältnis des tatsächlich herrschenden Teildruckes des Wasserdampfes P_w zum Sättigungsdruck P_s ist die *relative Feuchte*. Sie gibt also in Prozenten an, wie der tatsächliche Feuchtegehalt des feuchten Gases im Vergleich zu seinem höchstmöglichen Dampfgehalt im Zustande der Sättigung ist.

Wird ein ungesättigtes, feuchtes Gas abgekühlt, dann nimmt seine relative Feuchte so lange zu, bis der Sättigungsdruck erreicht wird. Bei weiterer Abkühlung unter den sog. *Taupunkt* kondensiert der überschüssige Wasserdampf.

2. Meßverfahren.

Für die Messung der relativen Feuchte unter Bedingungen, wie sie in Industriebetrieben und Kraftwerken gegeben sind, haben folgende Meßverfahren Bedeutung.

Die *Taupunktmethode,* bei welcher das zu untersuchende Gas auf den Taupunkt abgekühlt wird, wobei die Temperatur, bei welcher die Kondensation erfolgt, beobachtet wird.

Die *psychrometrische Feuchtebestimmung.* Wenn ein nicht vollständig gesättigtes Gas an einem befeuchteten Thermometer vorbeistreicht, wird, je nach dem Sättigungsgrad des Gases, mehr oder weniger von der an dem Thermometer befindlichen Flüssigkeit verdampft. Die dabei entstehende Abkühlung ist ein Maß für die Feuchte des Gases. Die Meßeinrichtung besteht also im wesentlichen aus einem nassen und einem trockenen Thermometer.

Das Meßwerk der *Haarhygrometer* besteht aus besonders präparierten Menschenhaaren, welche ihre Länge entsprechend der relativen Feuchte ändern.

3. Feuchtemeßeinrichtungen.

In diesem Abschnitt werden einige Feuchtemeßeinrichtungen behandelt, welche konstruktiv so durchgebildet sind, daß sie sich für die laufende Betriebskontrolle eignen. Daneben gibt es aber auch zahlreiche interessante Konstruktionen, welche für Bedingungen, wie sie z. B. in Hüttenwerken oder chemischen Fabriken gegeben sein können, entwickelt wurden[1].

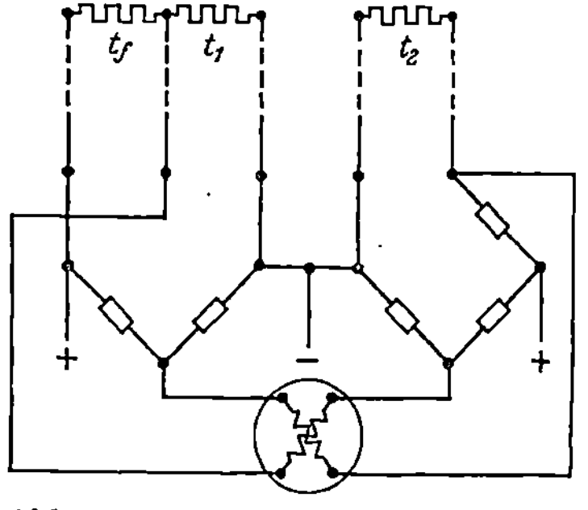

Abb. 88. Prinzipschaltbild der psychrometrischen Feuchtemessung. SuH.

Abb. 88 zeigt das grundsätzliche Schaltschema eines psychrometrischen Feuchtemessers, welcher aus einem nassen t_f und einem trockenen t_1 Widerstandsthermometer zur Bildung der psychrometrischen Differenz und einem weiteren Thermometer t_2 zur Berücksichtigung des Einflusses der Gastemperatur besteht. Als Anzeigegerät wird ein spannungsunabhängiges Quotienteninstrument verwendet. Dessen eine Spule liegt in dem Nullzweig einer, aus dem nassen und trockenenThermometer und aus zweiVergleichswiderständen gebildeten WHEATSTONEschen Brücke zur Messung der psychrometrischen Differenz. Die andere Spule des Instrumentes liegt in einer zweiten Brücke, in welcher sich ein weiteres Thermometer für die Messung der Temperatur des zu untersuchenden Gases befindet. Der Ausschlag des Instrumentes ist ein Maß für die relative Feuchte. Durch Umschaltung kann abwechselnd die Temperatur und die relative Feuchte des Gases gemessen werden.

Abb. 89 zeigt einen Schnitt durch das Gehäuse eines derartigen Feuchtegebers. Er enthält im wesentlichen drei Widerstandsthermometer mit geringer Trägheit, von welchen eines durch einen in ein Wasserbad tauchenden Docht dauernd feucht gehalten wird. Das Meßgas wird dem Geber entweder durch natürlichen Überdruck oder mit Hilfe eines Ventilators zugeführt und durch ein Luftführungsrohr an den Thermometern vorbeigeleitet.

In Abb. 90 ist ein *Haarhygrometer* dargestellt. Die Einrichtung besteht im wesentlichen aus einem Strang von Haaren H, welcher

---

[1] GUTHMANN, K.: Neuartige vollselbsttätige Feuchtigkeitsmeßgeräte für Industriegase. Stahl u. Eisen Bd. 72 (1952) S. 314.

seine Länge mit der Feuchte ändert. Die Längenänderung wird mechanisch K auf eine Anzeigevorrichtung Z übertragen.

4. Anwendung verschiedener Feuchtemeßverfahren.

Haarhygrometer eignen sich für Messungen in nicht aggressiven Gasen bei Temperaturen bis etwa 70° C. Nachteilig ist eine im Laufe der Zeit auftretende Längung der Haare, welche aber durch Anfeuchten mit destilliertem Wasser oder in gesättigter Luft rückgängig zu machen ist. Diese Regenerierung ist, je nach den Anforderungen an die Meßgenauigkeit in Zeitabständen von etwa einer Woche vorzunehmen. Unter normalen atmosphärischen Bedingungen werden Fehlergrenzen von $\pm 2\%$ eingehalten. Eine elek-

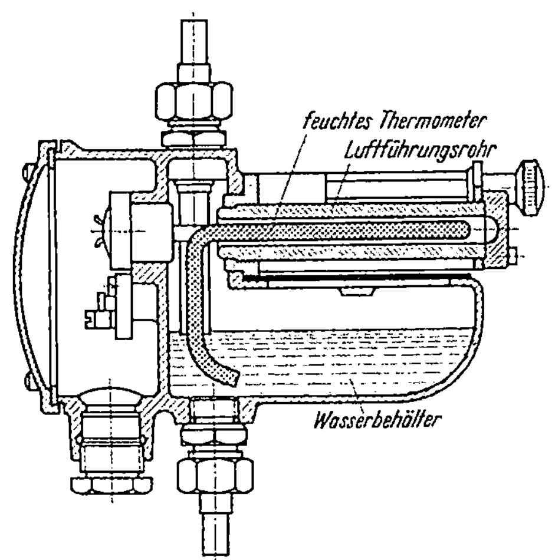

Abb. 89. Gebergerät für die psychrometrische Feuchtemessung. SuH.

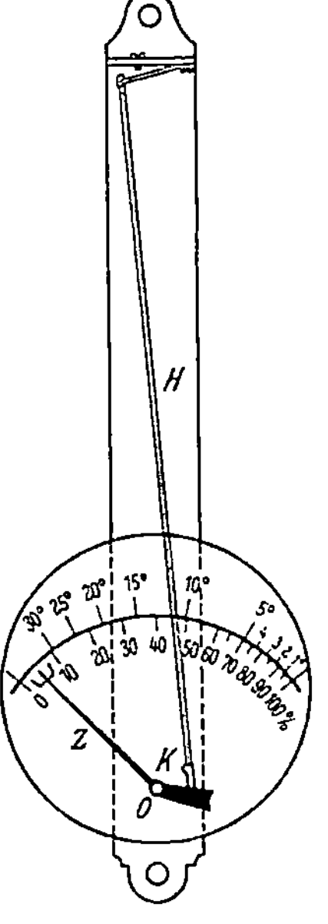

Abb. 90. Haarhygrometer. (schematisch) LAMBRECHT.

trische Fernübertragung der Meßergebnisse mit Hilfe von Widerstandsgebern und Quotientenmeßgeräten ist möglich.

Die *psychrometrischen Methoden* sind empfindlicher und genauer. Sie eignen sich besonders für laufende Betriebsmessungen. Ihre Anwendung ist im wesentlichen durch den Gefrierpunkt und die Verdampfung des Feuchtemittels beschränkt. Bei der Untersuchung geschlossener Gaskreisläufe müssen unter Umständen Vorsichtsmaßnahmen gegen unerwünschte Feuchtigkeitsanreicherungen durch verdampfte Feuchtemittel getroffen werden. Bei konstanter Temperatur sind die Fehlergrenzen $\pm 1\%$ relative Feuchte. Es ist aber handelsüblich, für gewisse Temperaturbereiche und einen Anzeigebereich von 10 bis 100% Fehlergrenzen von $\pm 3\%$ relativer Feuchte zu gewährleisten.

Die *Taupunktmethode* zeichnet sich durch allgemeine Anwendbarkeit und hohe Genauigkeit aus. Sie eignet sich sowohl für tiefe, als auch hohe Temperaturen, wie sie z. B. bei Industriegasen vorkommen können.

J. Drehzahlmessung.

An vielen Stellen der Kraftwerke sind Drehzahlen von unterschiedlicher Höhe bei gleichbleibender oder wechselnder Richtung zu messen. Es handelt sich sowohl um die Überwachung hochtouriger Maschinen als auch um langsam laufende Zuteiler und Transporteinrichtungen. Dabei soll vielfach, z. B. beim Anfahren von Maschinen, ein großer Drehzahlbereich angezeigt und andererseits im Betrieb die Nenndrehzahl mit hoher Genauigkeit kontrolliert werden. In manchen Fällen ist eine Fernanzeige erwünscht.

Für die Erfüllung dieser verschiedenartigen Anforderungen steht eine große Anzahl von Meßverfahren und Einrichtungen zur Verfügung.

1. Meßverfahren.

Bei elektrischen Maschinen kann statt der Drehzahlmessung eine Frequenzmessung erfolgen. Dafür kommen die bekannten Bauarten der Zeiger- oder Zungen*frequenzmesser* in Frage. Letztere können auch rein mechanisch durch die Erschütterungen der zu kontrollierenden Maschine erregt werden (*Vibrationstachometer*).

Bei *Drehpendeltachometern* ist die Auslenkung von Schwungmassen, welche mit der Tachometerwelle umlaufen, ein Maß für die Drehzahl. Als Rückstellkraft wirken Federn.

Das Meßwerk von *Wirbelstromtachometern* besteht im wesentlichen aus einem permanenten Magneten von geeigneter Formgebung, welcher von der zu überwachenden Welle angetrieben wird. Er induziert in einer drehbar gelagerten Metalltrommel Wirbelströme. Sie wird dadurch, entgegen der Kraft einer Rückstellfeder, proportional der Drehzahl mitgenommen.

Mit der zu untersuchenden Welle können kleine *Gleichstromgeneratoren* (Drehzahlgeber) gekuppelt werden, welche permanente Magnete als Induktoren haben. Ihre Spannung ist ein Maß für die Drehzahl.

Ebenso werden auch kleine *Wechselstromgeneratoren* in Verbindung mit Frequenzmessern oder Drehspulinstrumenten mit Gleichrichtern verwendet.

Andere Ausführungen der Wechselstromdrehzahlgeber haben einen feststehenden permanenten Magneten. Vor seinen Polschuhen rotiert mit der zu messenden Drehzahl ein exzentrisch gelagertes oder in geeigneter Weise geformtes Eisenrückschlußstück. Dadurch wird der Fluß dieses Magneten periodisch verändert und eine Wechselspannung veränderlicher Frequenz in einer auf dem Magneten befindlichen Wicklung induziert. Die Frequenz gelangt in bekannter Weise zur Anzeige.

2. Gesichtspunkte für die Wahl des Meßverfahrens.

Resonanzzungenfrequenzmesser eignen sich als Vibrationstachometer nur für solche Fälle, wo andere Maschinen mit annähernd gleicher Drehzahl nicht in der Nähe sind. Deren Erschütterungen können gegebenenfalls störend wirken. Die Anzeigebereiche der Zungenfrequenzmesser sind meist eng. Sie eignen sich daher besonders zur Kontrolle von Nenndrehzahlen.

Drehpendeltachometer sind, je nach Bauart, ausführbar für Anzeigebereiche bis 150 bzw. bis 7500 U/min. Der Anfangsbereich der Skala ist von 0 bis 10 oder bis zu 50% stark zusammengedrängt. Der übrige Teil ist weitgehend gleichmäßig eingeteilt. Drehpendeltachometer sind für Drehzahlmessungen in einem größeren Bereiche verwendbar, wenn die Anzeige des Drehsinnes nicht notwendig ist. Die Fehlergrenzen liegen bei etwa $\pm 0,5\%$ des Endwertes. Sie sind als rein mechanische Meßgeräte zuverlässig, weitgehend unempfindlich gegen äußere Einflüsse und gegen Überlastungen. Die Aufstellung muß auf oder nahe der zu untersuchenden Maschine stattfinden.

Wirbelstromtachometer eignen sich dagegen für Drehzahlen von Null an bei gleichzeitiger Anzeige des Drehsinnes. Sie werden für Anzeigebereiche von 0 bis 300 bzw. 6000 U/min hergestellt. Die Skala ist gleichmäßig geteilt, gegebenenfalls nach beiden Seiten. Die Fehlergrenzen sind etwa $\pm 1\%$ des Endwertes. Das Meßwerk besitzt keine beweglichen Stromzuführungen. Sie sind daher robust, zuverlässig und gut gedämpft. Sie müssen in der Nähe der zu überwachenden Welle angebracht werden.

Gleichstrom- oder *Wechselstromgebermaschinen* mit rotierenden, permanenten Magneten eignen sich in besonderem Maße für die Zwecke der wärmetechnischen Betriebskontrolle, weil sie eine Messung über größere Entfernungen und auf beliebigen Übertragungswegen nach einer oder mehreren Stellen ermöglichen. Sie sind für Anzeigebereiche zwischen 0 und etwa 500 bzw. 20000 U/min ausführbar. Die abgegebene Spannung nimmt nahezu linear mit der Drehzahl zu, sie ist aber abhängig von der Belastung durch die angeschlossenen Instrumente. Die Fehlergrenzen sind etwa $\pm 1\%$ des Endwertes.

Gleichstromgeber gestatten sowohl die Anzeige des Drehsinnes als auch eine Messung von Null an bei gleichmäßig geteilter Skala. Der Kollektor erfordert jedoch eine gewisse Wartung, wenn die Genauigkeit über längere Zeiträume erhalten bleiben soll.

Wechselstromgeber besitzen demgegenüber keine stromführenden rotierenden Teile, welche im Betriebe einem größeren Verschleiße unterworfen sind. Bei Benutzung von Frequenzmessern als Anzeigegeräte haben Widerstandsänderungen des Meßkreises in weiten Grenzen keinen Einfluß auf das Meßergebnis.

Wechselstromgeber mit feststehenden, permanenten Magneten eignen sich besonders für die Messung von Drehzahlen bei kleinem Anzeigebereichumfang des zugehörigen Frequenzmessers.

3. Hinweise für die Montage.

Die oben genannten Anzeigebereiche beziehen sich auf unmittelbare Kupplung mit der zu untersuchenden Welle. Für die Messung niedriger Drehzahlen ist eine geeignete Übersetzung ins Schnelle vorzusehen.

Die Aufstellung der Drehzahlmesser und ihre Kupplung mit der zu kontrollierenden Welle muß sorgfältig und stoßfrei erfolgen, damit die Zeigereinstellung ruhig ist und nicht etwa ein fortgesetztes Schwanken der Anzeige auftritt.

K. Meßwertfernübertragung und Stellungsanzeige.

Die Fernübertragung von Meßwerten und die Anzeige der Stellung von Klappen, Schleusentoren, Stufenschaltern usw. ist für die Betriebsüberwachung von besonderer Bedeutung. Innerhalb eines Betriebes sind sehr unterschiedliche Entfernungen von wenigen Metern bis zu mehreren Kilometern zu überbrücken. Ebenso vielgestaltig wie die gestellten Aufgaben sind die Lösungen.

Im folgenden wird nur die *Fernübertragung nichtelektrischer Größen* behandelt, und zwar nur Verfahren, welche für die Betriebsüberwachung in Kraftwerken besonders kennzeichnend sind. Demnach gehört die *Fernübertragung rein elektrischer Größen*, z. B. des Stromes, der Spannung und Leistung nicht in den Rahmen der vorliegenden Betrachtungen, obwohl solche Aufgaben in Sonderfällen auch bei der Überwachung wärmetechnischer Anlagen vorkommen können.

1. Allgemeines.

Die *pneumatische* oder *hydraulische* Fernmessung hat für kurze und mittlere Entfernungen eine Bedeutung erlangt. Sie wird z. B. bei der Wasserstandsbestimmung nach Abb. 55 oder bei Quecksilberfederthermometern und neuerdings besonders in Verbindung mit Transmittern (Abb. 48) angewendet.

Die *elektrischen Verfahren* sind jedoch allen anderen hinsichtlich der Reichweite und Anpassungsfähigkeit überlegen. Sie werden daher im folgenden eingehender betrachtet. Nicht elektrische Meßgrößen werden dabei durch *Geberinstrumente* gemessen und durch einen *Fernmeßzusatz* in eine für die Übertragung geeignete Hilfsgröße umgewandelt. Diese wird zum *Empfangsapparat* geleitet, gegebenenfalls umgewandelt und durch ein Empfangsinstrument angezeigt.

2. Die elektrische Fernmessung nicht elektrischer Größen.

a) **Überblick.** Die Übertragung solcher, in elektrische Hilfsgrößen umgewandelter nichtelektrischer Größen kann kontinuierlich, z. B. durch Intensitätsverfahren oder durch Impulse erfolgen. Die kontinuierlichen Verfahren eignen sich im allgemeinen für kleine und mittlere, die Impulsverfahren dagegen für mittlere und große Entfernungen.

Zu den wichtigsten *kontinuierlich arbeitenden Übertragungsverfahren* gehören *Intensitätsverfahren* mit *unmittelbarer Umwandlung* der Hilfsgröße in der Gebereinrichtung und *Kompensationsverfahren*, besonders solche mit selbsttätigem Nullabgleich an der Empfangsstelle (*Nullmotorverfahren*). Daneben gibt es aber auch noch viele andere, welche der Betriebsüberwachung von Kraftwerken jedoch weniger zur Anwendung kommen.

b) **Intensitätsverfahren mit unmittelbarer Umwandlung in eine Hilfsgröße.** Bei diesen Intensitätsverfahren wird die vom Gebergerät gemessene Größe mittels eines Zusatzgerätes — des Ferngebers — in eine für die Übertragung geeignete Stromstärke oder Spannung umgewandelt, welche im Empfangsgerät zur Anzeige gelangt.

Diese kontinuierlich arbeitenden Intensitätsverfahren eignen sich besonders für die Übertragung von Dreh- oder Längsbewegungen, wie sie an mechanischen Meßgeräten oder an Klappen, Ventilen oder Schwimmern vorkommen. Die erforderlichen Apparaturen sind einfach, robust und preiswert. Der Leitungsaufwand ist dagegen nicht unerheblich. Sie sind für Entfernungen bis zu einigen Kilometern anwendbar. Die hier besprochenen Verfahren benötigen eine Hilfsspannung, und zwar entweder Gleich- oder Wechselspannung. Summierung und Fernzählung ist möglich.

α) *Die Meßeinrichtung.* Die Meßeinrichtung besteht im wesentlichen aus dem Gebergerät, dessen Verstellung zu übertragen ist, aus dem damit gekuppelten Geber, den Übertragungsleitungen und dem Empfangsgerät. Dieses kann ein anzeigendes oder schreibendes Instrument oder ein Zähler sein. Die Übertragung erfolgt gewöhnlich unabhängig von der Höhe der Hilfsspannung.

β) *Gebereinrichtungen.* Sehr häufig benutzt man als Geber ohmsche oder induktive Widerstände.

Die *ohmschen Widerstandsgeber* werden als Schleifdrahtgeber (Abb. 91) oder als Ringrohrgeber (Abb. 92) ausgeführt.

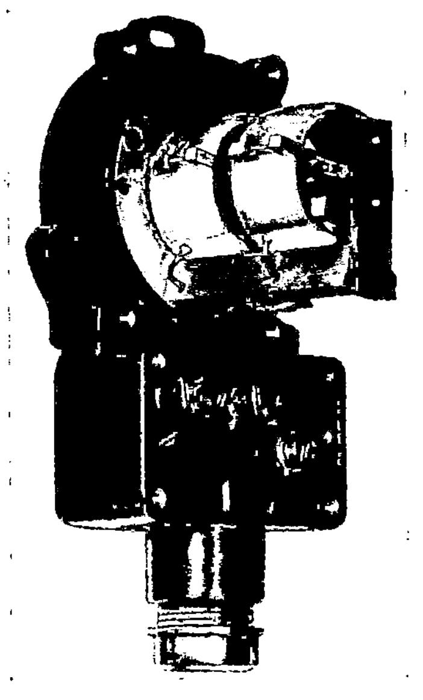

Abb. 91. Ohmscher Doppelwiderstandsferngeber (geöffnet). AEG.

Schleifdrahtgeber bestehen aus Edelmetalldrähten, die auf einen ringförmigen Träger aus geeignetem — am besten keramischen — Isoliermaterial aufgewickelt sind. Mit dem beweglichen Organ des Geberinstrumentes ist eine leichte Schleifbürste gekuppelt, welche den Widerstandsabgriff bewerkstelligt. Die Größe des Gesamtwiderstandes bestimmt bis zu einem gewissen Grade die überbrückbare Entfernung. Bei vielen Fabrikaten ist der Gesamtwiderstand etwa 200 Ohm. Wenn sehr große Richtkräfte für die Geberverstellung vorhanden sind, sind auch gewöhnliche Schiebewiderstände verwendbar.

Ringrohrgeber bestehen im wesentlichen aus einem Platindraht von etwa 15 Ohm oder aus einem Kohlefaden von etwa 100 Ohm, welcher sich in einem ringförmigen, zum Teil mit Quecksilber gefüllten Glasrohr befindet. Das Ringrohr ist mit dem beweglichen Organ des Sendegerätes gekuppelt. Wenn dieses seine Stellung ändert, schließt das Quecksilber den Geberwiderstand in entsprechendem Maße kurz.

Ketnath, Meßwesen.   7

Induktive Widerstandsgeber sind Einrichtungen, bei welchen das Gebergerät die Induktivität eines oder mehrerer Stromkreise verändert. Das kann z. B. durch die Verschiebung eines Eisenkernes gegenüber einer oder zwei Spulen geschehen. Die dadurch bewirkten Stromänderungen sind ein Maß für die zu übertragende Stellungsänderung. Die Übertragung muß durch Wechselstrom erfolgen.

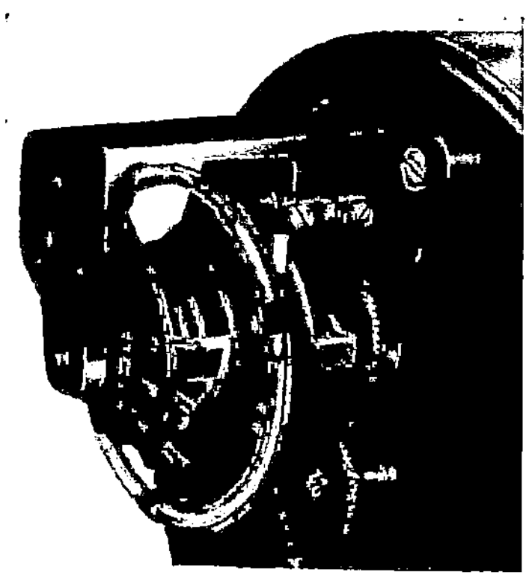

Abb. 92. Ohmscher Widerstandsgeber (Ringrohrgeber). SuH.

γ) *Die Schaltung von Geber und Empfangsinstrument.* Bei elektrischen Fernübertragungsverfahren gibt es zahlreiche *Schaltungsmöglichkeiten* für Geber und Empfangsinstrument. Letztere können bei konstanter Hilfsspannung als *Strommesser* geschaltet oder als *spannungsunabhängige Quotientenmeßgeräte* ausgeführt sein, welche auf das Verhältnis zweier Ströme ansprechen. Dabei wirken die Widerstandsgeber als Spannungs- oder Stromteiler oder als Teil einer Meßbrücke. Als Hilfsspannung eignet sich Gleich- oder Wechselspannung.

δ) *Strommesserverfahren.* Abb. 93 zeigt z. B. eine Stromteilerschaltung nach dem Strommesserverfahren unter Benutzung eines Widerstandsgebers WG, bei welcher der Meßstrom J_E dem Ausschlag des Gebergerätes G proportional ist, sofern der zugeführte Strom J z. B. mittels einer Eisendrahtlampe ED konstant gehalten wird.

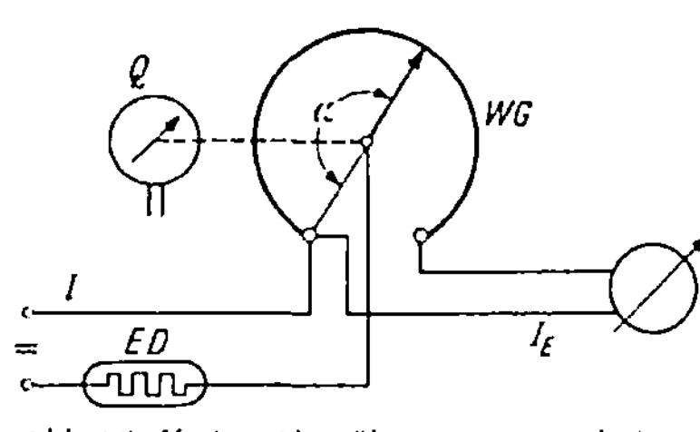

Abb. 93. Meßwertfernübertragung nach dem Strommesserverfahren.

Als Empfangsgeräte werden Drehspulinstrumente oder Gleichstromamperestunden- oder Elektrolytzähler verwendet. Durch elektromagnetische Gleichhalter muß entweder die Hilfsspannung oder durch Eisendrahtlampen der speisende Strom auf etwa $\pm 0,5$ bis 1% konstant gehalten werden. Wenn sich die Hilfsspannungsquelle am Geberort befindet, sind mindestens 2, sonst 3 oder 4 Fernleitungen nötig. Der Leitungswiderstand wird durch Abgleichwiderstände berücksichtigt. Durch temperaturunabhängige Vorschaltwiderstände kann der Einfluß von Temperaturänderungen der Fernleitungen verringert werden. Entfernungen bis zu einigen Kilometern sind mit normalen Drehspulinstrumenten zu überbrücken.

ε) *Quotientenmesserverfahren.* Quotientenmeßgeräte sprechen auf das *Verhältnis* zweier Ströme an. Sie sind daher unabhängig von Änderungen der Hilfsspannung. Sie können für Gleich- oder Wechselstrom ausgeführt werden.

Bei *Gleichstrom* werden als Empfangsgeräte Kreuzspulmeßwerke oder Parallelspul- oder Kreuzfeldinstrumente in ihren verschiedenen Varianten verwendet. Kennzeichnende Bauarten sind auf den Seiten 14 und 15 beschrieben. In Abb. 94 ist eine Stromteilerschaltung mit Kreuzspulinstrument und Widerstandsgeber dargestellt. Der von der Spannungsquelle ausgehende Strom verzweigt sich an der Geberbürste entsprechend deren Stellung auf die Außenleiter der Schaltung. Das Anzeigegerät stellt sich nach dem Verhältnis der Außenleiterströme ein. Dabei geht der Bürstenübergangswiderstand nicht in die Messung ein. Für die Zählung eignen sich spannungsunabhängige Gleichstrommotorzähler.

Abb. 94. Fernmessung mittels Widerstandsgeber und Kreuzspulgerät.

In ähnlicher Weise kann die Schaltung nach Abb. 95 auch für *Wechselstrom* ausgeführt werden. An das Gebergerät *1* ist hier ein Widerstandsgeber *2* angebaut, dessen Schleifbürste *3* mit der Zeigerachse des Gebergerätes gekuppelt ist. Das Anzeigegerät *4* ist über

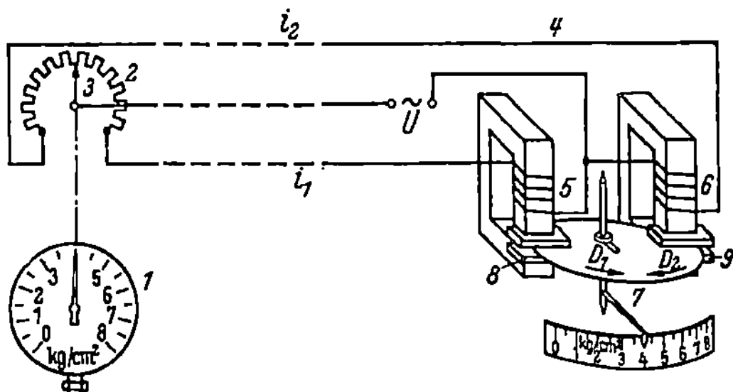

Abb. 95. Fernmessung nach dem Stromteilerverfahren mit Widerstandsgeber und Ferrarisquotientengerät. AEG.

3 Leitungen mit dem Widerstandsgeber verbunden. Es enthält zwei Triebswerkspulen *5* und *6* sowie eine exzentrisch gelagerte Ferrarisscheibe mit dem Meßwerkzeiger *7*. Bei Erregung der Spulen durch die Außenleiterströme i_1 und i_2 werden auf die Ferrarisscheibe Drehmomente D_1 und D_2 ausgeübt, die einander entgegengerichtet sind. Die Scheibe stellt sich nach dem Verhältnis der Außenleiterströme ein, d. h. entsprechend der Stellung der Geberbürste. In Abb. 96 ist der Aufbau eines derartigen Ferrarisquotientengerätes dargestellt.

In gleicher Weise kann die Fernübertragung der Geberstellung auch mit Hilfe eines spannungsunabhängigen Dreheisenquotientengerätes nach Abb. 97 erfolgen. Es besitzt als Meßwerk ein Dreheisen D in Gestalt eines offenen Ringes, welches mit der Meßwerkachse A und dem Zeiger Z fest gekuppelt ist. Auf dieses Dreheisen üben die Spulen S_1 und S_2, welche von den Außenleiterströmen durchflossen werden, entgegengesetzt gerichtete Drehmomente aus, so daß sich auch hier das Meßwerk entsprechend der Stellung der Bürste des

Widerstandsgebers am Gebergerät ausrichtet. Das Meßwerk wird mit Hilfe eines Flügels O gedämpft, welcher sich in der Kammer N bewegt.

Die Zählung kann bei derartigen Übertragungen durch spannungsunabhängige Wechselstrommotorzähler erfolgen.

Die beschriebenen Wechselstromquotientengeräte eignen sich besonders zum Anschluß an induktive Geber, welche ja mit Wechselstrom betrieben werden müssen.

Die Geber- und Empfangsgeräte für induktive Meßwertfernübertragungen haben einen höheren Eigenverbrauch als Gleichstromübertragungen mit Hilfe von Quotientenmeßgeräten. Der höhere

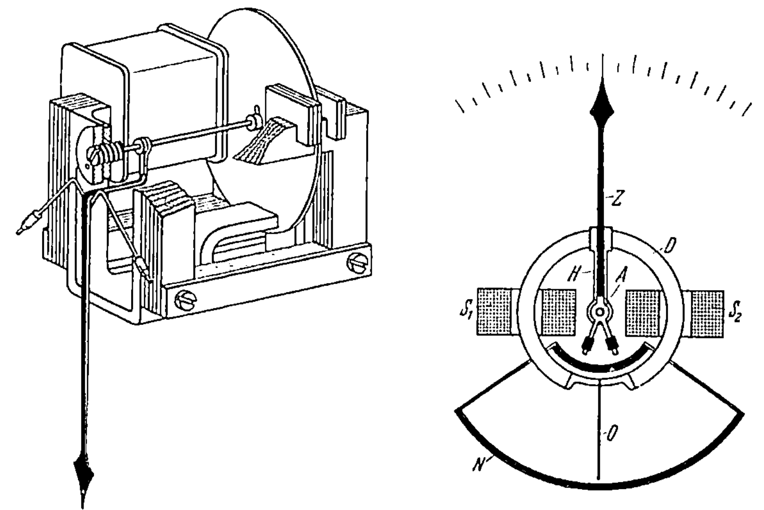

Abb. 96. Aufbau eines Ferrarisquotientenmeß-
werkes. AEG.

Abb. 97. Aufbau eines Dreheisen-Quotienten-
meßgerätes. JOENS.

Eigenverbrauch der üblichen Empfangsgeräte für induktive Meßwertübertragungen ergibt eine merkliche Rückwirkung auf das Gebergerät. Bei geschickter Auslegung benötigen sie jedoch nur unwesentlich größere Verstellkräfte als jene. Andererseits ist die Anwendung relativ hoher Übertragungsströme und kräftiger Empfangsinstrumente mit hoher Richtkraft und großen Abmessungen vielfach ein Vorteil. Induktive Geber sind daher überall dort am Platze, wo man robuste und mechanisch widerstandsfähige Übertragungsanlagen benötigt. Vorteilhaft ist auch die Vermeidung beweglicher Kontakte. Bei richtiger Bemessung sind derartige Anlagen nur wenig spannungs- und frequenzabhängig.

Schwankungen der Netzspannung von ± 10 bis $\pm 20\%$ verursachen bei Quotientenmeßgeräten *Fehler* von etwa $\pm 0,5$ bis $\pm 1\%$. Bei Wechselstrom können Frequenzschwankungen von $\pm 1\%$ Fehler von $\pm 0,5$ bis $\pm 2\%$ bewirken. Bei den meisten Schaltungen genügen 3 Fernleitungen. Die Leitungswiderstände werden durch Abgleichwiderstände berücksichtigt. Der Einfluß von Temperaturschwankungen auf den Leitungswiderstand kann durch die Vorschaltung temperaturunabhängiger Widerstände verringert werden. Die *überbrückbare Entfernung* ist abhängig vom Leitungswiderstand und von der Art der Empfänger. Mit den empfindlicheren Gleichstromverfahren sind etwa 800 Ohm pro Leiter zu überbrücken, mit den robusteren Wechselstromgeräten (keine beweglichen Stromzuführungen!) nur etwa 30 Ohm. Das Gleichstromverfahren kommt demnach für große Entfernungen bis zu etwa 50 km in Frage, das Wechselstromverfahren bis zu etwa 4 km. Durch die Verwendung von Schaltungen mit Fernleitungstransformatoren ist aber auch der Bereich der Wechselstromverfahren etwa auf den angegebenen Wert zu erweitern.

c) Meßwertübertragung nach dem Kompensationsverfahren. α) *Allgemeines.* Bei selbsttätig abgleichenden Kompensationsverfahren erfolgt eine Umwandlung der Meßgröße in eine zur Übertragung verwendete Hilfsgröße (z. B. in eine Stromstärke) durch einen Regelvorgang, welche irgendeine Wirkung der Meßgröße durch eine gleichartige Wirkung der Hilfsgröße aufhebt. Solche Verfahren werden im allgemeinen nur zur Meßwertübertragung auf große Entfernungen verwendet. Sie bedürfen also im Zusammenhang mit der wärmetechnischen Betriebskontrolle keiner eingehenderen Darlegung.

Dagegen werden häufig Verfahren angewendet, bei welchen eine Stellungskompensation durch eine *Nachlaufsteuerung* stattfindet. Bei jeder Änderung der Stellung des Gebergerätes wird durch einen im Empfangsgerät befindlichen *Nullmotor* dessen Einstellung solange verändert, bis Übereinstimmung zwischen Geber- und Empfangsgerät hergestellt ist. Im stationären Zustand ist die Steuereinrichtung stromlos.

Auch Induktionssysteme ohne Nullmotor kommen vielfach zur Anwendung. Dabei nimmt das Empfangsgerät bei jeder Verstellung des Gebergerätes selbsttätig eine diesem entsprechende Stellung ein. Einige charakteristische Ausführungen dieser Art werden in den folgenden Abschnitten behandelt.

β) *Nullmotorgeräte.* Die Übertragungseinrichtung besteht hier im wesentlichen aus einem Gebergerät mit Widerstandsferngeber und einem Nullinstrument mit Kompensationswiderstand als Empfangsgerät. Das Nullinstrument steuert einen Schleifkontakt an dem Kompensationswiderstand so, daß das Instrument möglichst weitgehend stromlos wird. Der Ausschlagwinkel des Schleifkontaktes an dem Widerstand entspricht dann — nach Maßgabe der Einstellsicherheit des Nullinstrumentes — der Stellung des Gebergerätes (Abb. 98 u. 99).

Als Widerstandsgeber können die oben beschriebenen ohmschen Schleifdraht- oder Ringrohrwiderstandsgeber verwendet werden.

Die Hilfsspannung kann Gleich- oder Wechselspannung sein.

Als Nullinstrumente eignen sich bei Gleichstrom Drehspulinstrumente oder Gleichstromamperestundenzähler, bei Wechselstrom fremderregte Elektrodynamometer oder Induktionszähler. Wenn das Nullinstrument ein für die Verstellung des Schleifkontaktes am Kompensationswiderstand ausreichendes Drehmoment entwickelt, kann diese unmittelbar erfolgen. Andernfalls ist die Zwischenschaltung eines Verstellmotors notwendig, der z. B. durch Kontakte oder lichtelektrische Einrichtungen gesteuert werden kann.

γ) *Die Schaltung von Geber und Empfangsinstrument.* Bei den hier behandelten Kompensationsverfahren kann der Widerstandsgeber als Spannungs- oder Stromteiler oder als Teil einer Meßbrücke geschaltet sein. Die folgenden Beispiele zeigen verbreitete Ausführungen derartiger Geräte.

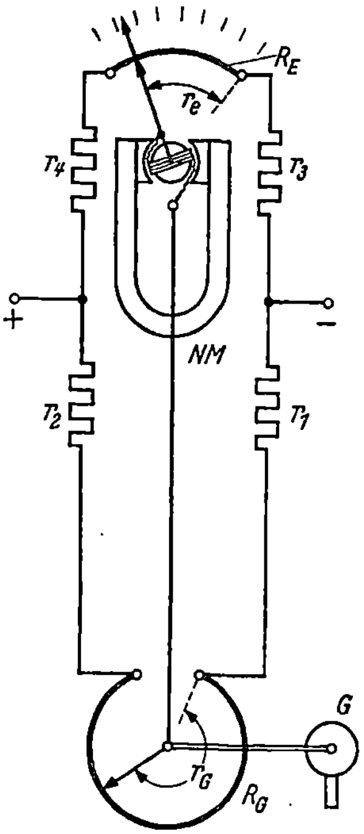

In Abb. 98 ist eine Brückenschaltung für Gleichstrom dargestellt, bestehend aus dem Geberwiderstand R_G, welcher vom Gebergerät G verstellt wird, dem Kompensationswiderstand R_E und den festen Widerständen r_1 bis r_4. Als Nullinstrument dient ein richtkraftloses Drehspulmeßwerk NM, welches eine mit einem Zeiger mechanisch gekuppelte Schleifbürste am Kompensationswiderstand so einstellt (r_E), daß es (möglichst weitgehend) stromlos wird. Diese Stellung ist dann ein Abbild der Geberbürstenstellung (r_G). Statt des Drehspulinstrumentes kann ebenso ein Gleichstromamperestundenzähler als Nullmotor verwendet werden.

Abb. 99 zeigt eine ähnlich wirkende Brückenschaltung für Wechselstrom, bei welcher ein fremd erregter Induktionszähler NM als *Nullmotor* die Brücke abgleicht, welche aus den Widerständen r_1 bis r_4 und aus dem Geberwiderstand R_G sowie dem Kompensationswiderstand R_E gebildet wird.

Abb. 98. Fernmessung mit einem als Nullmotor wirkenden Drehspulmeßwerk. ICE.

δ) *Eigenschaften der Kompensationsverfahren mit selbsttätigem Nullabgleich.* Kompensationsverfahren mit selbsttätigem Nullabgleich zeichnen sich vor allem durch ein hohes Drehmoment der Empfangsinstrumente aus. Man kann diese daher ohne besondere Schwierigkeiten als Großinstrumente oder Tintenschreiber ausführen oder Hilfskontakte für eine Signalabgabe anbringen. Die Einstellzeit liegt allerdings im allgemeinen sehr hoch, etwa zwischen 15 und 30 Sekunden. Mit dem richtkraftlosen Drehspulmeßwerk in der Schaltung der Abb. 98 oder bei Benutzung von Röhrenverstärkern ist allerdings eine schnellere Einstellung erreichbar. Frequenzschwankungen oder Spannungsänderungen von ± 10 bis $\pm 20\%$ sind bei Kompensationsverfahren praktisch ohne Einfluß. Die Fehlergrenzen handelsüblicher Ausführungen liegen etwa bei $\pm 1,0\%$ des Endwertes. Für die Übertragung sind zwei bis vier Fernleitungen erforderlich. Der Leitungswiderstand wird im allgemeinen durch Abgleichwiderstände berücksichtigt. Die überbrückbare Entfernung ist von der Empfindlichkeit des Nullinstrumentes und von der Höhe des Leitungswiderstandes abhängig. Fernmessungen bis zu einigen Kilometern sind mit den üblichen Betriebsinstrumenten ausführbar. Mit empfindlichen Drehspulmeßwerken oder mit Röhrenverstärkern und Nullmotoren kann die Grenze auf etwa 50 km erweitert werden. Die Summen- und Differenzbildung sowie die Fernzählung ist möglich.

ε) *Übertragung durch Induktionssysteme.* Bei diesem Fernübertragungsverfahren sind die Geber und Empfänger einphasige oder

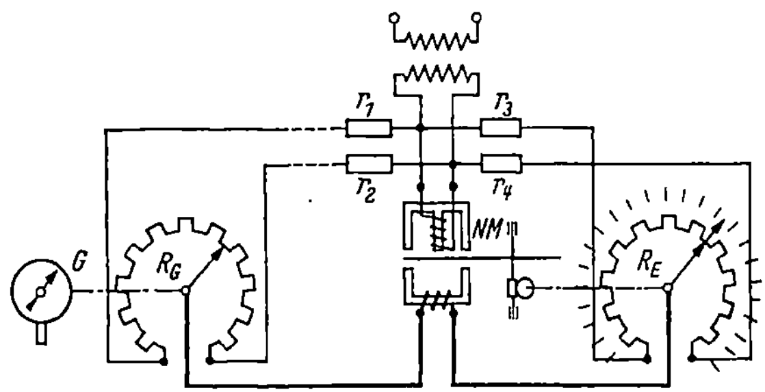

Abb. 99. Fernmessung mit einem als Nullmotor wirkenden Ferraris-Meßwerk. SuH.

mehrphasige Induktionssysteme. Sie sind in ihrem Aufbau ähnlich elektrischen Maschinen und vollständig gleich ausgeführt. Bei ihrer Erregung vom gleichen Wechselstromnetz ergibt sich eine Kompensation dadurch, daß das Empfangsgerät der Verstellung am Geber-

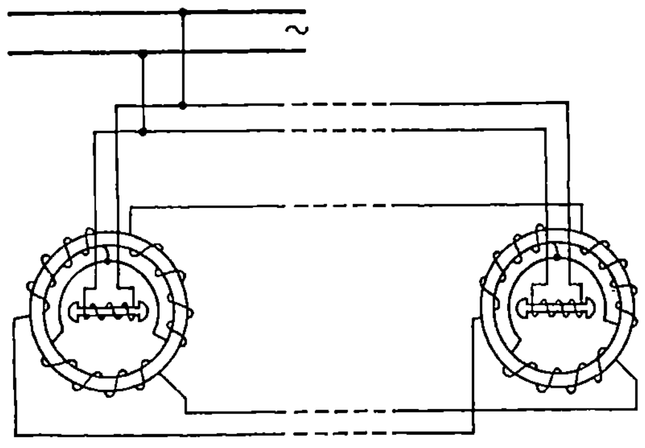

Abb. 100. Selsyn-Fernübertragung.

gerät derart folgt, daß eine Verminderung des Übertragungsstromes bis auf nahezu Null stattfindet.

In Abb. 100 ist eine als Selsyn-System bekannte Bauart dargestellt. Geber und Empfänger sind kleine zweipolige Drehstrommaschinen mit Statoren, welche hier drei Wicklungen in Sternschaltung haben. Die als Doppel-T-Anker ausgebildeten Rotoren sind durch Wechselstrom aus dem gleichen Netz erregt. Bei einer Verstellung des Rotors am Gebergerät stellt sich der des Empfängers räumlich in die gleiche Lage ein, wobei der Strom in den Übertragungsleitungen Null wird.

Das Verfahren ist unabhängig von Schwankungen der Spannung, der Frequenz und der Temperatur der Leitungen.

Die Meßeinrichtung ist robust und widerstandsfähig. Sie arbeitet ohne bewegliche Kontakte. Es sind mindestens 3 Fernleitungen erforderlich. Entfernungen bis zu einigen Kilometern sind überbrückbar. Summenbildung ist ausführbar.

ζ) *Die Meßwertübertragung auf große Entfernungen.* Die Meßwertübertragung auf große und sehr große Entfernungen ist nur in Ausnahmefällen für die Betriebskontrolle von Dampfkraftwerken bedeutungsvoll. Sie kommt mehr für die Lastverteilung in Frage.

Es kommen Kompensationsverfahren mit Schnellregelung und Impulsübertragungen zur Anwendung, z. B. Impulszeit-, Impulszahl-, Impulsfrequenz- und Impulskompensationsverfahren. Sie erfordern zwar einen größeren Aufwand für die Geräte, sind aber andererseits anspruchslos hinsichtlich der Übertragungskanäle, welche man zum Teil mehrfach benutzen kann.

L. Ausführungsformen von Instrumenten, Zählern und Signaleinrichtungen.

Die vorhergehenden Abschnitte brachten einen sehr gedrängten Überblick über jene Meßverfahren, deren Kenntnis für die Planung wärmetechnischer Meßanlagen in Dampfkraftwerken und Industriebetrieben vorausgesetzt werden muß.

Bei der Errichtung von Überwachungsanlagen ist jedoch nicht nur ein geeignetes Meßverfahren oder Meßwerk anzuwenden, sondern auch zweckmäßige *Bauformen* von Überwachungsgeräten. Bei Anzeigegeräten muß z. B. das Drehmoment des Meßwerkes der Größe des Gerätes entsprechen. Bei Schreibern ist das Meßwerk, der Vorschub und die Schreibeinrichtung der Änderungsgeschwindigkeit des aufzuzeichnenden Vorganges anzupassen. Wenn durch das Meßwerk Kontakte, z. B. für Signalzwecke, betätigt werden sollen, ist ein besonders hohes Drehmoment erforderlich. Die Zählung kann örtlich durch Abtast- oder Stetigzählwerke sowie durch Fernzählung erfolgen.

Sogar hinsichtlich der *Gehäuseform* und Größe müssen die Instrumente gewissen Bedingungen genügen, welche durch eine dezentralisierte Anbringung an der zu überwachenden Anlage oder durch ihre Zusammenfassung auf Überwachungsschränken oder Kesselleitständen gegeben sind.

Aus diesen Gründen werden in den folgenden Abschnitten verschiedene charakteristische Konstruktionen und Ausführungen von Instrumenten, Zählern und Signaleinrichtungen beschrieben und untersucht, unter welchen Bedingungen man besser die eine oder die andere Form wählt.

1. Instrumente.

a) Anzeigende Meßgeräte. Bei wärmetechnischen Meßanlagen ist oft eine große Anzahl von Instrumenten räumlich gedrängt unterzubringen. Infolgedessen werden *raumsparende Gehäuseformen* in quadratischer oder Profilausführung bevorzugt, wobei sich Profilgehäuse besonders für Mehrfachinstrumente eignen. Die Abmessungen sind genormt (DIN 43700). Zur Hervorhebung gewisser Meßgrößen oder für Überwachungsanlagen, welche nur aus wenigen Instrumenten bestehen, eignen sich runde Schalttafelinstrumente, für welche heute Frontringdurchmesser von 130 und 185 mm und größer üblich sind.

Für die Ablesung aus großer Entfernung sind *Großinstrumente* in runder oder in Profilform erforderlich. In vielen Fällen müssen sie mit einem besonderen Meßwerk ausgeführt sein. Bei mechanischen Meßgeräten, z. B. Durchfluß- oder Druckmessern, ergeben sich schon durch die Konstruktion häufig größere Gehäusedurchmesser von etwa 350 mm oder mehr. Bei elektrischen Instrumenten ist das jedoch nur mit besonders kräftigen Meßwerken, z. B. mit Ferrarisquotienteninstrumenten erreichbar. Darüber hinaus, bis zu Durchmessern von 1 m oder mehr, sind Nullmotormeßwerke erforderlich. Großprofilinstrumente werden gewöhnlich mit Licht- oder Schattenzeigern oder mit Lichtmarkenzeigern ausgeführt(Abb.101).

Kleininstrumente, besonders solche mit quadratischen Gehäuseabmessungen, fügen sich gut in *Blindschaltbilder* ein, welche häufig zur Darstellung des Zusammenhanges zwischen Meßgeräten und zugehörigen Fernsteuerorganen auf Überwachungsschränken angebracht werden. Der Erfolg von Schalt- oder Steuermaßnahmen wird dabei durch die Anzeige der zugehörigen Instrumente deutlich gemacht. Allerdings dürfen an Kleininstrumente keine übermäßigen Anforderungen hinsichtlich der Genauigkeit gestellt werden.

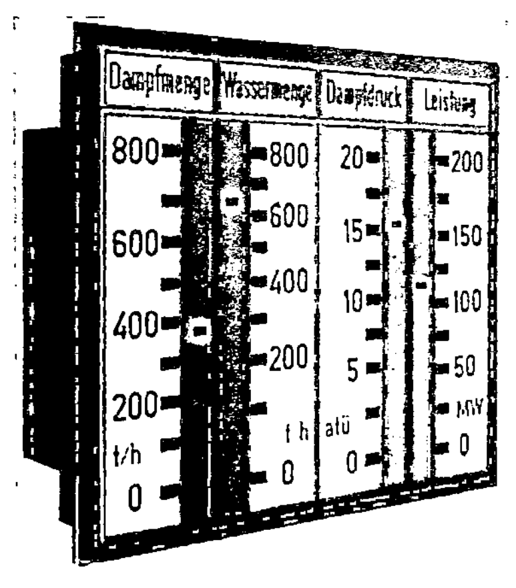

Abb. 101. Großprofilinstrument. HuB.

b) Registrierende Instrumente. Die Aufzeichnung von Meßwerten kann durch Linien- oder Punktschreiber erfolgen.

α) *Linienschreiber* registrieren in einem geschlossenen Kurvenzug. Sie eignen sich daher für rasch veränderliche Größen.

Zur Überwindung der Schreibfederreibung sind Meßwerke mit hohem Drehmoment erforderlich. Druckmesser und andere mechanische Meßgeräte sind ebenso wie elektrische Gleich- oder Wechselstromquotientenmesser und Drehspulinstrumente als Linienschreiber ausführbar. Dagegen ist der Anschluß von Linienschreibern an Thermopaare nur unter Zwischenschaltung geeigneter Kompensationseinrichtungen, z. B. nach Abb. 14, möglich.

Die *Fehlergrenzen* elektrischer Linienschreiber liegen im allgemeinen bei $\pm 2\%$ des Endwertes. Sie sind weiter als die der Anzeigegeräte. Das ist darauf zurückzuführen, daß durch die Reibung der Schreibfeder auf dem Papier die Einstellsicherheit vermindert wird.

Die *Aufzeichnung* der Meßresultate kann auf ablaufendem Papierstreifen, durch Trommelregistrierwerke oder Kreisblattschreiber erfolgen (Abb. 102). Auch die Mehrfachaufzeichnung auf gemeinsamem Schreibstreifen mit größerer Breite ist in Linienschrift möglich mit Hilfe mehrerer, nebeneinander angebrachter Meßwerke.

Hochwertige Registrierinstrumente mit ablaufendem Papierstreifen sind für eine Aufzeichnung der Meßwerte in geradlinigen, rechtwinkeligen Koordinaten eingerichtet. Das bedingt besondere Maßnahmen für die Führung der Feder auf dem Papier. Entweder ist die Papierbahn gewölbt, wobei ein in horizontaler Ebene angeordneter, die Schreibfeder tragender Zeiger als Halbkreisbügel (Abb. 103) oder hakenförmig (Abb. 104) um die Papierbahn herum-

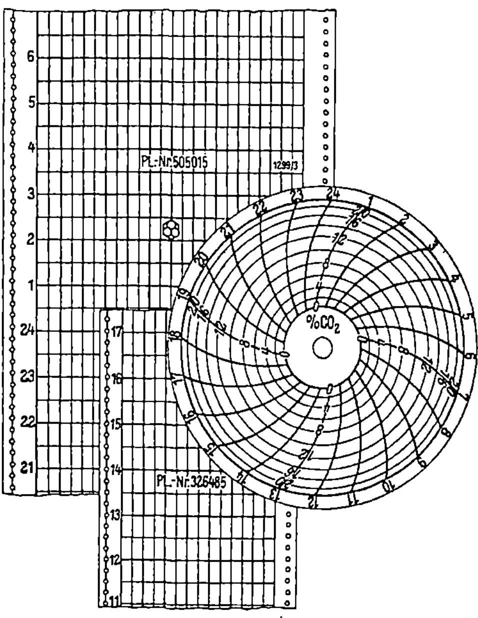

Abb. 102. Registrierpapiere.

greift oder der Zeiger bewegt sich in vertikaler Ebene vor einer ebenen Papierbahn. Dabei muß aber die Zeigerspitze mit der Feder durch einen *Lenkermechanismus* (Geradführung) so geführt werden, daß die Aufzeichnung nicht bogenförmig, sondern geradlinig und rechtwinklig zur Richtung des Papiervorschubes erfolgt (Abb. 105). Das Meßwerk muß dann allerdings ein zusätzliches Drehmoment zur Überwindung der Reibung in dem Lenkermechanismus aufbringen.

Der *Papiertransport* kann durch Synchronmotoren, Uhrwerke oder durch Klinkwerke, welche von einer Zentraluhrenanlage gesteuert werden, erfolgen. Motorenantrieb ist zwar einfach, aber nur für Netze mit konstanter Frequenz und hoher Betriebssicherheit geeignet. Gegebenenfalls ist ein zusätzliches Uhrwerk als *Gangreserve* nötig. Der Uhrwerksantrieb erfordert sorgfältige Bedienung oder einen selbsttätigen elektrischen Aufzug.

Abb. 103 zeigt einen Tintenschreiber mit ablaufendem Schreibstreifen. Die Papierbahn ist gewölbt, der Zeiger als Halbkreisbügel

ausgeführt. Der Papiertransport erfolgt durch ein Uhrwerk mit Hand-
aufzug, welches ein Stiftenrad für den Vorschub des Papieres antreibt.
An der Unterkante des Gerätes
befindet sich ein Aufwickelwerk
für das beschriebene Papier.
Bei dem Druckschreiber der
Abb. 106 ist die Papiertransporteinrichtung mit Uhrwerksantrieb herausklappbar angeordnet. Die Papierbahn ist
eben. Das Meßwerk ist deshalb
mit einem Lenkermechanismus
versehen.

Für die Wahl der *Papier-
vorschubgeschwindigkeit* ist in
erster Linie der Verlauf der aufzuzeichnenden Meßgröße bestimmend. Aber auch die Wahl
einer geeigneten *Feder* steht in
unmittelbarem Zusammenhang
mit diesen Faktoren. Für die
Aufzeichnung wenig veränderlicher Meßgrößen genügt eine
Papiervorschubgeschwindigkeit
von 20 mm/h unter Verwendung
normaler *Schreibfedern* (Abbildung 107 a). Bei häufig

Abb. 103. Papiertransporteinrichtung eines Tinten-
schreibers. AEG.

und rasch veränderlichen Meßwerten sind Federn mit besonders feiner
Strichstärke (Abb. 107 b) und schneller Papiervorschub nötig, um un-
saubere, verschmierte Aufzeichnungen zu vermeiden. Für besonders

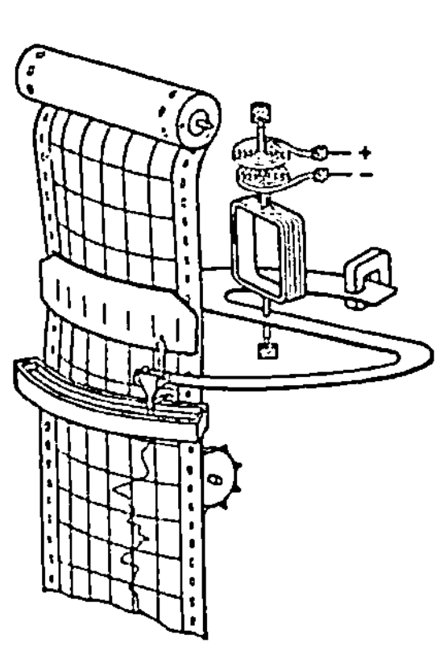

Abb. 104. Meßwertaufzeichnung
in geraden, rechtwinkligen Koordinaten mittels Hakenzeiger.
H u B.

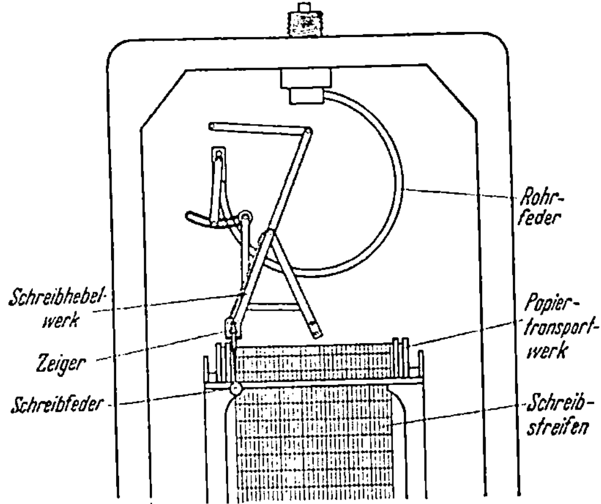

Abb. 105. Meßwertaufzeichnung in geraden, rechtwinkligen Koordinaten unter Benutzung einer Lenkervorrich-
tung. ICE.

schwierige Fälle eignen sich Kapillarfedern mit (Abb. 107 c) großem Tintenvorrat in einem Tintentrog.

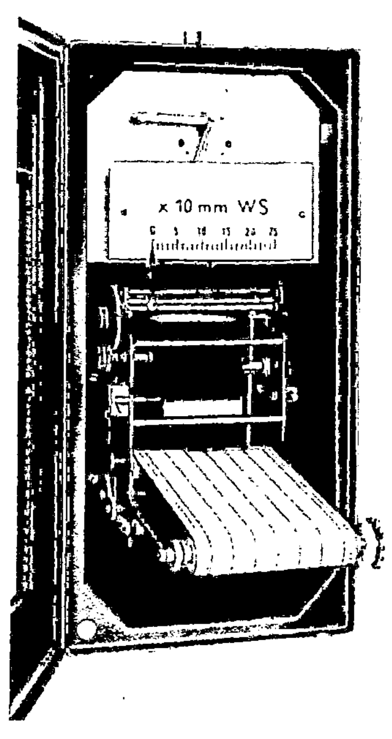

Abb. 106. Papiertransportwerk eines Druckschreibers. ICE.

β) Punktschreiber. Bei gewissen Meßgrößen (z. B. bei Thermospannungen) reicht die zur Verfügung stehende Meßleistung nicht zur Überwindung der Schreibfederreibung aus. Die Registrierung erfolgt in solchen Fällen durch Punktschreiber dadurch, daß der frei bewegliche Zeiger des Meßwerkes periodisch durch einen motorisch betätigten Fallbügel unter Zwischenschaltung eines Farbbandes auf das Registrierpapier gedrückt wird. Dadurch werden dort Punkte markiert, welche den Meßwert kennzeichnen. Die Aufzeichnung besteht also aus einer Reihe von Punkten. Derartige *Punktschreiber* eignen sich nur zur Aufzeichnung *langsam veränderlicher Meßgrößen*, weil die Registrierung nur in bestimmten Zeitabständen (Punktfolge meist 20 Sekunden) erfolgt. Man kann durch ein Meßwerk bis zu sechs verschiedene Meßgrößen abtasten und auf einem Schreibstreifen in verschiedenen Farben aufzeichnen. Für eine bestimmte Meßgröße ist bei Sechsfarbenpunktschreibern demnach die Punktfolge 120 Sekunden. Abb. 108 zeigt das Getriebe eines Punktschreibers, durch welches die Markierung der Meßwerte, die Umschaltung der Meßgrößen und der Papiervorschub bewerkstelligt wird. Der Antrieb erfolgt durch einen Synchronmotor.

Die *Papiervorschubgeschwindigkeit* der Punktschreiber ist gewöhnlich 20 mm/h. Ein schnellerer Vorschub bringt hier keine Vorteile.

Die *Fehlergrenzen* sind bei Punktschreibern enger als bei Linienschreibern, weil sich der Zeiger des Meßwerkes frei einstellen kann. Es ist handelsüblich, etwa $\pm 0{,}5$ bis $\pm 1\%$ des Endwertes zu garantieren.

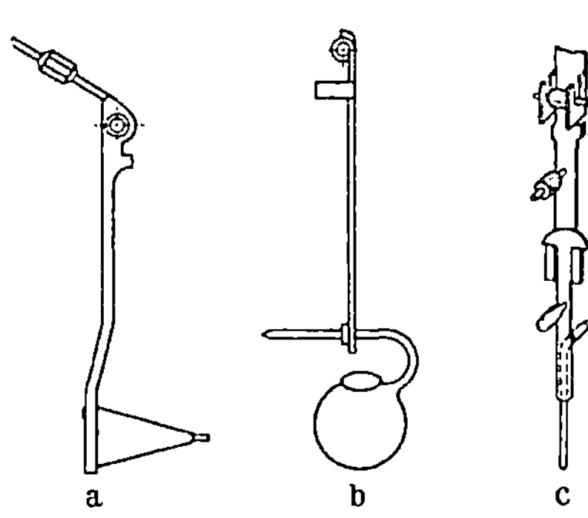

a   b   c

Abb. 107. Federn für Registrierinstrumente.
a Kegelfeder; *b* Feder besonders feiner Strichstärke (Heßfeder); *c* Kapillarfeder.

2. Zähler für die mittelbare Mengenmessung.

Motorische Flüssigkeitszähler für die unmittelbare Mengenmessung zeigen direkt die in einem bestimmten Zeitraum durchgeflossene Menge des Meßstoffes an. Demgegenüber ergibt die Durchflußmessung die Menge oder das Gewicht pro Zeiteinheit. Für die Ermittlung der Menge ist dabei die Integration des Durchflusses über den betreffenden Zeitraum nötig. Das kann von Hand geschehen durch *Ausplanimetrieren* der Aufzeichnungen auf Registrierstreifen oder unmittelbar durch geeignete *Zähler*.

Diese Zähler können entweder in den betreffenden Durchflußmesser eingebaut oder als Fernzähler ausgeführt sein.

a) Zähler zum Einbau in Durchflußmesser. Bei den meisten Zählerkonstruktionen, welche in Durchflußmesser eingebaut sind, erfolgt zum Zwecke der Integration eine Abtastung des Zeigerausschlages in periodischen Intervallen durch ein Uhrwerk. Es sind aber auch Ausführungen bekanntgeworden, bei welchen eine stetige Integration erfolgt.

Abb. 109 zeigt den Aufbau eines mechanisch wirkenden *Abtastzählers*.

Der Ausschlag des Durchflußmessers wird durch die gegenseitige Verstellung zweier sich gegenüberstehender, profilierter Kreisscheiben nachgebildet, von welchen die eine feststeht und die andere sich proportional dem Durchfluß verdreht. Bei dem Durchfluß Null stehen sich die nockenartigen Erhebungen der Profile um 180° gegenüber, bei Vollausschlag befinden sie sich in

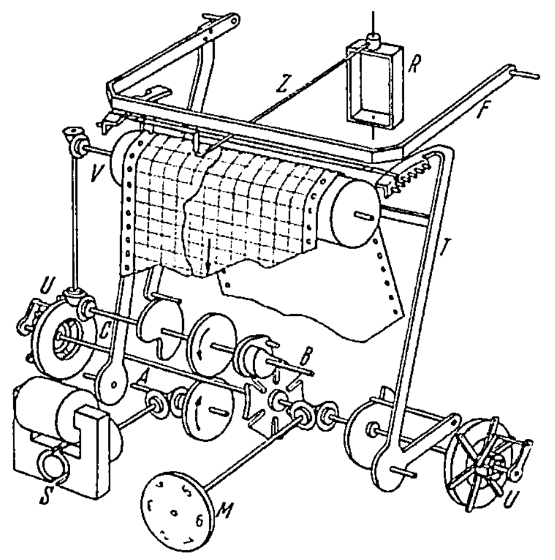

Abb. 108. Triebwerk eines Sechsfarben-Punktschreibers. AEG.
R Meßwerk; *Z* Zeiger; *T* Farbbandträger; *V* Stiftenrad für Papiervorschub; *S* Synchronmotor; *A* Vorgelege; *B* Malteserkreuz-Getriebe; *M* Meßstellanzeige; *U* Meßstellenumschalter.

gleicher Lage, bei allen Zwischenwerten ergibt sich über den Umfang beider Scheiben eine Lücke, welche proportional dem augenblicklichen Durchfluß ist. Diese wird durch ein von einem Uhrwerk oder einem Synchronmotor angetriebenes Klinkenpaar abgetastet, welches fortgesetzt über den ganzen Umfang beider Scheiben abläuft. Für die Dauer des Eingriffes in die Lücke wird ein Zählwerk betätigt.

Bei anderen, mechanischen Zählwerken tastet z. B. ein von einem Motor periodisch bewegter Hebel den Drehwinkel des Zeigerausschlages ab, wobei ein Zahlenrollenwerk verstellt wird.

Derartige intermittierende Zählverfahren integrieren nicht genau, weil der Ausschlag des Instrumentes nur in gewissen Zeitabständen abgetastet wird. Bei sehr großem Durchfluß kommen sie jedoch einer kontinuierlichen Zählung nahe.

In Abb. 34 ist ein *stetig integrierender Zähler* eines Durchflußmessers dargestellt[1]. Das Zählersystem ist ähnlich dem der normalen elek-

---

[1] EGGERS, H. R.: Zur Theorie des Stetigzählers. Meßtechn. 19. Jg. (1943) H 7.

trisohen Induktionszähler. Es besteht aus einer Ferrarisscheibe, welche mit dem Zählwerk gekuppelt ist und einer, von Wechselstrom gespeisten Triebspule mit Kurzschlußringen über einem Teil des Eisenkernes. Die Achse der Zählerscheibe ist auf einem drehbaren Bügel gelagert, welcher mittels einer Zahnradübersetzung entsprechend der Größe des Instrumentenausschlages verstellt wird. Dadurch wird die Scheibe mehr oder minder weit in den Luftspalt des Triebsystemes hineingeschwenkt. Dementsprechend verändert sich die Geschwindigkeit der Zählerscheibe. Die Abmessungen sind so gewählt, daß ihre Drehzahl dem Durchfluß proportional ist.

Die Zählung ist unabhängig von Schwankungen der Netzspannung, weil das Triebsystem auf die Zählerscheibe sowohl ein treibendes als auch ein bremsendes Drehmoment ausübt, welche in gleicher Weise von der Spannung abhängig sind.

b) Fernzähler. In manchen Fällen ist es erwünscht, die Zählung nicht an dem zugehörigen Meßgerät selbst, sondern räumlich entfernt davon vorzunehmen. Dafür eignen sich ähnliche Verfahren, wie für die Meßwertfernübertragung durch *Widerstandsgeber*, z. B. Stromteilerschaltungen in Verbindung mit Gleichstrom- oder Wechselstromamperestundenzählern und Eisendrahtlampen oder in Verbindung mit spannungsunabhängigen Quotientenzählern. Die *Fernzähleinrichtung* besteht also im wesentlichen aus einem Durchflußmesser mit angebautem Ferngeber, Fernleitungen und dem Zähler.

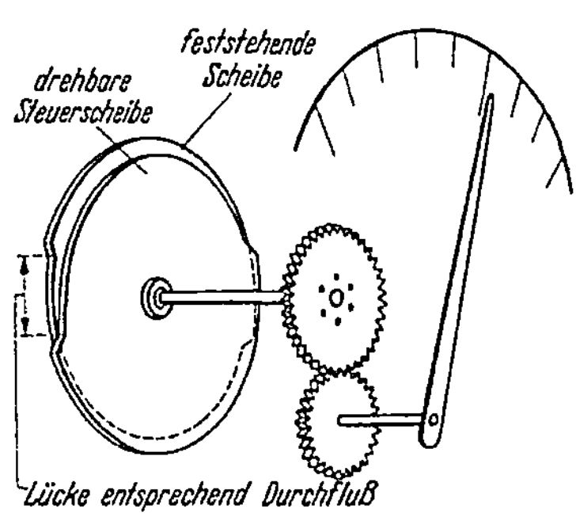

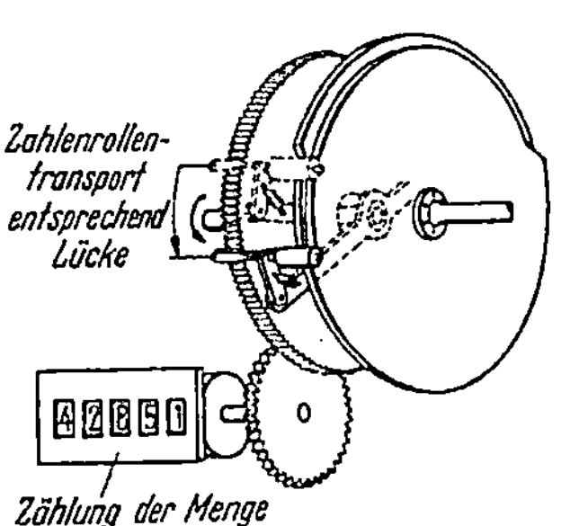

Abb. 109. Mechanisch wirkender Abtastzähler. SuH.

Derartige Verfahren eignen sich für Übertragungen bis zu einigen Kilometern. Für große und größte Entfernungen kommen Kompensations- und Impulsverfahren in Frage.

α) Gleichstromzähler. Die Fernzählung mittels Gleichstrom kann durch Motor- oder Elektrolytzähler erfolgen.

Gleichstrommotorzähler sind in Aufbau und Wirkungsweise Gleichstrommotoren ähnlich. Ein bestimmter Teil des zu zählenden Stromes wird im Nebenschluß zu einem Widerstand über Bürsten und Stromwender durch die Wicklungen des Zählerankers geleitet. Dieser erhält dadurch unter der Einwirkung permanenter Magnete einen Bewegungsantrieb.

Motorzähler sind als Amperestundenzähler in einer Stromteilerschaltung, ähnlich Abb. 93, zur Fernzählung verwendbar. Dabei ist es ebenfalls notwendig, den Speisestrom durch eine geeignete Einrichtung, etwa eine Eisendrahtlampe, konstant zu halten. Der einwandfreie Zustand der Bürsten und Stromwender ist ausschlaggebend für einen zufriedenstellenden Betrieb. Diese empfindlichen Teile bedürfen daher der gelegentlichen Überprüfung und Wartung.

Auch *Elektrolytzähler* sind für die Zwecke der wärmetechnischen Betriebskontrolle verwendbar, weil sie sich durch kleinste Meßleistung auszeichnen, welche praktisch unbegrenzt erhalten bleibt.

Ihre Wirkungsweise beruht darauf, daß im Zähler ein elektrolytischer Prozeß stattfindet, bei welchem sich Zersetzungsprodukte an den Elektroden abscheiden, deren Menge verhältnisgleich der Elektrizitätsmenge bzw. der Stromstärke in einer bestimmten Zeit ist. Es handelt sich also ebenfalls um Amperestundenzähler.

β) Wechselstromzähler eignen sich besser für die Fernzählung als Gleichstromzähler, weil sie unempfindlicher und in ihrem Aufbau einfacher sind.

Es können normale Wattstundenzähler zur Anwendung kommen. Die Stromspule liegt dabei in Stromteilerschaltung an einem Widerstandsgeber, die Spannungsspule am Netz. Ein Spannungsgleichhalter ist erforderlich.

Einfacher ist die Verwendung *spannungsunabhängiger Induktionszähler*, etwa von der

Abb. 110. Ferrarisquotientenzähler. AEG.

Art der Abb. 110, welche in gleicher Weise wie Ferrarisquotientenmeßgeräte nach Abb. 95 angeschlossen werden.

Der Zähler besteht aus einer drehbaren Ferrarisscheibe, welche das Zählwerk betätigt und aus zwei Ferraristriebsystemen, welche in der Scheibe phasenverschobene Ströme induzieren. Diese bilden mit den Magnetfeldern der zugehörigen Triebsysteme Drehmomente, welche bei dem Meßwert Null für beide Triebsysteme gleich groß und entgegengesetzt gerichtet sind. Bei anderen Geberstellungen überwiegt das Drehmoment eines Systemes. Der Zähler läuft dabei mit einer Geschwindigkeit, welche sich aus dem Verhältnis der Momente beider Triebsysteme ergibt und somit dem Verhältnis der beiden Außenleiterströme proportional ist. Die Geschwindigkeit der Zählerscheibe ist also spannungsunabhängig und so abgeglichen, daß sie genau der Geberstellung proportional ist.

3. Signalgabe.

a) Allgemeines. Die meßtechnische Kontrolle der Energieumsetzung in Kraftwerken genügt allein nicht zur Erzielung möglichst hoher

Wirtschaftlichkeit und Betriebssicherheit. Es ist vielmehr auch erforderlich, daß das Personal mit Aufmerksamkeit und Sachkenntnis aus den Meßergebnissen die richtigen Folgerungen zieht und daß es die Prozesse sorgfältig steuert. Diese Aufgabe erfüllen allerdings vielfach auch (selbsttätige) Regler, welche sich in großem Maße an Dampfturbinen, aber auch bei Dampfkesseln bewährt haben. Ihre Anwendung ist jedoch nicht in allen Fällen wirtschaftlich. Infolgedessen ist es naheliegend, besonders wichtige Überwachungsinstrumente mit akustischer und optischer *Signalgabe* auszurüsten, um mit Sicherheit die Aufmerksamkeit des Bedienungspersonals zu erregen, wenn sich unzulässige Betriebsverhältnisse anbahnen. Das gilt auch für Anlagen mit Regelung, weil sich das

Abb. 111. Gekapselter Doppelwiderstandsferngeber mit Signalkontakten (geöffnet). AEG.

Personal im allgemeinen auf den Regler verlassen und seine Aufmerksamkeit nicht in vollem Umfange den Überwachungsgeräten zuwenden wird. Eine Signalgabe ist daher auch bei geregelten Anlagen vorteilhaft.

b) **Kontakteinrichtungen.** Es mag naheliegend erscheinen, eine selbsttätige Signalgabe durch das Meßgerät für die Überwachung des betreffenden Vorganges mit Hilfe einer elektrischen Kontakteinrichtung einzuleiten. Leider verfügen die Instrumente vielfach nicht über das dazu nötige Drehmoment. Infolgedessen ist zunächst zu prüfen, ob es möglich ist, die Betätigung des Signales in geeigneter Weise durch ein solches *Organ* der zu *überwachenden Anlage* vorzunehmen, welches über die nötigen Verstellkräfte verfügt. Das ist z. B. immer möglich, wenn man Klappen oder Schieber fernsteuert und ihre Bewegung durch Instrumente überwacht. An ersteren sind leicht robuste Kontakte oder andere Betätigungseinrichtungen für die Signalgabe anzubringen, so daß für die Überwachung normale Instrumente genügen. Abb. 111 zeigt eine Einrichtung, welche sich zur Ankupplung an Klappen und Schieber mittels eines Seilzuges eignet. Sie enthält in einem Gußgehäuse ohmsche Widerstandsferngeber für die Stellungsanzeige und kräftige Kontakte für die Signalgabe, welche durch verstellbare Nockenscheiben betätigt werden.

Ohne Schwierigkeiten ist die unmittelbare Betätigung elektrischer *Kontakteinrichtungen* bei Quecksilberausdehnungsthermometern möglich.

Von den *Zeigerinstrumenten* verfügt jedoch nur ein Teil über ein für die Kontaktbetätigung ausreichendes Drehmoment. Dazu gehören: Kompensationsgeräte mit Nullmotor, Manometer für höhere Drücke, Quecksilberfederthermometer, Differenzdruckmesser (im oberen Teil des Meßbereiches) u. a. m.

Abb. 112 zeigt eine Kontakteinrichtung für Manometer mit Minimal- und Maximalkontakten (Arbeitskontakte). Die Grenzwert-

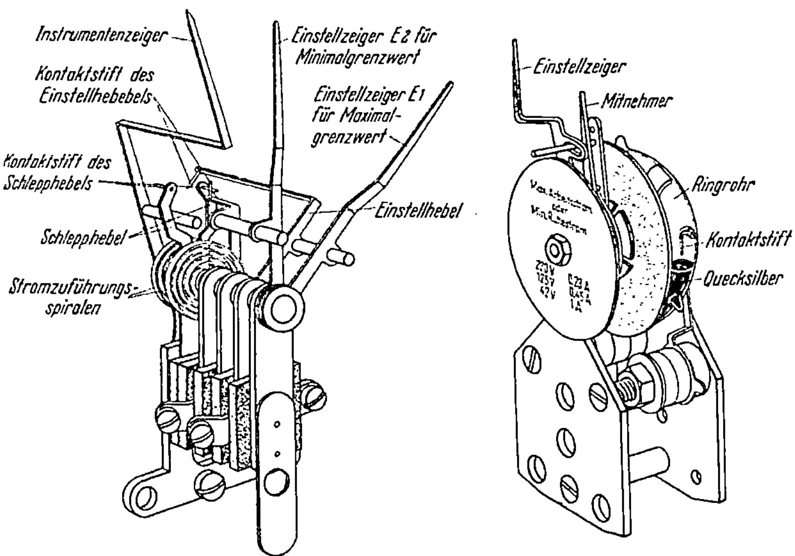

<table>
<tr><td align="center">Abb. 112.
Offene Kontakteinrichtung für Manometer. ICE.</td><td align="center">Abb. 113. Geschlossene Kontakteinrichtung mit Quecksilberringrohr. ICE.</td></tr>
</table>

kontakte sind an Einstellzeigern befestigt, welche die Einstellung auf bestimmte Punkte der Skala erleichtern. Die beweglichen Gegenkontakte werden vom Zeiger des Instrumentes mitgeschleppt. Die Stromzuführung zu den Kontakten erfolgt durch Spiralfedern.

In Abb. 113 ist eine ähnliche Einrichtung dargestellt, bei welcher die Kontakte in ein zum Teil mit Quecksilber gefülltes drehbares Ringrohr eingeschmolzen sind. Dieses ist mit der Achse des Instrumentes gekuppelt.

Derartige Konstruktionen mit „schleichender" Kontaktgabe haben den Nachteil, daß kurz vor dem Erreichen des Grenzwertes durch kleine Schwankungen der Meßgröße oder durch Erschütterungen fortgesetzt eine unerwünschte Kontaktgabe erfolgen kann. Man hat deshalb auch Kontakte mit schlagartiger Betätigung durch einen Magneten entwickelt.

Die Einrichtung entspricht grundsätzlich den oben beschriebenen. Kurz vor dem Erreichen des Gegenkontaktes wird der bewegliche

Kontakt durch einen kleinen permanenten Magneten angezogen, der eine schlagartige Kontaktgabe bewirkt. Dadurch wird allerdings der Unempfindlichkeitsgrad nachgeschalteter Steuereinrichtungen erhöht.

Viele elektrische Meßgeräte lassen sich jedoch *nicht* für *unmittelbare Kontaktgabe* einrichten, weil ihr Drehmoment für die Betätigung zu gering ist. Es sind in solchen Fällen *zusätzliche*, mechanische, thermische oder photoelektrische *Einrichtungen* erforderlich, von denen einige Ausführungsbeispiele folgen:

Abb. 114 bringt ein elektrisches Temperaturmeßgerät mit motorisch angetriebenem Mechanismus zur Abtastung der Zeigerstellung und Betätigung einer Schaltröhre. Derartige Geräte werden auch für die Regelung von Temperaturen benutzt.

Bolometer-Kontakteinrichtungen bestehen im wesentlichen aus beheizten Widerstandsthermometern, welche durch einen von einem Gebläse kommenden Luftstrom gekühlt werden. Bei Erreichung des Grenzwertes unterbricht die Zeigerfahne des Instrumentes einen durch verstellbare Düsen gebündelten Luftstrom und bewirkt eine Erhöhung der Temperatur des Thermometers. Die dadurch verursachte Widerstandserhöhung bringt ein Relais für die Signalbetätigung zum Ansprechen.

Die Rückwirkung von Bolometereinrichtungen auf die zugehörigen Meßwerke ist nur gering. Photoelektrische Betätigungseinrichtungen beeinflussen dagegen bei sachgemäßer Ausführung das zugehörige Meßgerät überhaupt nicht. Die Schalthandlung wird entweder ausgelöst durch die Unterbrechung eines auf die Photozelle gerichteten Lichtstrahles, durch die Zeigerfahne oder durch die Umlenkung eines Lichtstrahles durch einen am Meßwerk befindlichen Spiegel. Die Photozelle steuert über das Gitter einer Verstärkerröhre deren Anodenstrom und bringt dadurch ein Relais für die Signalgabe zum Ansprechen. In Abb. 115 ist die Schaltung einer derartigen lichtelektrischen Steuereinrichtung dargestellt.

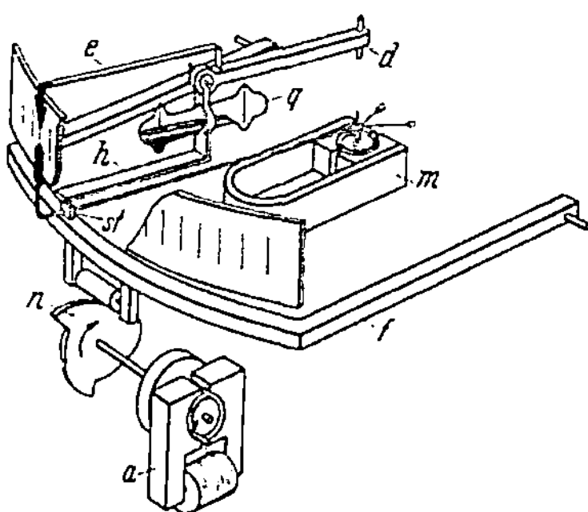

Abb. 114. Abtast- und Schaltgetriebe eines Fallbügelreglers. HuB.
a Antriebsmotor; *d* drehbarer Tragarm; *e* Einstellmarke; *f* Fallbügel; *h* Wippenhebel; *m* Meßwerk; *n* Nockenscheibe; *q* Quecksilberschaltröhre; *st* Zeigersteg.

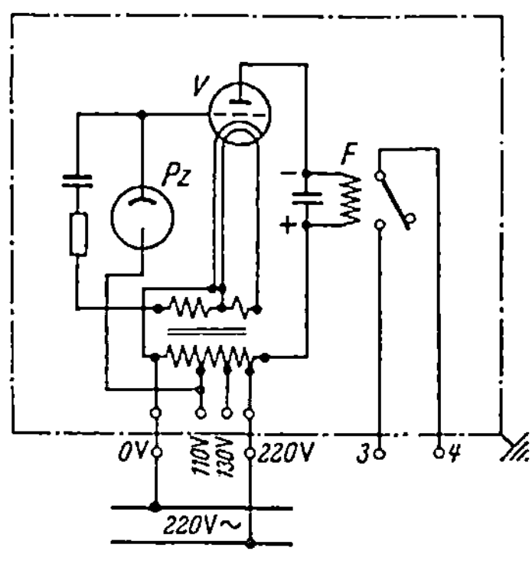

Abb. 115. Schaltung eines Lichtrelais. AEG.

c) **Der Signalkreis.** Die Ausgangsrelais der Bolometer- und Photozellenverstärker haben, ebenso wie die eigentlichen Kontaktinstrumente, nur Kontakte von geringer *Schaltleistung*. Diese reicht im allgemeinen nicht für die unmittelbare Betätigung akustischer und optischer Signaleinrichtungen aus. Es ist daher erforderlich, *Zwischenrelais* oder *Verzögerungsrelais* mit möglichst geringer Leistungsaufnahme, aber hoher Schaltleistung ihrer Kontakte vorzusehen.

Solche Relais zur Erhöhung der Steuerleistung sind vielfach auch mit Fallklappen versehen, welche selbsttätig oder von Hand zurückgestellt werden können. Es ist damit möglich, akustische Dauersignale abzustellen, aber andererseits einen optischen Hinweis für das Weiterbestehen des Alarmzustandes der Anlage bestehen lassen.

Abb. 116 zeigt ein derartiges Signalrelais mit einer durch den Relaisanker betätigten, dreiteiligen Fall-

Abb. 116. Fallklappenrelais (geöffnet). AEG.

klappe. Im störungsfreien Betriebe ist ihr schwarzer Teil durch ein Fenster des Gehäuses zu sehen. Wenn beim Auftreten einer Störung ein Alarmkontakt betätigt wird, spricht das Relais an und setzt seinerseits akustische und optische Signale in Betrieb. Gleichzeitig erscheint eine weiße Fallklappe mit rotem Punkt am Fenster des Relaisgehäuses. Durch einen Druckknopf im Relaisgehäuse sind je nach Ausführung entweder beide Signale oder nur das akustische abzustellen. Dabei erscheint eine weiße Fallklappe, die Warnstellung, welche andeutet, daß das akustische Signal zwar abgestellt ist, die Ursache der Signal-

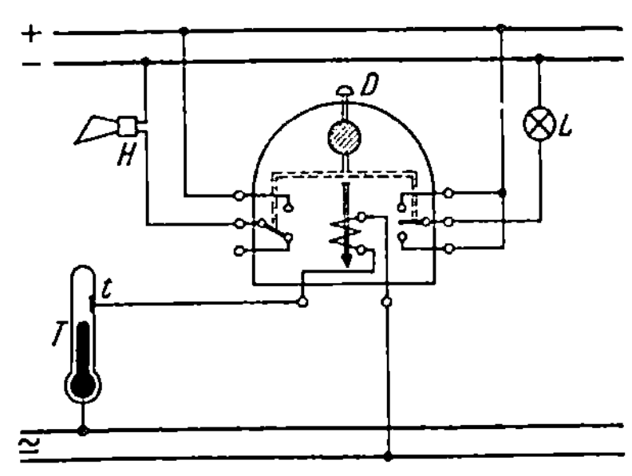

Abb. 117. Optische und akustische Signalisierung von Übertemperaturen mit Hilfe eines Signalrelais.

gabe aber noch weiter besteht. Erst wenn sich die Betätigungskontakte für das Fallklappenrelais wieder in der Ausgangsstellung befinden, geht auch das Relais selbsttätig in die Ausgangsstellung für störungsfreien Betrieb zurück.

In Abb. 117 ist eine Signalanlage dargestellt, bei welcher das Signalrelais durch einen Arbeitskontakt t eines Thermometers T betätigt wird. Das akustische Signal H ist durch einen Druckknopf abstellbar, eine an anderer Stelle befindliche Signallampe L bleibt jedoch so lange im Betrieb, als die Kontaktgabe durch das Thermometer andauert. Die Leistungsaufnahme des Relais ist so gering, daß sich ein besonderes Zwischenrelais erübrigt.

II. Die Planung von Überwachungsanlagen.

Bei der *Planung* wärmetechnischer Meßanlagen geht man von dem Aufbau der zu überwachenden Anlage aus, im vorliegenden Falle also vom Aufbau des Kraftwerkes. Er ist beim reinen *Kondensationskraftwerk* besonders klar ausgeprägt. Es findet ein Kreisprozeß statt, bei welchem der erzeugte Dampf in Turbinen unter Arbeitsleistung entspannt und im Kondensator niedergeschlagen wird. Das Kondensat wird durch Anzapfdampf der Turbinen vorgewärmt, entgast und den Dampfkesseln als Speisewasser zugeführt. Auf diese Weise erhalten sie ein weitgehend salz- und härtefreies Speisewasser, wie es für moderne Hochleistungskessel gefordert wird. Zur Deckung der Wasser- und Dampfverluste muß dem Kreislauf Wasser zugesetzt werden, welches in geeigneter Weise, etwa durch Verdampfer, aufbereitet wird.

Industrie- und *Heizkraftwerke* liefern neben elektrischer Energie große Mengen Dampf für Fabrikations- und Heizzwecke. Da nicht damit zu rechnen ist, daß das Heizdampfkondensat vollständig und mit der für die Dampfkesselspeisung erforderlichen Reinheit zurückgeliefert wird, ist die Schaltung derartiger Kraftwerke gewöhnlich so, daß der Kreislauf des Kraftwerkes völlig von dem der Fabrikation oder Heizung getrennt ist. Der erforderliche Heizdampf wird dabei in Verdampfern großer Leistung erzeugt, welche durch Anzapf- oder Gegendruckdampf der Kraftwerksturbinen beheizt werden.

Genauere Einzelheiten über den Aufbau derartiger Kraftwerke sind den folgenden Wärmeschaltplänen zu entnehmen. Sie sind in der modernen Fließdarstellung[1], welche sich durch besondere Übersichtlichkeit auszeichnet, ausgeführt. Solche Schaltpläne beginnen an der Dampfseite und endigen an der Einspeisung in die Dampfkessel. Der Umlauf der Wärmeträger kommt dabei allerdings nicht sehr sinnfällig zum Ausdruck, weil der Kreis im Dampfkessel aufgeschnitten ist.

Die Bedeutung der einzelnen Symbole der Wärmeschaltpläne ist aus DIN 2481 Entwurf 1951 zu entnehmen.

Aus dem Wärmeschaltplan ist die Einordnung der verschiedenen Betriebsmittel in das Kraftwerk ersichtlich. Er ist deshalb eine der wichtigsten Unterlagen für die *Planung* der Betriebskontrolle ganzer Kraftwerke.

Für die Planung der Überwachung einzelner Betriebsmittel sind darüber hinaus noch folgende Faktoren von Bedeutung:

1. Die *Aufgabenstellung*, d. h. der Zweck, der durch die wärmetechnische Überwachung erreicht werden soll.

2. Der konstruktive *Aufbau* der zu überwachenden Anlage.

Die *Aufgabenstellung* für eine Betriebskontrollanlage kann sich beispielsweise auf folgende Punkte erstrecken:

---

[1] TRENNER, A.: Neuzeitliche Wärmeschaltpläne von Dampfkraftwerken. Mitteilungen des Hauses der Technik in Essen 45. Jg. (1952) H. 8, S. 229. — K. SCHÄFF: Schaltbilder für Wärmekraftanlagen BWK Bd. 3 (1951) H. 8, S. 270.

Betriebsführung und Steuerung der zu überwachenden Anlage durch das Bedienungspersonal.

Erhöhung der Betriebssicherheit einer Anlage durch die Überwachung ihres Zustandes.

Kontrolle des Belastungsverlaufes und der Wirtschaftlichkeit sowie Beschaffung von Unterlagen für die Bilanzbildung durch die Betriebsleitung.

Die *Ausgestaltung* der Überwachungsanlage ist bestimmt durch Leistung, Druck und Temperatur sowie durch den konstruktiven Aufbau der zu überwachenden Betriebseinrichtungen und durch deren Einordnung in das Wärmeschaltbild des Kraftwerkes.

In den folgenden Abschnitten werden daher wichtige Bauformen der verschiedenen Betriebsmittel und ihre Betriebsweise für den meßtechnisch projektierenden Ingenieur kurz behandelt. Dann wird jeweils ausführlicher dargelegt, worauf sich die Überwachung erstrecken kann und welche Gesichtspunkte hinsichtlich der Auswahl der Meßverfahren und -geräte zu beachten sind. Dabei ist anzustreben, den Aufwand an Meßeinrichtungen nur auf das wirklich Notwendige zu beschränken, nicht nur wegen der entstehenden Kosten, sondern vor allem mit Rücksicht auf die Übersichtlichkeit der Anlage. Es ist gerade für die rasche Behebung von Betriebsstörungen durch das Personal von Vorteil, wenn die Überwachungsanlage klar und einfach aufgebaut und nicht überladen ist.

Ganz allgemein kann man dabei annehmen, daß mit abnehmender Leistung der Betriebsmittel und bei entsprechend niedrigen Drücken und Temperaturen auch der Bedarf an Überwachungsgeräten zurückgeht. Man soll aber auch bei kleinen Anlagen nicht völlig auf eine wärmetechnische Überwachung verzichten, weil z. B. bei Dampfkesseln Brennstoffersparnisse geschickter Heizer für die Gesamtheit der Kleinanlagen volkswirtschaftlich in hohem Maße von Bedeutung sein können. Dieser Umstand wird vor allem dann richtig gewürdigt, wenn man beachtet, daß von allen Landdampfkesseln Deutschlands im Jahre 1941 80% auf Dampfkessel mit einer Heizfläche von weniger als $100\,m^2$ entfielen, daß 83% aller Landdampfkessel Flammrohr- und Rauchrohrkessel waren, daß 94% einen Druck unter 15 atü hatten, daß von der gesamten, damals im Betrieb befindlichen Kesselheizfläche 80% auf Kessel mit weniger als $400\,m^2$ entfiel[1].

Sinnvolle Aufwendungen für Anschaffung, Betrieb, Instandhaltung und Auswertung wärmetechnischer Meßanlagen sind vor allem deshalb vertretbar, weil sie, wie an anderer Stelle gezeigt wurde[2], nicht nur durch Ersparnisse gedeckt werden können, sondern darüber hinaus sogar noch Gewinne bringen können.

---

[1] HAHN: Kenntnisse und Erfahrungen, Ausbau und Betrieb kleiner Dampfkesselanlagen. Techn. Überwachungsverein Essen. Mitt. 1946—47, 9.—10. Folge.
[2] S. Fußnote S. 2.

A. Dampfkesselanlagen.

1. Dampfkesselbauarten.

Für die Erzeugung des Dampfes wurden im Laufe der Zeit eine Reihe von Kesselbauarten entwickelt, die je nach den gegebenen Voraussetzungen und Bedingungen recht verschieden sind. Dieser Umstand beeinflußt auch die Ausgestaltung der wärmetechnischen Kontrollanlagen. Es sollen daher im folgenden die moderneren Ausführungen der Dampfkessel, Feuerungen und Brennstoffaufbereitungsanlagen[1] kurz skizziert werden.

Bei den eigentlichen Dampfkesseln unterscheidet man vor allem *Großwasserraum-* und Kleinwasserraumkessel. Die ersteren kommen z. B. als Flammrohr-Walzen- und Rauchrohrkessel für niedrige Dampfdrücke und Leistungen in Frage. Ihre wärmetechnische Betriebskontrolle soll hier nicht eingehender behandelt werden, weil das vor einiger Zeit schon an anderen Stellen geschehen ist[2].

Kleinwasserraumkessel eignen sich dagegen für höhere Drücke und Leistungen. Hierher gehören Wasserrohrkessel mit natürlichem Wasserumlauf, als Schrägrohr- oder Steilrohrkessel mit Berührungs- oder Strahlungsheizflächen. Sie bestehen im wesentlichen aus einem zwischen Kammern oder Trommeln *a*, *b* angeordneten System von Steige- oder Fallrohren *c*. In Abb. 118 und 119 sind solche Kessel in ihrem grundsätzlichen Aufbau dargestellt. (Diese Abbildungen entsprechen aus Gründen der Übersicht nicht in allen Einzelheiten den Verhältnissen wirklich ausgeführter Dampfkessel.) Ein Teil der Rohre *d* ist der Einwirkung der Feuerung ausgesetzt. In ihnen soll eine starke, nach oben gerichtete Strömung unter gleichzeitiger Dampfbildung stattfinden, während durch andere Rohre *c*, die der Strahlung und den Flammen entzogen sind, Wasser nachströmen soll. Bei anderen Bau-

---

[1] MÜNZINGER, F.: Dampfkraft. Berechnung und Verhalten von Wasserrohrkesseln. Erzeugung von Kraft und Wärme. Berlin/Göttingen/Heidelberg: Springer 1949. — A. ZINZEN: Dampfkessel und Feuerungen. Berlin/Göttingen/ Heidelberg: Springer 1950. — M. LEDINEGG: Dampferzeugung, Dampfkessel, Feuerungen. Berlin/Göttingen/Heidelberg: Springer 1952. — F. MÜNZINGER: Neuzeitliche Dampferzeugung. Elektrizitätswirtsch. Bd. 51 (1952) H. 1/2, S. 14. — Dr. F. SCHULTE u. K. WARTENBERG: Großdampfkessel. Glückauf Bd. 78 (1942) H. 36. — Dr. H. LENT: Zwangdurchlaufkessel. Techn. Mitt. Hauses Techn., Essen Bd. 31 (1938) H. 24. — Dr. W. AREND: La Mont-Kessel. Techn. Mitt. Hauses Techn., Essen Bd. 31 (1938) H. 24. — WG. NOACK: Velox-Kessel. Techn. Mitt. Hauses Techn. Bd. 31 (1938) H. 24. — H. TIETZ: Löffler-Kessel. Techn. Mitt. Hauses Techn. Bd. 31 (1938) H. 24. — F. F. KAISSLING: Schmidt-Kessel. Techn. Mitt. Hauses Techn. Bd. 31 (1938) H. 24. — H. STEHR: Sulzer-Einrohr-Zwangdurchlaufkessel. Wärme Bd. 62 (1939) S. 4. — K. WARTENBERG: La Mont-Kessel. Glückauf Bd. 78 (1942) S. 747. — R. QUACK: Heutiger Stand der deutschen Dampfkesseltechnik. Techn. Mitt. Hauses Techn., Essen 45. Jg. (1952) H. 8, S. 223.

[2] GRIMM, W.: Notwendige Ausrüstung von Feuerungen mit Meßinstrumenten. BWK Bd. 2, (1951) H. 2, S. 46. — B. W. SCHROEDER: Betriebsüberwachung von kleinen und mittleren Dampfkesselanlagen. Arch. Wärmew. 22. Jg. (1941) H. 6; 23. Jg. (1942) H. 6, 7, 9, 10, 12. — H. LINDORF: Meßtechnische Betriebsüberwachung kleinerer und mittlerer Dampfkesselanlagen. Energie, Bd. 5 (1953), H. 2, S. 51.

arten, z. B. dem La Mont- (s. Abb. 120), Löffler- oder Velox-Kessel wird die Geschwindigkeit des Wasserumlaufs in einem System von Verdampferrohren q durch Pumpen v aufrechterhalten und gegenüber den Kesseln mit natürlichem Umlauf verstärkt (*Zwangsumlaufkessel*). Die weitere Gruppe der *Zwangdurchlaufkessel* (Benson- und Sulzerkessel) verzichtet ganz auf den Wasserumlauf. Es findet vielmehr während des einmaligen Durchgangs durch das beheizte Rohrsystem des Kessels die Erwärmung des Speisewassers, die Verdampfung und Überhitzung statt. Zwangsdurchlaufkessel haben daher keine Ausdampftrommeln.

Bei größeren Dampfkesselanlagen sind zur Ausnutzung des Wärmeinhalts der Abgase den Heizflächen noch Vorwärmer für das Speisewasser g und für die Verbrennungsluft h nachgeschaltet.

2. Feuerungsbauarten.

Für die Ausgestaltung der Feuerungen ist neben der Anordnung und Leistung des eigentlichen Verdampfer- und Überhitzerteiles auch die Art des Brennstoffes maßgebend. Es können gasförmige, flüssige und feste Brennstoffe verwendet werden. Die Entfernung der Schlacken kann in fester oder flüssiger Form erfolgen, mit oder ohne Flugkoksrückführung.

Für *Gasfeuerungen*[1] eignet sich vor allem das Gichtgas der Hochöfen, Koksofengas, sowie die in chemischen Fabriken, z. B. bei der Hydrierung, anfallenden Reichgase. Sie werden unter dem nötigen Druck über Regeleinrichtungen an die Brenner geleitet. Die erforderliche Verbrennungsluft fügt man entweder vor, in oder hinter den Brennern zu.

Unter den *flüssigen Brennstoffen* spielen in Deutschland die bei der Verschwelung und Verkokung der Kohle anfallenden Teeröle sowie Rückstände aus der Verarbeitung des mineralischen Rohöles die größte Rolle[2]. Sie sind in kaltem Zustande so zähflüssig, daß man sie nicht ohne weiteres den Brennern der Feuerung zuführen kann. Sie müssen vorgewärmt werden (Abb. 123). Das gilt besonders für Mineralölrückstände. Man verlegt deshalb die Brennstoffleitungen parallel mit Heizdampfleitungen in gemeinsamer Isolierung. Die Brennstoffe werden unter Druck in Brennern zerstäubt. Diese sind im allgemeinen so ausgebildet, daß durch sie auch die Einführung der Verbrennungsluft in den Feuerraum erfolgt.

Feste Brennstoffe werden entweder in grobkörniger Form auf Rosten oder vermahlen in Staubfeuerungen verbrannt.

Bei allen leistungsfähigen *Rostfeuerungen*[3] wird der Brennstoff in geeigneter Weise mechanisch durch den Feuerraum bewegt. Wasser-

---

[1] SAUERMANN: Entwicklung und Stand der Gasfeuerung für Dampfkessel. Techn. Mitt. Hauses Techn., Essen Bd. 62 (1939) S. 455.

[2] LANDFERMANN, C. A.: Ölfeuerungen in Deutschland. BWK Bd. 3 (1951) H. 8, S. 271. — W. ZIMMERMANN: Hochdrucködfeuerungen für Dampf- und Heißwasserkessel. Energie Bd. 5 (1953) H. 5, S. 141.

[3] JAROSCHEK, K.: Welche Anforderungen sind an moderne Rostfeuerungen zu stellen? BWK Bd. 3 (1951) H. 2, S. 46.

haltige Kohlen werden vor der Verbrennung getrocknet. Hierher gehören vor allem Wanderrost- (Abb. 118), Unterschub-, Vorschub- und Rückschubrost- sowie Treppen- und Muldenfeuerungen. Die Verbrennungsluft wird entweder durch den natürlichen Zug des Schornsteins oder durch Unterwindgebläse (Erstluft) gegebenenfalls in Verbindung mit Saugzugventilatoren (Abb. 118) durch die Feuerung ge-

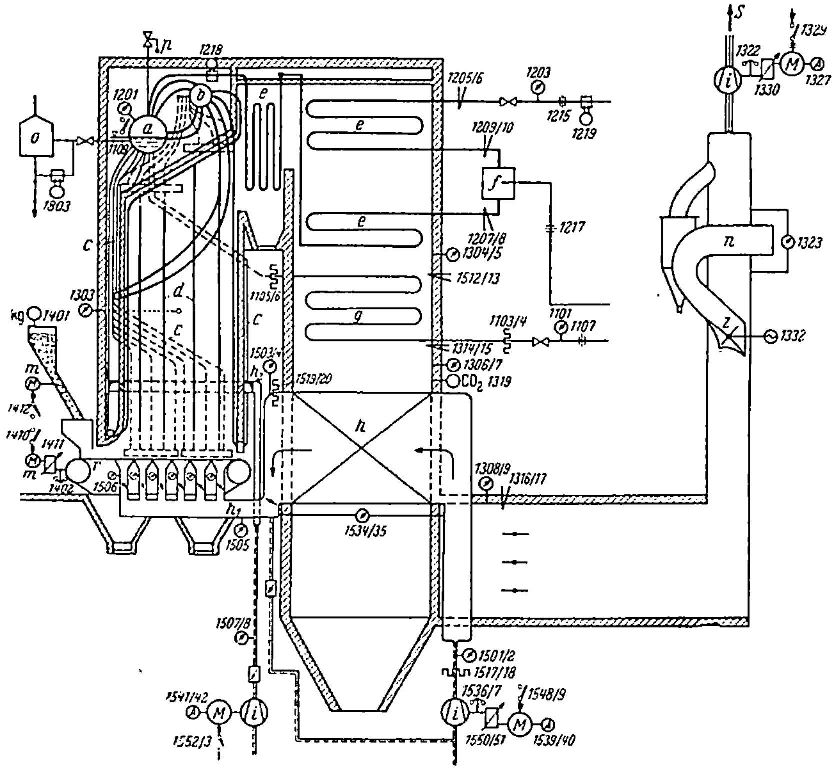

Abb. 118. Meßstellplan eines Steilrohrkessels mit Zonenwanderrost.

fördert. Bei manchen Rostkonstruktionen [z. B. Zonenwanderrost (Abb. 118), Martinrost] wird die Luftzufuhr dem Bedarf des Brennstoffbettes, der sich im Maße des Ausbrandes ändert, durch verstellbare Schieber oder Klappen angepaßt. Zur Erzielung einer wirtschaftlichen Verbrennung kann über dem Rost Luft von höherem Druck (Zweitluft) eingeblasen werden.

Für höchste Leistungen hat die *Kohlenstaubfeuerung*[1] besondere Bedeutung erlangt. Die Kohle wird dabei in fein gemahlener und getrockneter Form durch einen heißen Tragluftstrom in den Feuer-

---

[1] LENT, H.: Die neuere Entwicklung der Steinkohlenstaubfeuerung. Mitt. VGB. 1952, H. 20, S. 173.

raum eingeblasen. Dort findet, bei weiterem Zutritt von Luft (Zweit-luft), die Verbrennung der frei schwebenden Kohleteilchen statt.

Aus der Kohlenstaubfeuerung mit trockenem Schlackenabzug entwickelte sich die *Schmelzkammerfeuerung*[1], bei welcher die Schlacke in geschmolzenem Zustande aus dem Kessel ausgebracht wird. Das hat besonders bei ballastreichen Brennstoffen Vorteile. Bei diesen Feuerungen ist meist ein Teil des Feuerraumes als Schmelzkammer ausgebildet. Deren Wände sind zur Kühlung des Mauerwerkes mit Steigrohren ausgekleidet, welche außen mit aufgeschweißten Stiften versehen sind. Diese Stiftrohre sind auf der Seite der Schmelzkammer durch eine Stampfmasse aus Silizium-Karbid oder Chromerz ver-kleidet. Auf der Stampfmasse bildet sich ein Schutzfilm von Schlacke, von dessen freier Oberfläche die Schlacke flüssig abläuft. Die Schmelz-kammer kann durch einen Fangrost, welcher ebenfalls aus verkleideten Steigrohren besteht, von dem Feuerraum abgetrennt sein. Je nach der konstruktiven Ausgestaltung der Schmelzkammer unterscheidet man: Schmelzkammer (nach BAILEY), Schmelztiegel (Abb. 121), Schmelztrichter (nach Dr. SELLIN) und Schmelztischfeuerungen (nach Dr. MARGUERRE). Die flüssige Schlacke läuft durch eine Öffnung der Schmelzkammer — den Granuliertopf — nach außen in fließendes Wasser ab und zerfällt dabei in kleine Stücke. Auch bei der *Zyklon-feuerung* erfolgt der Schlackenabzug flüssig. Man bringt dabei Kohlen-staub axial in eine zylindrische Brennkammer ein und bläst gleich-zeitig die Verbrennungsluft tangential ein. Die Schlacke wird aus einer nachgeschalteten Kammer flüssig abgezogen.

3. Kohlenstaubzubereitung.

Die Kohlenstaubzubereitung erfordert eine gewisse Sorgfalt. Auch dazu sind einige Überwachungsgeräte nötig. Die verschiedenen Staub-zubereitungsverfahren sollen zunächst kurz behandelt werden.

Die Zerkleinerung der Kohle auf die gewünschte Korngröße erfolgt durch *Mühlen*. Der Kohlenstaub kann entweder unmittelbar aus der Mühle in den Feuerraum des Kessels eingeblasen werden (Einblase-mühlen), wobei jedem Kessel eine oder mehrere Mühlen zugeordnet sein können. Der Staub kann aber auch in *Zentralmahlanlagen* her-gestellt, in Bunkern aufbewahrt und — nach Bedarf — den einzelnen Brennern zugeführt werden.

Für die Vermahlung von Kohle finden folgende *Mühlenbauarten* Verwendung[2]:

---

[1] ENGLER, O.: Entwicklung der Schmelzfeuerung. BWK Bd. 3 (1951) H. 1, S. 3. — A. BACHMAIR: Steinkohlenfeuerungen. BWK Bd. 4 (1952) H. 4, S. 107. — K. SCHÄFF: Rost-, Staub- oder Schmelzkammerkessel für ballastreiche Brennstoffe. Glückauf 1948, H. 45/46, S. 757—772 — Einfluß der Ascheverwer-tung auf die Feuerraum- und Kesselgestaltung sowie die technische und wirt-schaftliche Lösung der Ascheverwertung. Mitt. Ver. Großkesselbes. 1951, H. 17.

[2] HAAG, L.: Die selbstansaugende Einblasmühle für Kohlenstaubfeuerungen. Arch. Wärmew. Bd. 23 (1942) H. 8. — E. C. LOESCHE: Die Loesche-Mühle. Arch. Wärmew. Bd. 22 (1941) H. 11. — H. SEIDL: Die HS-Mühle. Arch. Wärmew. Bd. 23 (1942)| H. 4. — W. SCHÖNING: Die neuzeitliche Entwicklung von Zentral-

1. Schwerkraftmühlen (Rohrmühlen, Abb. 122), bei welchen Metallkugeln, welche in einem um seine Achse rotierenden Rohr frei beweglich sind, das Mahlgut zerkleinern. Sie eignen sich hauptsächlich für schwer mahlbaren Anthrazit und Schwelkoks.

2. Federkraft- und Fliehkraftmühlen, besonders für mittelharte Sorten. Die Mahlung erfolgt — nach dem Kollergangverfahren — in einer umlaufenden Mahlschüssel bzw. einem Mahlring durch Walzen oder Kugeln.

3. Schnellaufende Schlägermühlen (z. B. HS-Mühle), hauptsächlich für gut mahlbare Steinkohlen, Braunkohlen und weichen Schwelkoks. Die Kohle wird durch umlaufende Schläger zertrümmert.

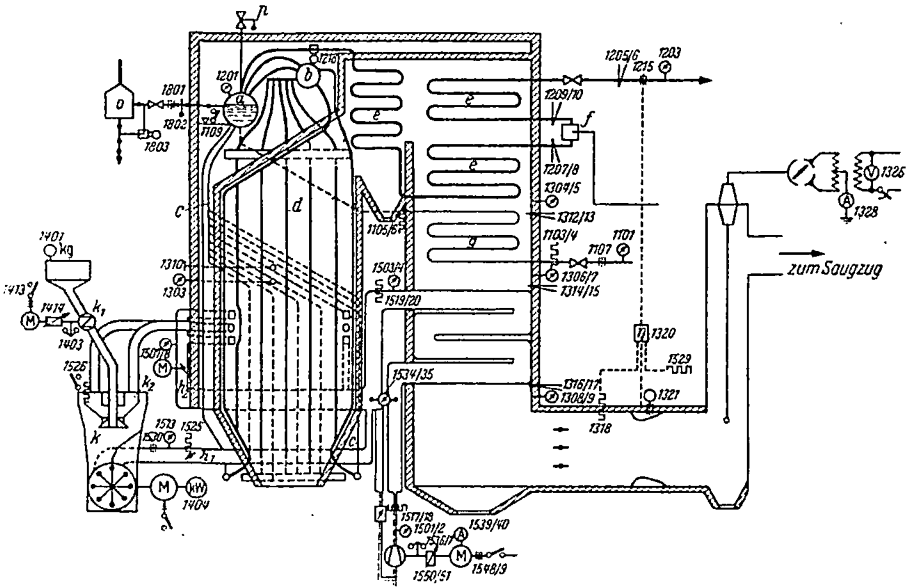

Abb. 119. Meßstellenplan eines Hochleistungsdampfkessels mit Staubfeuerung.

4. Prallmühlen für gut mahlbare Sorten. Ein Luftstrom schleudert das Mahlgut gegen Prallkörper und zerkleinert es dadurch.

Mahlanlagen mit *Einzelmühlen* (Abb. 119 u. 121) für jeden Kessel sind so aufgebaut, daß aus einem Bunker Rohkohle über geeignete Zuteilervorrichtungen k_1 (z. B. Telleraufgaben) der Mühle k zugeführt wird. Die Trocknung des Mahlgutes und die Austragung des Staubes aus der Mühle erfolgt durch Heißluft von entsprechendem Druck, der auch heiße Rauchgase beigemengt sein können. Das Mahlprodukt

mahlanlagen und Einblasemühlen. Arch. Wärmew. Bd. 20 (1939) H. 11. — Dr. Dr. J. Engel: Erfahrungen mit Prallmühlen. Wärme 65. Jg. (1942) H. 9. — Untersuchungen an einem Prallzerkleinerer. Arch. Wärmew. Bd. 16, S. 13 — Weiterentwicklung der Krämer-Mühlenfeuerung. BWK Bd. 3 (1951) H. 3, S. 73: H. 4, S. 112. — K. Jütte: Weiterentwicklung der Schlagradmühle. BWK Bd. 4 (1952) H. 8, S. 253.

wird zunächst in den Sichter k_2 getragen. Dort werden durch Schwer-kraft- oder Zentrifugalwirkung grobe Kohleteilchen aussortiert und aufs neue der Zerkleinerung zugeführt, während der Staub von ent-sprechender Feinheit in die Feuerung gelangt.

In manchen Fällen können *Zentralmahlanlagen* von Vorteil sein. Bei der Anlage nach Abb. 122 wird Rohkohle aus dem Bunker *a* über die Waage *b* mittels eines Zuteilers *c* in die Rohrmühle *d* gefördert. Dort erfolgt die Mahlung und Trocknung. Der Kohlenstaub wird aus der Mühle durch Heißluft — aus dem Luftvorwärmer des Kessels kommend — ausgetragen. Ihre Menge wird mit der Klappe *o* ein-gestellt. Im Bedarfsfalle ist es möglich, Kaltluft über die Klappe *n* beizumischen. Der Kohlenstaub gelangt dann in den Sichter *e*, wo die groben Brennstoffteile abgeschieden und erneut der Mühle zu-geführt werden und weiter in den Staubabscheider *f*. Dort wird der Kohlenstaub aus der mit Brüden vermischten Tragluft ausgeschieden und über die Staubschleuse *g* mittels einer Transportschnecke *h* in den Bunker *i* befördert. Er wird nach Bedarf mit Hilfe der Zuteiler *k* den einzelnen Brennern zugeführt. Die Tragluft für die Kohlenstaub-zufuhr zu den Brennern kommt aus den Staubabscheidern. Sie erhält durch das Gebläse *l* den erforderlichen Druck und durch Kaltluft-beimischung *m* die gewünschte Temperatur.

Rohrmühlen arbeiten am besten bei Vollast. Sie laufen daher gewöhn-lich mit voller Leistung und werden nach Bedarf ganz stillgesetzt. Die Heiß-luftförderung erfolgt bei Stillstand der Mühle über eine Umgehungsleitung.

4. Die Probleme der wirtschaftlichen Dampferzeugung.

Im allgemeinen benötigen Kraftwerke und Fabrikationsbetriebe den Dampf mit einem, von der Belastung unabhängigen, gleich-bleibenden Druck. Die Kesselführung muß daher die Dampferzeugung dem Dampfverbrauch anpassen. Da für die Erzeugung einer bestimmten Dampfmenge eine entsprechende Wärmemenge nötig ist, muß die Brennstoffzufuhr entsprechend der Kesselbelastung bemessen werden. In wirtschaftlichster Weise kann die Verbrennung nur durch die Zufuhr einer ganz *bestimmten, günstigsten Luftmenge* erfolgen.

Die Anpassung der Brennstoffzufuhr an die Belastung und die Einstellung einer möglichst vollkommenen Verbrennung, bei günstig-stem Luftüberschuß, sind die Hauptaufgaben des Heizers. Daneben muß er aber auch die Dampftemperatur und den Wasserstand in der Trommel konstant halten und den Zug im Feuerraum regeln[1].

5. Wärmetechnische Betriebsüberwachung von Dampfkesselanlagen.

In den folgenden Abschnitten wird die wärmetechnische Betriebs-kontrolle von Dampfkesseln mittlerer und hoher Leistung behandelt[2].

---

[1] Kesselbetrieb. Herausgegeb. Ver. Großkesselbes. Essen: Vulkan Verlag Dr. W. Classen 1953. — K. SCHWARZ: Die Verbrennung in der Wanderrost-feuerung. BWK Bd. 2 (1950) H. 5, S. 119.

[2] MÜLLER, H.: Die meßtechnische Ausrüstung neuzeitlicher Kesselhäuser. Wärme 65. Jg. (1942) H. 50. — H. O. MEYER: Meßtechnische Ausrüstung und Regelung von Hochleistungskesseln. Techn. Mitt. Hauses Techn., Essen 43 Jg. (1950) H. 11, S. 533.

Diese werden meist als Steilrohrkessel mit Strahlungsheizflächen aus-
geführt. Den folgenden Betrachtungen werden daher die Abb. 118 und 119
zugrunde gelegt. An diesen Beispielen wird erläutert, *an welchen
Stellen* des Dampfkessels Messungen auszuführen sind und welchen
Zwecken sie dienen sollen. Außerdem wird die *Auswahl* der geeigneten
Meßeinrichtungen und deren. Anordnung behandelt.

In erster Linie sind Einrichtungen zur Wahrung der *Betriebssicherheit* erforderlich. Ein Teil dieser Geräte ist polizeilich vorgeschrieben. Andere. Gruppen von Meßgeräten sollen die *Steuerung* des
Kessels erleichtern oder überhaupt erst ermöglichen. Bei Kesseln mit
(selbsttätiger) Regelung können einige Instrumente fortfallen. Die
wichtigsten sind jedoch für die Kontrolle der Regler selbst unerläßlich,
weil diese zum Teil schwierigen Arbeitsbedingungen unterworfen sind.
Sie sollen die Möglichkeit bieten, Störungen an den Reglern sofort zu
erkennen. Weitere Gruppen umfassen Einrichtungen für die Kontrolle
des *Kesselzustandes*, der Verschmutzung der Heizflächen sowie für die
Ermittlung des *Belastungsverlaufes* und für die *Bilanzbildung*. Letztere
sieht man zweckmäßig schreibend und gegebenenfalls zählend vor.

Aus der Fülle der *möglichen Messungen* muß bei den gegebenen
Verhältnissen eine *Auswahl* getroffen werden, um den Umfang der
Meßanlage möglichst klein zu halten. Die tabellarische Zusammenstellung der in Betracht kommenden Meßstellen (s. Anhang) soll die
Auswahl erleichtern. Die Angaben in dem Meßstellenverzeichnis können
jedoch nicht schematisch angewendet werden, weil die Bauart des
Kessels und der Feuerung, die Höhe des Dampfdruckes und die Kesselleistung von Einfluß sind und viele Variationen bedingen. So ist z. B.
bei Kesseln für niedrigen Dampfdruck die Messung des Salzgehaltes
im Dampf unnötig, weil der Dampf bei niedrigen Temperaturen meist
keinen störenden Salzgehalt hat. Ähnlich verhält es sich mit der
Dampftemperatur, deren Messung erst bei hohen Überhitzungs-
temperaturen aus Sicherheitsgründen nötig ist. Bei der Verwendung
der Tabelle sind daher immer die in den folgenden Abschnitten behandelten Bedingungen zu berücksichtigen. Ein für alle Fälle gültiges
Schema kann man nicht geben.

a) Der Verdampferteil des Kessels. α) *Das Speisewasser und seine
Vorwärmung.* Zur Kesselspeisung wird sorgfältig gereinigtes Wasser
verwendet, das durch Kesselspeisepumpen in den Kessel gedrückt
wird. Der Druck des Wassers muß aus Gründen der Betriebssicherheit
vor und nach den Pumpen so hoch sein, daß unter allem Umständen
die Speisung gewährleistet ist.

Das Speisewasser wird, vor dem Eintritt in den Verdampferteil
des Kessels, in einem Speisewasservorwärmer *g*, welcher in Gruppen
unterteilt sein kann, bis fast auf den Siedepunkt erwärmt (Abb. 118
bis 121). Zur Beheizung wird die fühlbare Wärme der abziehenden
Rauchgase ausgenutzt.

Es ist aus den angegebenen Gründen notwendig, am Kesseleintritt
vor dem Speisewasserventil, also auf der Seite des Wasserrohrnetzes,

den *Druck* des *Speisewassers (1011)*[1] zu messen. Bei großen Dampfkesseln kann zur Erleichterung des Anfahrens und zur Kontrolle des Speisewasserreglers auch der *Wasserdruck* (1102) auf der *Kesselseite* gemessen werden.

Für die Druckmessung an diesen Stellen werden Rohrfedermanometer benutzt. Unter Umständen muß der Druck der auf dem Meßwerk lastenden Wassersäule bei der Justierung berücksichtigt werden, falls die Höhe der Meßstelle wesentlich von der des Manometers abweicht. Bei kleinen Dampfkesseln mit Kolbenpumpen soll der Anzeigebereich des Instrumentes etwa doppelt so hoch wie der Betriebsdruck gewählt und ein Stoßdämpfer vorgeschaltet werden.

Die Kontrolle des Zustandes des Speisewasservorwärmers und die Feststellung von Störungen, z. B. durch ungleichmäßige Strömung oder Verdampfung im Vorwärmer oder durch Schlammbildung, kann durch die Messung der *Wasserein-* und *Austrittemperaturen* in den verschiedenen Vorwärmergruppen *(1103—06)* erfolgen. Da diese Wassertemperaturen relativ niedrig sein können, ist die Verwendung von Widerstandsthermometern in Verbindung mit spannungsunabhängigen Quotientenmeßgeräten zweckmäßig. Nickelthermometer sind nur zulässig, wenn die Temperaturen — auch bei Störungen — unter 150° C bleiben. Für alle anderen Fälle kommen Platinwiderstandsthermometer in Frage.

β) Die Verdampfung. In dem Rohrsystem *d* der Kessel (Abb. 118 bis 121) findet die *Verdampfung* des vorgewärmten Speisewassers statt. Aus Sicherheitsgründen darf der Dampfdruck in der Kesseltrommel *a* nicht unzulässig hoch ansteigen. Außerdem darf der Wasserstand bestimmte Grenzwerte nach oben und unten nicht überschreiten. Um das unter allen Umständen zu gewährleisten, wird die Speisewasserzufuhr vielfach — besonders bei modernen Hochleistungskesseln mit geringem Speichervermögen — selbsttätig durch Speisewasserregler geregelt.

Zur Gewährleistung der Betriebssicherheit des Kessels ist die Anbringung eines *Sicherheitsventils p* und eines Instrumentes zur Anzeige des *Dampfdruckes* in der *Trommel (1201)* polizeilich vorgeschrieben. Wenn der Druckmesser, wie das häufig geschieht, in einem Kesselleitstand am Heizerstand untergebracht wird, lastet meist eine größere Wassersäule als Vorbelastung auf dem Rohrfedermeßwerk, weil ja die Trommel, an welcher der Druck gemessen werden soll, bei modernen Kesseln viele Meter hoch liegt. Dieser Vordruck kann etwa 1 bis 2 Atmosphären betragen. Er sollte bei der Justierung des Meßwerkes berücksichtigt werden.

Die polizeilichen Vorschriften verlangen außerdem bei den mit höherem Druck betriebenen Landdampfkesseln die Anbringung von *zwei* zuverlässigen *Wasserstandsanzeigevorrichtungen.* Neben einfachen Glaswasserständen gibt es eine große Anzahl von Ausführungen, welche hauptsächlich auf dem hydrostatischen Prinzip der Differenzdruckmessung oder auf dem Schwimmerverfahren beruhen. Diese lassen

---

[1] Verzeichnis und System der Meßstellennumerierung s. Anhang.

eine Übertragung auf kürzere Entfernungen bis zum Kesselleitstand zu. Häufig wird die Überschreitung der zulässigen oberen und unteren Grenzwerte akustisch und optisch gemeldet (*1109*).

Bei *Zwangumlaufkesseln* wird im Gegensatz zu Kesseln mit natürlichem Wasserumlauf das Kesselwasser durch *Pumpen v* im Ver-

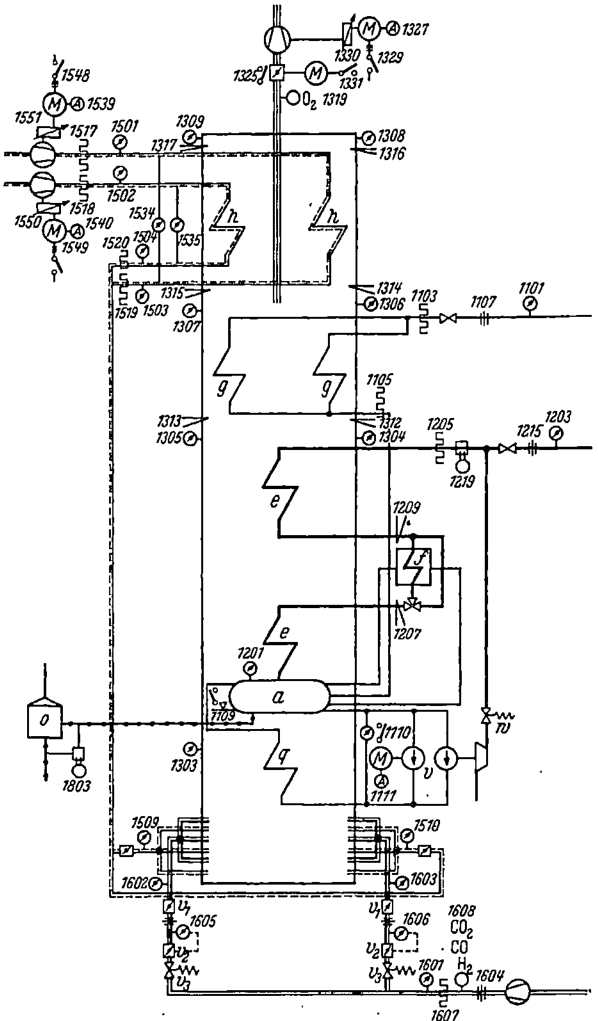

Abb. 120. Meßstellenplan eines La Montkessels mit Gasfeuerung.

dampferrohrsystem *q* umgewälzt (Abb. 120). Bei der hohen Heizflächenbelastung dieser Kessel ist die Aufrechterhaltung des Pumpenbetriebes von besonderer Bedeutung. Man überwacht daher ihre Förderung durch die Messung der Stromaufnahme des Pumpenmotors (*1111*) und durch einen, meist mit Grenzkontakten für Signalgabe ausgerüsteten *Differenzdruckmesser (1110)*. Außerdem ist es zweckmäßig, mittels eines auf Spannungsabsenkungen ansprechenden Magnetventiles *w* bei Störungen der Stromversorgung selbsttätig durch eine Dampfturbine eine Reservepumpe anlaufen zu lassen.

Aufmerksamkeit ist bei hohen Dampfdrücken auf den *Zustand* des *Kesselwassers* zu richten. In dem Wasser der Kesseltrommel reichern sich allmählich Salze, Alkalien und auch andere Stoffe an, welche man von Zeit zu Zeit oder laufend durch Absalzleitungen entfernen muß. Die Absalzmengen sind so niedrig wie möglich zu halten, weil sie Wärmeverluste mit sich bringen. Die Konzentration dieser Beimengungen im Kesselwasser darf aber andererseits gewisse Grenzwerte nicht überschreiten, weil sonst der Dampf salzhaltig werden kann. Es hat sich gezeigt, daß bei manchen Ausführungen der Kesseltrommeln der ganze Dampfraum, oder größere Teile davon, mit kleinen Schaumblasen erfüllt sein können, welche sich dauernd neu bilden, wenn sie in die Dampfleitung mitgerissen werden (Schäumen des Dampfkessels). Dieser Schaum aus stark salzhaltigem Kesselwasser kann zur Versalzung der Überhitzerleitungen und Maschinen beitragen. Voraussetzung für dieses Schäumen der Dampfkessel scheint aber auch die Anwesenheit von Resthärte oder von Salzen in einer bestimmten kolloidalen Teilchengröße im Kesselwasser zu sein. Auch bei plötzlichem Druckabfall bei starkem Lastanstieg kann es vorübergehend zum Mitreißen von Schaum kommen (Spucken)[1]. Bei Dampfdrücken über 80 kg/cm^2 gehen dagegen Salze und Kieselsäure aus dem Kesselwasser anscheinend unmittelbar in gelöster Form oder als Staub in den Dampf über[2]. Aus diesen Gründen ist man bei Hochdruckkesseln bestrebt, den Salzgehalt des Kesselwassers (und damit auch den des Dampfes) niedrig zu halten.

Die elektrische Leitfähigkeit ist unter bestimmten Voraussetzungen ein Maß für den *Salzgehalt* oder die *Dichte* des Kesselwassers. Das Meßverfahren und seine Anwendung wurde im ersten Teil der Arbeit behandelt. Bei der hohen Konzentration des Kesselwassers müssen Kohleelektroden verwendet werden. Die Meßeinrichtung ist für eine bestimmte Zusammensetzung des Kesselwassers auszulegen. Eine befriedigende Meßgenauigkeit ist nur zu erwarten, wenn im Betrieb der prozentuale Anteil der verschiedenen Salze untereinander annähernd unverändert bleibt. Das kann in vielen Fällen in ausreichendem Maße der Fall sein[3]. Wenn aber Kessel mit Wasser mit stark unterschied-

---

[1] CLEVE, K.: Das Schäumen der Dampfkessel. BWK Bd. 1 (1949) H. 8, S. 209 — Der Salzgehalt des von Dampfkesseln erzeugten Dampfes. Z. VDI Bd. 84 (1940) H. 42, S. 789. — A. KONEJUNG: Schäumen, Überwerfen und das Salz im Dampf. Mitt. VGB 1950, H. 9, S. 47. — K. CLEVE: Die Beobachtung des Dampfraumes in Betrieb befindlicher Dampfkessel. Mitt. VGB 1950, H. 9, S. 54.

[2] LIST, H.: Theorie und Praxis moderner Speisewasserpflege. Mitt. VGB 1951, H. 17/18, S. 32 — Das Verhalten der Kesselwassersalze nach neueren amerikanischen Forschungen. Mitt. VGB 1950, H. 10, S. 119. — TIETZ: Zerstäubung von im Kesselwasser gelösten Salzen. Mitt. VGB 1950, H. 10, S. 124.

[3] HERRMANN, W.: Kesselwasserüberwachung durch Leitfähigkeitsmessung. Wärme 67. Jg. (1944) H. 9/10.

lichem Salzgehalt gespeist werden, z. B. zeitweise mit Kondensat oder Destillat und zeitweise mit chemisch aufbereitetem Wasser, wäre die Salzgehaltmessung für die Beurteilung des Kesselwassers ungenügend. In solchen Fällen liefert nur die chemische Analyse einwandfreie Ergebnisse. Gänzlich ist sie ohnehin nicht zu entbehren, weil sie neben der quantitativen vor allem auch eine qualitative Charakterisierung des Wassers gibt.

Der Salzgehalt des Kesselwassers ist an der Wasseroberfläche am höchsten. Man zieht deshalb die Lauge des Kessels meist unmittelbar unter der Wasseroberfläche der Trommel ab und entspannt sie in einem Kesselwasserentspanner o (Abb. 118 bis 120). Die Proben für die Salzgehaltbestimmung des Kesselwassers (*1803*) werden zweckmäßig aus der Absalzleitung parallel zum Kesselwasserentspanner über eine Drosselstrecke entnommen.

Es soll abschließend besonders betont werden, daß die Salzgehaltbestimmung des Dampfes vor der des Kesselwassers den Vorrang hat.

Neuerdings wird bei Hochdruckkesseln die betriebsmäßige Kontrolle des p_H-Wertes des Kesselwassers[1] empfohlen. Es muß, zur Vermeidung von Korrosionsschäden am Kessel, eine gewisse Alkalität haben, die mit Hilfe der p_H-Wertbestimmung überwacht und dosiert werden kann. Darauf ist im Abschnitt über die Speisewasserüberwachung noch einzugehen.

γ) *Die Dampfüberhitzung.* Die Heizflächen e für die *Überhitzung* des Sattdampfes (Abb. 118 u. folg.) sind bei größeren Dampfkesseln meist in mehrere Gruppen unterteilt. Zwischen diesen können *Dampfkühler f* (Oberflächen-, Einspritz- oder Wasserbadkühler) angeordnet sein, welche bei Belastungsschwankungen des Kessels eine Konstanthaltung der Temperatur des abgegebenen Dampfes durch Steuerung von Hand oder durch Regler ermöglichen.

Die Wirksamkeit der Regelung und ihre Anpassung an Belastungsschwankungen des Kessels wird durch *Dampftemperatur*messungen vor und hinter den *Dampfkühlern* (*1207/10*) überwacht. Gegebenenfalls wird auch der *Durchfluß* des *Einspritzwassers* (*1217*) vor den Kühlern gemessen.

Auf den Heizflächen der Überhitzer können sich im Laufe der Betriebszeit des Kessels Ablagerungen ansammeln, welche das Rohrmaterial chemisch angreifen und beschädigen können. Derartige *Verschmutzungen* des *Überhitzers* führen zu einer dauernden Erniedrigung der Dampftemperatur vor dem Dampfkühler. In gleicher Weise bewirken Verschmutzungen des Feuerraumes eine ungewollte Verschiebung der Wärmezufuhr auf die nachgeschalteten Heizflächen des Überhitzers und damit eine Erhöhung der Dampftemperatur[2]. Auch

---

[1] S. Fußnote 2, S. 127.

[2] Bekämpfung der Heizflächenverschmutzung im besonderen bei Kesselanlagen für aschenreiche Brennstoffe. Merkblatt, herausgegeben vom Verein für die bergbaulichen Interessen, Essen, unter Mitwirkung des Technischen Überwachungs-Vereins, Essen, und der Vereinigung der Deutschen Dampfkessel- und Apparate-Industrie e. V., Düsseldorf. — H. THEOBALT: Rauchgasseitige Kesselreinigung. BWK Bd. 3 (1951) H. 6, S. 192.

diese Verhältnisse kann man durch die Kontrolle der Dampftemperaturen überwachen und für rechtzeitige Abhilfe durch Rußblasen sorgen.

In Abb. 128 ist ein Kondensationskraftwerk mit einer *Vorschaltstufe* dargestellt. Die vier Hochdruckdampfkessel *a* besitzen je 2 Überhitzergruppen mit dazwischengeschalteten Einspritzkühlern. Außerdem sind sie mit Heizflächen *b* für die *Zwischenüberhitzung* des Gegendruckdampfes der Vorschaltturbinen durch Rauchgase ausgerüstet. Der Dampf wird den nachgeschalteten Kondensationsturbinen *d*, also überhitzt, zugeführt. Die Dampfverteilung auf die einzelnen Zwischenüberhitzer wird durch fernsteuerbare Ventile eingestellt. Die Temperatur des zwischenüberhitzten Dampfes kann mit Hilfe von Einspritzkühlern geregelt werden.

Auch bei diesem Beispiel ist die wärmetechnische Überwachung der Überhitzer der Dampfkessel, der zugehörigen Dampfkühler und der Heißdampfleitung im wesentlichen nach den schon dargelegten Gesichtspunkten ausgeführt. Für die Verteilung der Belastung auf die einzelnen *Zwischenüberhitzer* sind Meßgeräte für den *Durchfluß* des Dampfes (*1216*) und für den *Dampfdruck* (*1204*) vorgesehen, für die Regelung der Überhitzer und für die Überwachung der Verschmutzung der Heizflächen solche für die *Dampftemperaturen vor den Einspritzkühlern* und *vor* und *hinter* den Zwischenüberhitzern (*1214/12/13*).

Für die Messung der Dampftemperaturen an Dampfkühlern und Zwischenüberhitzern eignen sich sowohl Platin-Widerstandsthermometer als auch Thermopaare. Bei hohen Dampfgeschwindigkeiten erhalten vielfach letztere den Vorzug, weil sie unempfindlicher gegen Erschütterungen und Schwingungen des Thermometers sind und weil sie eine geringere Anzeigeverzögerung als Widerstandsthermometer haben. Dabei ist es zur Vermeidung von Meßfehlern wichtig, auf konstante Vergleichsstellentemperatur zu achten. In allen Fällen, wo starke mechanische Beanspruchungen nicht zu befürchten sind, ist das Widerstandsthermometer vorteilhafter, besonders bei niedrigen Dampfdrücken. Bei hohen Dampfdrücken empfiehlt es sich, die Schutzrohre der Thermometer in die Leitungen einzuschweißen.

Die Messung der Belastung der einzelnen Zwischenüberhitzer (*1216*) kann nach dem Wirkdruckverfahren mit Drosselgerät und Durchflußmesser in der üblichen Weise erfolgen. Die Meßstelle befindet sich hinter dem Zwischenüberhitzer, weil sich dort die aus den Belastungsänderungen der Vorschaltturbinen sich ergebenden Dampftemperaturänderungen nicht mehr auswirken.

Der Druck des zwischenüberhitzten Dampfes wird mit Rohrfedermanometern gemessen.

Beim schnellen Anfahren von Mitteldruck- und Hochdruckkesseln können die Überhitzerrohre an einzelnen Stellen sehr hohe Temperaturen annehmen und dadurch Schaden leiden. Diese Gefährdung des Überhitzers ist durch die Überwachung der Dampftemperatur am Überhitzeraustritt nicht erkennbar, weil diese nicht rasch genug

Ketnath, Meßwesen

9

ansteigt und auch nicht die Höhe erreicht, wie in den Rohren im Innern des Überhitzers[1].

Bei manchen Dampfkesselbauarten ist es daher empfehlenswert, die Oberflächentemperaturen (*1211*) verschiedener Rohre im Inneren des Überhitzers zu überwachen, besonders dann, wenn die Kessel rasch in Betrieb genommen werden.

Dazu eignen sich besonders Nickelchrom-Nickel-Thermopaare, welche an die Rohroberfläche angeschweißt sind. Die beiden Thermodrähte werden — durch keramische Isolierrohre geschützt — an dem Überhitzerrohr entlang nach außen zu dem Umschalter für das zugehörige Anzeigegerät geführt.

δ) Der Dampfzustand. Der *Zustand* des *erzeugten Dampfes* ist in thermodynamischem Sinne gekennzeichnet durch Druck und Temperatur. Er ist maßgebend für das Arbeitsvermögen des Dampfes. Durch eine Unterschreitung der vorgeschriebenen Werte wird die Leistung der Turbinen herabgesetzt. Andererseits kann eine unzulässige Überschreitung die Betriebssicherheit der Kessel und Maschinen gefährden.

Druck und *Temperatur* des aus dem Kessel austretenden Dampfes sind also Größen von grundlegender Bedeutung. Sie sollen daher nicht nur angezeigt, sondern auch registriert werden.

Der Druck des in das Netz abgegebenen Dampfes ist um den Strömungswiderstand im Überhitzer niedriger als der Druck in der Kesseltrommel. Es ist daher bei größeren Kesseln notwendig, am Überhitzeraustritt und hinter dem Absperrventil des Kessels weitere Druckmesser (*1202/3*) vorzusehen (Abb. 118 u. folg.) Sie zeigen den *Druck* des *Dampfnetzes* und am Kesselaustritt an und sind daher auch beim Zuschalten des Kessels auf das Netz von Nutzen. Im übrigen liegen die Verhältnisse hinsichtlich der Auswahl der Meßgeräte und der Justierung ähnlich, wie bei der Messung des Sattdampfdruckes in der Kesseltrommel.

Ebenso werden die Thermometer für die *Dampftemperatur* am *Kesselaustritt* (*1205/6*) nach den im vorhergehenden Abschnitt dargelegten Gesichtspunkten vorgesehen.

Neben dem thermodynamischen Zustand des erzeugten Dampfes ist aber vor allem auch der *Salzgehalt* des Dampfes von großer Bedeutung. Salzablagerungen im Überhitzer, in Dampfleitungen und zwischen Turbinenschaufeln können sich unter Umständen durch erhöhte Materialbeanspruchungen im Dampfkessel und erhebliche Lei-

---

[1] TEN BRINK, I.: Anfahren von Dampfkesseln unter besonderer Berücksichtigung der Überhitzer. Mitt. VGB 1953, H. 24, S. 463. — S. KÖHLER: Anfahren der neuen Hochdruckkessel im Großkraftwerk Mannheim. Mitt. VGB 1953, H. 24, S. 468. — O. ELWERT: Anfahrversuche an einem Hochleistungsstrahlungskessel mit kombinierter Feuerung in Blockschaltung mit der Turbine. Mitt. VGB 1953, H. 24, S. 474. — O. ENGLER: Auswirkungen der Konstruktion auf das Anfahren von Hochdruckkesseln. Mitt. VGB 1953, H. 24, S. 481. — W. LENZ: Amerikanische Erfahrungen beim Schnellstart großer Hochdruckkessel. Mitt. VGB 1953, H. 24, S. 488.

stungsminderungen der Maschinen[1] unangenehm bemerkbar machen. Bei Drücken unter 80 kg/cm² ist der Salzgehalt des Dampfes auf das Mitreißen von Wasser beim Schäumen oder Spucken des Kessels zurückzuführen[2]. Bei höheren Drücken bzw. Temperaturen wirkt jedoch der Dampf möglicherweise als Lösungsmittel. Die Löslichkeit verschiedener Salze im Dampf ist sehr unterschiedlich[3].

Es können deshalb Bedingungen auftreten[1], unter welchen sich gewisse Salze ausschließlich im Überhitzer abscheiden, während der Heißdämpf praktisch frei von Salzen ist. Man soll daher Proben für die Leitfähigkeitsbestimmung möglichst in der Sattdampfleitung vor dem Überhitzer entnehmen (*1218*). Damit erfaßt man allerdings Verunreinigungen des Dampfes, welche durch Fehler an den Dampfkühlern oder durch das Einspritzwasser verursacht sein können, nicht. Man kann daher gegebenenfalls den Salzgehalt des Satt- und des Heißdampfes bestimmen (*1219*) und zu diesem Zweck die Entnahmeeinrichtung für die Proben umschaltbar machen.

ε) *Dampferzeugung und Speisewasserbedarf.* Die Kenntnis des zeitlichen Verlaufes der *Kesselbelastung* und der *gesamten Dampferzeugung* in einem bestimmten Zeitraum ist für die Betriebsführung zum Zwecke der Bilanzbildung erforderlich. Der Heizer benötigt dagegen lediglich eine Anzeige der augenblicklichen Dampfabgabe (*1215*), damit er die Brennstoff- und Luftzufuhr so der Belastung anpassen kann, daß sich der Dampfdruck möglichst wenig ändert.

Obwohl die erzeugte *Dampfmenge* nur um den Betrag der abgesalzten *Kessellauge* kleiner als die Speisewassermenge ist, kann man auf die Messung des Durchflusses des *Speisewassers* (*1107*) nicht verzichten, weil er dem Heizer eine Kontrolle über das einwandfreie Arbeiten selbsttätiger Speisevorrichtungen ermöglicht. Diese sollen wegen des geringen Wasserinhaltes moderner Großkessel einer dauernden Nachprüfung unterzogen werden.

Wenn der Aufwand an Meßeinrichtungen niedrig bleiben soll, empfiehlt es sich, den Durchfluß des Dampfes und des Speisewassers für den Heizer anzuzeigen und die Speisewassermenge zu zählen und gegebenenfalls den Durchfluß des Dampfes aufzuzeichnen. Die Durchflußmessung des Speisewassers ist im allgemeinen betriebssicherer und genauer als die des Dampfes. Korrekturen für Abweichungen des Betriebszustandes (des Druckes und der Temperatur) des Meßstoffes gegenüber dem Berechnungszustand fallen bei der Wassermessung viel weniger ins Gewicht, so daß sich Einrichtungen für selbsttätige Berichtigungen, die ja zusätzliche Störungen verursachen können, erübrigen.

---

[1] SPLITTGERBER, A.: Über das Versalzen und Verkieseln von Überhitzern und Turbinen durch Kesselwassersalze und Abhilfemaßnahmen. Techn. Mitt. Hauses Techn. 31. Jg. (1938) H. 24.

[2] S. Fußnote 1, S. 127.

[3] FUCHS, O.: Hochgespannter Wasserdampf als Lösungsmittel. Z. Elektrochem. Bd. 47 (1941) H. 101. — H. LIST: Theorie und Praxis moderner Speisewasserpflege. Mitt. VGB 1951, H. 17/18, S. 32. S. aber auch Fußnote S. 82.

Die Bestimmung der *Kessellauge* als Unterschied der Durchflußmessung des Dampfes und des Speisewassers ist nicht möglich. Die
kleine Differenz ist durch die Toleranzen der Meßgeräte für Dampf
und Speisewasser, die nach längerer Betriebszeit je etwa $\pm 2\%$ betragen können, belastet. Da aber andererseits die Lauge nur etwa
3 bis 10% der Kesselleistung ausmacht, wäre die Ermittlung auf diese
Weise völlig unzureichend.

Die Durchflußmessung des Dampfes, des Speisewassers und der
Kessellauge erfolgt am besten nach dem Wirkdruckverfahren mit
Drosselgerät und Wirkdruckmesser, welches im ersten Teile der Arbeit
eingehend behandelt wurde. Die Meßeinrichtungen müssen in ihrer
Ausführung dem Druck und der Temperatur des Meßstoffes angepaßt
sein. Daneben sind aber auch jene Bedingungen zu berücksichtigen,
welche sich durch Konstruktion, Aufbau und Betriebsweise des Dampfkessels ergeben.

Für den Einbau der Drosselgeräte sind bestimmte Richtlinien[1]
einzuhalten, die man aus Raumgründen nicht immer leicht erfüllen
kann. Im allgemeinen ist die Anbringung hinter dem Dampf- bzw.
vor dem Speisewasserventil unter Einhaltung der vorgeschriebenen
geraden Rohrstrecken am besten möglich. Die betriebssicherste Anordnung ergibt sich, wenn bei ausreichender Länge der Wirkdruckleitungen der Durchflußmesser tiefer als das Drosselgerät angeordnet
wird. Wenn bei räumlich ausgedehnten Kesselanlagen eine Übertragung
der Meßwerte nach dem Heizerstand erfolgen soll, ist die elektrische
Fernmessung zweckmäßig.

Bei manchen Anlagen kann eine pulsierende Strömung auftreten,
die in den Dampfleitungen durch Dampfmaschinen und Fördermaschinen, in den Speiseleitungen durch Kolbenpumpen verursacht
sein kann. Dabei entstehen zusätzliche Fehler der Durchflußmessung
aus verschiedenen Ursachen[2]. Aus diesem Grunde kann es empfehlenswert sein, z. B. von der Messung der Kesselspeisung auf die der Dampferzeugung auszuweichen oder umgekehrt.

Grundsätzlich kann der Durchfluß der *Kessellauge* (1801) in der
Absalzleitung mit Drosselgerät und Durchflußmesser bestimmt werden.
Es ist aber zweckmäßig, Schutzgefäße mit Schutzflüssigkeiten vor das
Meßgerät zu schalten, damit die Lauge nicht eindringen kann, Anschlüsse
für die Durchspülung der Wirkdruckleitungen und des Drosselgerätes
vorzusehen und die Wirkdruckleitungen, soweit sie mit Lauge gefüllt
sind, weit zu wählen. Trotzdem wird eine sorgfältige Wartung der
Einrichtung und eine häufige Entfernung der Salzablagerungen notwendig sein. Das Drosselgerät muß in eine Leitung eingebaut werden,
in welcher auch hinter demselben noch ein so hoher Druck herrscht,
daß eine Dampfbildung nicht eintreten kann.

b) Die Feuerung. Die Feuerführung erstreckt sich:

1. auf die Anpassung der Brennstoffzufuhr an die Belastung des
Dampfkessels (Kriterium: Dampfdruck);

---

[1] S. Fußnote S. 47, 56.   [2] S. Fußnote S. 47.

2. auf die wirtschaftliche Verbrennung bei günstigstem Luftüberschuß, d. h. auf die richtige Anpassung der Luftzufuhr an die Brennstoffmenge (Kriterium: Abgasanalyse oder Kesselwirkungsgrad);

3. auf den störungsfreien Abzug der Abgase aus der Feuerung (Kriterium: Feuerraumdruck).

α) *Der Wärmeaufwand.* Fehler in der Anpassung der Brennstoffzufuhr an die Belastung des Dampfkessels machen sich durch Abweichungen des Dampfdruckes vom Sollwert bemerkbar.

Für die Erzeugung einer bestimmten Dampfmenge ist eine gewisse, in Brennstoffen gebundene Wärmemenge aufzuwenden. Deren Bestimmung ist sowohl hinsichtlich der Feuerführung von Bedeutung, weil sie der Kesselbelastung anzupassen ist, als auch im Hinblick auf die Wirtschaftlichkeit der Dampferzeugung. Leider läßt sich der *Wärmeaufwand* als Produkt von *Heizwert* und *Brennstoffmenge* meßtechnisch nicht auf einfache Weise erfassen. Bei dem derzeitigen Stande der Meßtechnik muß man sich damit begnügen, die Brennstoffmenge zu messen und den Heizwert in regelmäßigen Abständen durch Stichproben zu bestimmen, so daß sich, wenigstens über längere Zeiträume hinweg, ein zuverlässiger Mittelwert des Wärmebedarfes und der Verdampfungsziffer ergibt.

Nur bei Gasfeuerungen wäre eine kontinuierliche Messung des Heizwertes möglich. Trotzdem haben sich solche Meßeinrichtungen bisher für die Kesselüberwachung nicht eingeführt. Statt dessen kann in der Hauptgasleitung der prozentuale *Anteil der wichtigsten Gaskomponenten* des Heizgases, z. B. CO, H_2 und CO_2 (Abb. 120, Meßstelle *1608*) registriert werden. Derartige Mehrfachanalysen sind am besten nach dem Absorptionsverfahren ausführbar.

Infolge dieser meßtechnischen Schwierigkeiten wird im praktischen Betrieb der Wärmeaufwand für Feuerungen in erster Annäherung nach der *Brennstoffmenge* beurteilt.

Bei Dampfkesseln mit *Gasfeuerungen* (Abb. 120) bereitet im allgemeinen die Bestimmung des *Brennstoffdurchflusses* (*1605/6*) und der Menge keine besonderen Schwierigkeiten, wenn das Gas in genügendem Maße frei von Staub und teerhaltigen Verunreinigungen ist. Als Durchflußmesser kommen vor allem Ringwaagen und Tauchglockensysteme in Frage. Die zugehörigen Drosselgeräte sind an solchen Stellen anzubringen, wo Druck- und Temperaturänderungen des Brenngases die Messung möglichst wenig beeinflussen. Das ist bei der Anlage der Abb. 120 vor den Regelklappen v_1 der Fall, welche zur Anpassung der Gaszufuhr an die Belastung des Kessels dienen. Der Kessel kann von der Hauptgasleitung durch zwei Gasschieber abgetrennt werden, von welchen einer v_2 bei unzulässiger Absenkung des Gasdruckes selbsttätig sperrt. Der zweite Schieber v_3 kann elektrisch fernbetätigt werden. Er befindet sich außerhalb des Kesselhauses. Diese Ausrüstung ist aus Sicherheitsgründen vorgeschrieben.

Die Steuerung der Gaszufuhr und die Kontrolle der Funktionsfähigkeit der Absperr- und Regelorgane kann durch die Messung des *Gasdruckes* vor den Brennern (*1602/3*) erfolgen.

Darüber hinaus ist aus Sicherheitsgründen die Überwachung des *Druckes* in der *Hauptgasleitung (1601)* polizeilich vorgeschrieben.

Für Gasdruckmessungen eignen sich neben Membraninstrumenten wegen der höheren Betriebssicherheit vor allem Ringwaagen.

Bei der *Ölfeuerungsanlage* der Abb. 123 ist der *Öldruck* vor den *Brennern (1901)* durch Ventile regelbar, wobei die Förderpumpen *d* mit gleichbleibender Drehzahl laufen. Auf diese Weise wird die Ölzufuhr zu den Brennern der Belastung des Dampfkessels angepaßt. Der *Öldruck* vor den Brennern gilt dabei als Maß für die Brennstoffzufuhr. In der Speiseleitung vor den Brennern kann der gesamte *Brennstoffverbrauch (1905)* — etwa mit Hilfe von Ovalradzählern — bestimmt werden. Sie zeigen sowohl die Menge als auch den Durchfluß an.

Bei *Rostfeuerungen* (Abb. 118) eignen sich zur Bestimmung der *Brennstoffmenge* voll- oder halbautomatische Behälter- und Förderbandwaagen *(1401)*. Moderne Ausführungen zählen nicht nur den gesamten Brennstoffdurchsatz, sie geben auch die Stundenleistung an. Auch die Registrierung und elektrische Fernübertragung der Meßwerte nach dem Heizerstand ist ausführbar. Die Brennstoffmengenmessung fügt sich also gut in den Rahmen der übrigen Meßanlage ein. Die *stündliche Brennstoffleistung* kann näherungsweise bei gleichbleibender Schütthöhe durch die *Rostvorschubgeschwindigkeit (1402)* dargestellt werden. Dabei werden mit dem Rost kleine Geberdynamos oder Meßgebläse gekuppelt unter Benutzung von Spannungs- oder Frequenzmessern bzw. Druckmessern als Anzeigegeräte.

Bei *Kohlenstaubfeuerungen* (Abb. 119) wird im allgemeinen ebenfalls die gesamte aus dem Bunker entnommene *Rohkohlenmenge (1401)* durch Wägung bestimmt. Die den einzelnen Mühlen in der Zeiteinheit zugeteilten Mengen können mit Hilfe der *Drehzahl*messung an den *Zuteiler*vorrichtungen *(1403)* überwacht werden.

Mit Ausnahme der Waagen ist die Genauigkeit der Verfahren nur so lange einigermaßen befriedigend, als sich die Beschaffenheit der Brennstoffe (z. B. Korngröße, Feuchtigkeit) und sonstige Verhältnisse (z. B. Schütthöhe bei Rostfeuerungen, Bunkerfüllung bei Staubbunkern) nicht zu sehr ändern.

Bei allen Brennstoffmengenmessungen wird im allgemeinen nicht nur der momentane Verbrauch zur Steuerung der Brennstoffzufuhr ermittelt, sondern vor allem die Gesamtmenge für die Kontrolle der Wirtschaftlichkeit auch gezählt.

β) *Verbrennungsvorgang und Luftüberschuß.* Schon im ersten Teil wurde dargelegt, daß eine wirtschaftliche *Verbrennung* einen ganz bestimmten, *günstigsten Luftüberschuß* erfordert. Sowohl bei zu hohem Luftüberschuß als auch bei Luftmangel treten zusätzliche Verluste in Erscheinung.

Grundsätzlich könnte die der Feuerung in der Zeiteinheit zugeführte Brennstoffmenge gemessen und ein entsprechendes Luftquantum beigegeben werden. Dieses Verfahren eignet sich aber nur für Feuerungen, bei welchen der Brennstoffverbrauch hinreichend genau bestimmt werden kann. Das ist zwar bei Feuerungen mit gasförmigen und flüssigen Brennstoffen der Fall, welche meist mit selbsttätigen Gemischreglern ausgerüstet werden, nicht aber bei der Verwendung fester Brennstoffe. Der Luftüberschuß wird daher meist durch die *Analyse der Abgase (1319)* bestimmt.

Die Verfahren der Abgasanalyse, die Montage der Geräte und die Folgerungen, welche sich aus den Meßresultaten ergeben[1], sind in dem ersten Teil der Arbeit eingehend besprochen. Es handelt sich um eine der wichtigsten. Messungen des Dampfkesselbetriebes. Der zeitliche Verlauf der Meßgrößen wird deshalb im allgemeinen aufgezeichnet.

Der Abgasanalyse haften manche Nachteile[2] an. W. GERMER hat daher ein Verfahren angegeben, bei welchen unter gewissen Voraussetzungen[3] der *Kesselwirkungsgrad* unmittelbar gemessen wird. Es gründet sich auf die Bestimmung der Dampferzeugungs- und der Abgaswärme und setzt die Messung des Durchflusses, des Dampfes (*2115*) und der Rauchgase (*1321*), sowie der Temperaturen, der Abgase (*1318*) und der Raumluft (*1529*) voraus. Ein von diesen Einzelmessungen beaufschlagtes Quotientengerät in Sonderbrückenschaltung[4] zeigt unmittelbar den Wirkungsgrad des Kessels an (*1320*). Ein übersichtliches Einstelldiagramm, welches den für die jeweilige Kesselbelastung unter der Bedingung des günstigsten Wirkungsgrades erforderlichen Durchfluß der Rauchgase angibt, erleichtert die Feuerungsführung. Der Durchfluß der Rauchgase ist dabei die Einstellgröße für die Verbrennungsluft.

In Abb. 119 und 121 ist als Kontrolleinrichtung für die Feuerung eine Kesselwirkungsgradmeßanlage angedeutet.

δ) Die Verbrennungsluft. Im vorhergehenden Abschnitt wurde dargelegt, daß die Zufuhr der Verbrennungsluft in einem bestimmten *Verhältnis* zur Brennstoffzufuhr stehen muß und wie die Einhaltung dieses Verhältnisses kontrolliert wird.

Im folgenden Abschnitt soll angegeben werden, wie die Luft zugeführt und dabei hinsichtlich ihrer Menge und ihres Zustandes überwacht wird.

Die Verbrennungsluft wird bei größeren Kesselanlagen durch Gebläse angesaugt, vorgewärmt, in ihrem Durchfluß dem Brennstoffbedarf angepaßt und als *Erst-* und *Zweitluft* dem Feuerraum zugeführt.

Bei *Rostfeuerungen* wird, bei einem Lastanstieg, zunächst der Zug vergrößert. Der auf dem Rost aufgespeicherte Brennstoff spricht auf

---

[1] GARTSCHECK: Die Heizerprämie. Wärme 65. Jg. (1952) H. 51 u. 52. — WEHA: Steigerung der Wirtschaftlichkeit durch Rauchgasprüfung. Wärme 63. Jg. (1940) H. 11.

[2] GERMER, W. E.: DRP 714273 24m/4. — J. KÖCHLING: Ein Wirkungsgradmesser für Kesselanlagen. Arch. Wärmew. Bd. 20 (1939) S. 169 — Der Wirkungsgradmesser für Kesselfeuerungen. Progressus 1941, H. 1. — W. E. GERMER: Die Feuerführung von Dampfkesseln mit Wirkungsgradmeßverfahren. Mitt VGB 1951, H. 14, S. 293.

[3] BECK, K.: Feuerungsüberwachung durch Mengenmessung. Technik Bd. 2 (1947) H. 2.

[4] EGGERS, H. R.: Zweckmäßige Ausführung des Kesselwirkungsgradmessers. Elektrizitätswirtsch. Bd. 41 (1942) H. 21.

diese Steigerung der Verbrennungsluft relativ rasch an. Anschließend muß jedoch auch der Rostvorschub der Belastungszunahme angepaßt werden. Ungünstiger verhält sich die Rostfeuerung dagegen gegenüber großen Lastabsenkungen. Bei *Staubfeuerungen* mit Einblasemühlen wirkt sich bei einem Belastungsanstieg die Trägheit der Mühlen nachteilig aus. Hier wird zunächst die Kohlezuteilung und dann die Luftzufuhr der Belastungszunahme angepaßt. Dagegen vermögen Staubfeuerungen mit Zwischenbunkerung des Kohlenstaubs Belastungsschwankungen rascher zu folgen. Das gilt auch für Gas- und Ölfeuerungen, bei welchen jedoch — aus Sicherheitsgründen — bei einer Vergrößerung der Last zuerst die Verbrennungsluft und anschließend die Brennstoffzufuhr geändert wird. Bei Lastabsenkungen verfährt man umgekehrt.

Die Verbrennungsluft wird bei kleinen Kesseln durch Klappen bei Großkesseln auch durch die Verstellung von Leitschaufeln in zugehörigen Gebläsen oder durch die Änderung der Drehzahl der Gebläse mit Hilfe von Kommutatormotoren oder Schleifringläufern in Verbindung mit Regelwiderständen oder Flüssigkeitskupplungen gesteuert.

Luftvorwärmer sind — einflutig oder zweiflutig — oft in mehrere Gruppen unterteilt, im Zug der Abgase, gegen den Schornstein zu, untergebracht. Bei zweiflutiger Ausführung werden meist zwei Frischluftgebläse angewendet (Abb. 118 bis 121).

Bei LJUNGSTRÖM-Vorwärmern *h*, z. B. Abb. 121, nehmen Bleche, welche im Zuge der Rauchgase liegen, deren Wärme auf. Ein Motor dreht das Gestell mit diesen Blechen langsam in den Zug der vorzuwärmenden Luft, wo sie ihre Wärme wieder abgeben.

Ein Teil der Heißluft, die *Erstluft*, wird zusammen mit den Brennstoffen in die Feuerung eingeführt, und zwar bei Rostfeuerungen als Unterwind durch die Zonen des Rostes (Abb. 118), bei Staubfeuerungen als Tragluft für den Kohlenstaub.

Zur Durchwirbelung der Flammen wird außerdem noch *Zweitluft* in den Feuerraum eingeblasen. Bei Rostfeuerungen (Abb. 118) genügt dazu eine relativ geringe Luftmenge. Sie hat jedoch höheren Druck als die Erstluft. Es sind deshalb ein oder zwei gesonderte Zweitluftgebläse erforderlich. Bei Staubfeuerungen (Abb. 119) wird die Zweitluft, welche den größten Teil der Verbrennungsluft ausmacht, im allgemeinen mit gleichem Druck wie die Erstluft in der Nähe der Brenner in den Feuerraum gebracht. Die Erst- und die Zweitluft führt man dabei in getrennten Kanälen.

Die meßtechnische Kontrolle der Luftverhältnisse erstreckt sich vor allem auf die Steuerung, Verteilung und auf den Zustand der Luft.

Bei größeren Dampfkesseln ist es zweckmäßig, den *Durchfluß* der *gesamten Verbrennungsluft* zu messen, weil ja diese der Brennstoffzufuhr anzupassen ist. Bei der Form der Luftkanäle und bei den gegebenen räumlichen Verhältnissen ist der normgerechte Einbau eines Drosselgerätes für die Durchflußmessung gewöhnlich nur schwer zu bewerkstelligen. Man begnügt sich daher manchmal damit, den am

Luftvorwärmer auftretenden *Differenzdruck* (*1534/35*) zu bestimmen (Abb. 120). Er ist näherungsweise ein Maß für das Quadrat des Durchflusses. Die zugehörigen Anzeigegeräte (Ringwaagen, Kapselfedermanometer oder U-Rohre) haben also eine quadratisch geteilte Durchflußskala, sofern nicht Geräte mit Radiziereinrichtung verwendet werden.

Bei der Kesselwirkungsgradmessung nach GERMER (Abb. 119 u. 121) ist der *Durchfluß* der *Feuerungsabgase* (*1321*) das Maß und die Einstellgröße für die Verbrennungsluft. Er wird im Fuchs mit Hilfe eines venturikanalartigen Drosselgerätes in Verbindung mit einem Tauchglockengerät gemessen. Der Durchflußbeiwert muß experimentell ermittelt werden.

An größeren Frischluftgebläsen mit verstellbarer Drehzahl und Feinregelung des Luftdurchflusses durch Klappenverstellung wird die *Drehzahl* der *Lüfter* (*1536/37*) und die Klappenstellung (*1538*) als Maß für den Durchfluß der gesamten Verbrennungsluft angesehen (Abb. 121).

Durch eine Reihe von *Luftdruck*messungen kann die Wirkung der Gebläse und die Stellung verstellbarer Klappen in den Luftkanälen kontrolliert werden. Bei Rostfeuerungen soll der Druck des Unterwindes bzw. der Zug gerade so hoch sein, daß er eben den Widerstand des Brennstoffbettes überwindet. Bei Staubfeuerungen erfolgt die Anpassung der Verbrennungsluft an die Staubzufuhr — als Zweitluft — mit Hilfe von verstellbaren Klappen in Luftkanälen gesondert von der Tragluft der Mühlen.

Demgemäß werden die *Luftdrücke* hinter den *Frischluftgebläsen* (*1501/02*), hinter dem *Luftvorwärmer* (*1503/04*) im *Zweitluftkanal* (*1507/08*), außerdem bei Rostfeuerungen im Unterwindkanal (1505) und in den einzelnen *Zonen* (*1506*) des Rostes gemessen (Abb. 118ff.).

Die dafür bestimmten Druckmesser werden zweckmäßig in unmittelbarer Nähe der zugehörigen Verstellorgane angebracht. So werden z. B. die Drücke in den einzelnen Zonen des Wanderrostes gewöhnlich am Kessel durch U-Rohre angezeigt, während andere Meßstellen durch umschaltbare Kapselfedermanometer an dem Kesselleitstand überwacht werden, besonders dann, wenn dort auch die zugehörigen Verstelleinrichtungen betätigt werden.

Wenn Frischluft mit zu niedriger *Temperatur* in den Luftvorwärmer eintritt, können auf der Abgasseite Taupunktunterschreitungen auftreten, welche eine Verschmutzung und Korrosionen an den Heizflächen verursachen können. Die Frischluft wird dehalb durch eine Zumischung von Heißluft angewärmt (Abb. 118 u. 119). Zur Kontrolle der Heißluftbeimischung und der Wirksamkeit der Luftvorwärmer und ihres Zustandes werden die *Temperaturen* der *Verbrennungsluft* am Eintritt und am Austritt aus den einzelnen Vorwärmergruppen (*1517/20*) und unmittelbar vor den *Erst-* und *Zweitluftdüsen* der Feuerung (*1521/24*) gemessen. Die Überwachung dieser Lufttemperaturen kann am besten durch Widerstandsthermometer durchgeführt werden.

Ein *Beispiel* für die Anwendung dieser Grundsätze zeigt — neben den vorhergehenden Abb. 118 und 119 — besonders Abb. 121, in welchem die Überwachung eines Dampfkessels mit Schmelztiegelfeuerung dargestellt ist. Vom eigentlichen Feuerraum q des Kessels ist der Schmelztiegel s durch den Schlackenfangrost p abgetrennt. Die Staubzufuhr, von den Einblasemühlen k ausgehend, erfolgt auf der Oberseite des Schmelztiegels. Die gesamte Frischluft wird durch ein Axialgebläse i_1 angesaugt. Dessen Antrieb erfolgt durch einen polumschaltbaren Motor in zwei Drehzahlstufen. Dadurch ergibt sich eine Grobregelung der gesamten Verbrennungsluft. Die Feinregelung kann durch die Verstellung von Leitschaufeln $K\,5$ innerhalb des Gebläses erfolgen. Von der geförderten Frischluft kann — bei Bedarf — ein geringer Teil als Kaltluftbeimischung für die Trägerluft der Mühlen mittels einer fernsteuerbaren Klappe $K\,4$ abgezweigt werden. Der Hauptanteil der Luft wird durch die fühlbare Wärme der Abgase mit Hilfe eines LJUNGSTRÖM-Luftvorwärmers h erwärmt. Diese Heißluft dient zum Teil als Trägerluft für den Kohlenstaub. Der Rest wird als Verbrennungsluft dem Schmelztiegel zugeführt, und zwar mit verschiedenen Drücken, als Niederdruck- und Hochdruckluft. Sowohl für die Mühlenluft als auch für die Hochdruckluft sind Druckerhöhungsgebläse i_2, i_3 notwendig.

Die *Steuerung* dieser verschiedenen *Luftströme* kann auf Grund entsprechender Luftdruckmessungen mit Hilfe von verstellbaren Klappen K_1, K_2, K_3 durchgeführt werden, und zwar teils vom Heizerstand aus, teils an Ort und Stelle.

In erster Linie läuft dabei das Frischluftgebläse auf einer, dem jeweiligen Lastzustand des Kessels — Vollast oder Schwachlast — entsprechenden Drehzahlstufe. Außerdem wird auch die Nieder- und Hochdruckluft durch Klappen K_{1a} und K_{2a} vor den einzelnen Düsen zunächst an Ort und Stelle entsprechend der Last des Kessels grob eingestellt, mit Hilfe dort befindlicher U-Rohre (*1507a* bis *1512a*). Die Nachregelung bei Lastschwankungen kann dann durch die Verstellung des Drallreglers, des Frischluftgebläses K_5 sowie durch Änderungen der Klappenstellungen für die Hoch- und Niederdruckluft K_2 und K_1 vom Heizerstand aus erfolgen (*1550, 1554/55/58/59*).

Dementsprechend sind Meßgeräte vorgesehen für die *Drehzahl* (*1536*) und *Leitschaufelstellung* (*1538*) des *Frischluftgebläses*, für den *Druck* der *Luft* nach dem Frischluftgebläse (*1501*) am Luftvorwärmeraustritt (*1503*), für die Niederdruckluft (*1507/8*) und für die Hochdruckluft (*1511/12*) nach den fernsteuerbaren und nach den örtlich verstellbaren (*1507a/08a* bzw. *1511a/12a*) Klappen. Das Maß für den *Durchfluß* der gesamten *Verbrennungsluft* ist hier der Durchfluß der Abgase (*1321*). Dazu kommen *Temperaturmessungen* an den entsprechenden Stellen: Vor (*1517*) und hinter dem Luftvorwärmer (*1519/20*), in den Niederdruck- (*1521/22*) und Hochdruckluftkanälen (*1523/24*).

Bei größeren Dampfkesseln werden die Motoren der Gebläse und die Regelklappen in den Luftkanälen meist vom *Heizerstand* aus *gesteuert*. Die Schutzschalter für die Antriebsmotore vereinigt man dabei

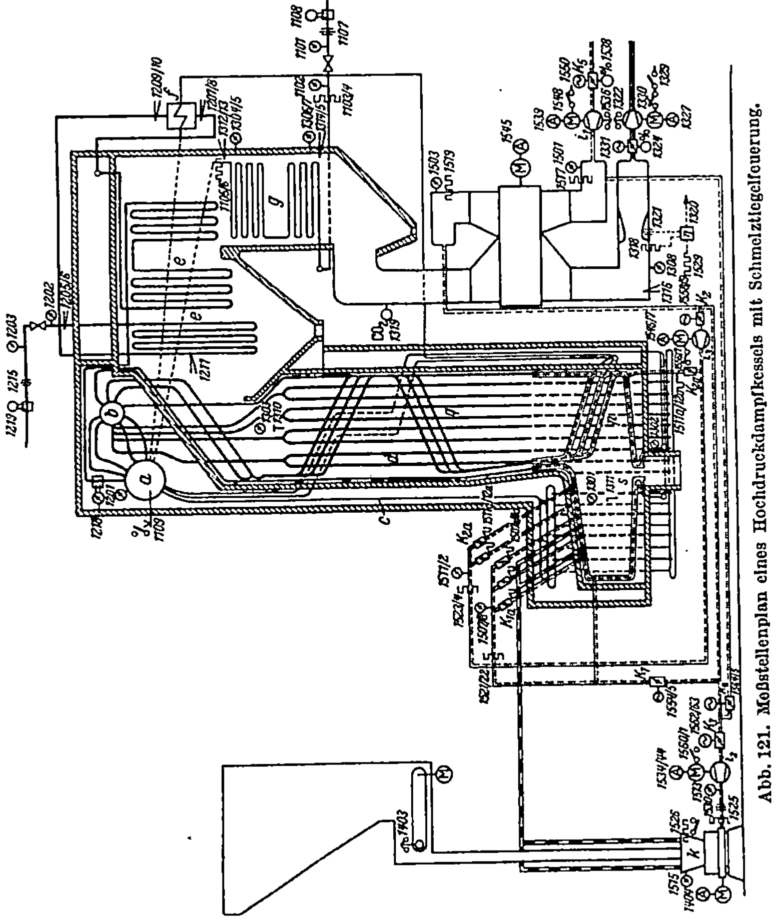

Abb. 121. Meßstellenplan eines Hochdruckdampfkessels mit Schmelzziegelfeuerung.

gewöhnlich in einer gußgekapselten Schaltanlage. Es ist dann zweckmäßig, den Betriebszustand der Motoren durch Lampen, Stellungsanzeiger oder durch Strommesser (*1539* bis *1547*) auch dort anzuzeigen. Allenfalls erforderliche *Stromwandler* sind bei größeren Längen der sekundären Anschlußleitungen für eine entsprechend niedrige Sekundärstromstärke auszulegen, etwa für 1 A, damit sie nicht durch eine zu hohe Bürde der Leitungen in ihrer Genauigkeit gemindert werden.

δ) *Feuerraum, Kesselzüge und Schmelzräume.* Von besonderer Bedeutung für den Betrieb von Feuerungen sind die Verhältnisse im *Feuerraum* und in den *Zügen* des Kessels sowie in den *Schmelzräumen.* Das gilt vor allem hinsichtlich des Abzuges der Verbrennungsgase aus der Feuerung, der Verschmutzung der Heizflächen und bei Schmelzfeuerungen auch hinsichtlich des Schlackenflusses.

In den vorhergehenden Abschnitten wurde gezeigt, daß die Luftzufuhr zur Feuerung der Brennstoffzufuhr angepaßt sein muß. Das Kriterium für die richtige Bemessung dieses Verhältnisses liefert die Abgasanalyse. Dabei muß auch ein der Luftzufuhr entsprechendes Gasvolumen wieder aus der Feuerung durch den Zug des Schornsteins oder des Saugzugventilators entfernt werden, wenn es nicht zu Stauungen im Zuge der Rauchgase kommen soll. Das Kriterium für die richtige Bemessung des Zuges ist der Unterdruck der Verbrennungsgase im oberen Teil des Feuerraumes. Er soll hier etwa −1 bis −3 mm WS betragen. Bei zu hohem Unterdruck würde zuviel Falschluft in die Feuerung gesaugt. Bei Überdruck würden Rauchgase in das Kesselhaus austreten und sich die Flammen an das Mauerwerk anlegen und dieses zerstören. Auch in den übrigen Teilen der Feuerung, welche im Zuge der abziehenden Gase vor oder hinter dem Feuerraum liegen, muß ihr Druck auf den des Feuerraumes abgestimmt sein. Das gilt besonders für die Züge des Kessels, in welchen die Nachschaltheizflächen untergebracht sind. Dort soll der Unterdruck der Abgase unter Voraussetzung eines gleichbleibenden Strömungsquerschnittes gegen den Schornstein zu stetig zunehmen. Sonst könnte es dort zur Ansammlung brennbarer Gase und damit zu Explosionen und Verpuffungen kommen, besonders bei Gas-, Öl- und Kohlenstaubfeuerungen.

Die meßtechnische Überwachung dieser Verhältnisse erfolgt (Abb. 118 bis 121) in erster Linie durch Druckmessungen im Feuerraum (*1303*) und in den Kesselzügen nach dem Überhitzer (*1304/5*), dem Speisewasser- (*1306/7*) und dem Luftvorwärmer (*1308/9*). Bei großen Kesseln werden die Unterdrücke der Abgase in den Kesselzügen auf der linken und rechten Seite gemessen. Die Drucküberwachung in den Zügen des Kessels ermöglicht nicht nur die Aufdeckung von Stauungen im Abzug der Rauchgase, sondern auch eine Beurteilung der Verschmutzung der Nachschaltheizflächen auf der Rauchgasseite[1]. Sofern bei Schmelzkammerkesseln der Feuerraum durch einen Schlackenfangrost vom Schmelzraum abgetrennt ist, wie das bei der Schmelztiegelfeuerung der Abb. 121 der Fall ist, muß auch der Unterdruck im Schmelztiegel (*1301*) und im Granuliertopf (*1302*) überwacht werden. Der Druck ist in diesen Teilen der Feuerung niedriger als im oberen Teil des Feuerraumes.

Für Feuerräume und Schmelzräume empfiehlt sich die Verwendung von Manometern mit kleinem Anzeigebereich, etwa von U-Rohren mit schräggestellten Schenkeln, Kapselfedermanometern oder Ringwaagen. Letztere zeichnen sich durch hohe Betriebssicherheit aus, weil ihre Richtkraft nicht durch elastische Nachwirkungen und Temperatureinwirkungen beeinflußt wird. Für die Meßstellen in den Zügen des Kessels genügt die Verwendung umschaltbarer Kapselfederdruckmesser.

Die Einstellung des gewünschten Zuges der Abgase kann bei kleineren Kesseln mit Hilfe von Klappen im Fuchs erfolgen, bei größeren

---

[1] WIEMER: Zugwiderstandsmessungen an Wasserrohrkesseln. Wärme 62. Jg. (1939) H. 6.

durch entsprechende Drehzahlstufen des Saugzuggebläses *(1330)* (Grob-einstellung) und durch die Verstellung der Leitschaufeln des Gebläses oder der Rauchgasklappen (Feineinstellung) *(1331)*.

Diese Steuerung des Abzuges der Rauchgase kann am besten unter Beobachtung von Instrumenten für die *Drehzahl* des *Saugzuggebläses* *(1322)*, für die *Leitschaufel-* oder *Rauchgasklappenstellung* *(1325)* ge-schehen.

Die Drehzahl des Saugzuggebläses und die Rauchgasklappenstellung werden zweckmäßigerweise durch Fernmessung nach dem Kessel-leitstand übertragen, weil sich diese Einrichtungen im allgemeinen außerhalb des Kesselhauses befinden. Die Drehzahlmessung kann z. B. mit Hilfe einer Wechselstromgeberdynamo und eines Drehspulinstru-mentes mit Gleichrichter erfolgen, die Anzeige der Klappenstellung nach dem Stromteilerverfahren mit Widerstandsgeber (z. B. Abb. 111) und Quotienteninstrument.

In Verbindung mit der Messung des Druckes der Abgase in den Kesselzügen sind auch die Ergebnisse der *Abgastemperaturmessung* vor und hinter den einzelnen Nachschaltheizflächen von Interesse, weil sie Rückschlüsse auf deren rauchgasseitige Verschmutzung zu-lassen. Aus der Erhöhung des Zugwiderstandes und der Abgastempe-ratur im Laufe der Betriebsdauer kann man beurteilen, wann die Nachschaltheizflächen durch Rußblasen oder auf andere Weise ge-reinigt werden müssen[1]. Derartige Verunreinigungen erhöhen nicht, nur den Abgasverlust und damit den Brennstoffverbrauch des Kessels, sie können auch zu Korrosionen an Heizflächen und Regelklappen, also zu erhöhten Instandhaltungskosten führen.

Deshalb werden zweckmäßigerweise die *Abgastemperaturen* vor und hinter dem Speisewasser- und Luftvorwärmer, gegebenenfalls auf beiden Seiten des Kessels *(1312/18)* gemessen (Abb. 118 bis 121). Die Temperatur der aus dem Luftvorwärmer in den Schornstein abzie-henden Rauchgase ist mitbestimmend für die Hauptverlustquelle des Kessels, für den *Abgas*verlust. Sie geht daher in den Kesselwirkungs-grad ein. Aus diesem Grunde wird der Verlauf der Abgastemperatur an dieser Stelle vielfach registriert.

Für Abgastemperaturabmessungen werden häufig Thermopaare, aber auch Widerstandsthermometer verwendet. Wenn Brennstoffe Schwefel enthalten, ist es bei Temperaturen unter 500 bis 600° C vorteilhaft, die Thermometerschutzrohre zu emaillieren. Für höhere Temperaturen eignen sich Chromeisenrohre.

Bei Feuerungen mit Abzug fester Schlacken ist im allgemeinen die Messung der *Feuerraumtemperatur* *(1310)* nicht erforderlich. Ledig-lich in Sonderfällen, wo Beschädigungen der Feuerraumausmauerung durch zu hohe Temperaturen zu befürchten sind, kann sie von Nutzen sein. Da hier Temperaturen zwischen 1000 und 2200° C vorkommen können, kommen für die Messung nur Strahlungspyrometer in Frage.

---

[1] THEOBALT, H.: Rauchgasseitige Kesselreinigung. BWK Bd. 3 (1951) H. 6, S. 192. — I. GLÖCKNER: Verschmutzen der Nachschaltheizflächen von Rost-kesseln. BWK Bd. 1 (1949) H. 9, S. 233.

Schmelzräume können bei schwacher Last oder beim Anfahren des Kessels leicht einfrieren. Für die Betriebsführung wäre es daher erwünscht, die *Temperatur* in den *Schmelzräumen (1311)* mit Strahlungspyrometern zu messen (Abb. 121). Dabei sind Vorkehrungen dagegen zu treffen, daß der Schlackenfluß die Öffnung für das Pyrometer abdeckt und daß sich Schlacke auf der Pyrometerlinse absetzt. Trotzdem wird die Meßeinrichtung an dieser Stelle einer erheblichen Wartung bedürfen.

In den vorhergehenden Abschnitten wurde im Zusammenhange mit der Überwachung auch die Fernsteuerung wichtiger Antriebe an Dampfkesseln gestreift. Es sei daher erwähnt, daß zur Vermeidung von Explosionen und anderer *Störungen* durch Ansammlungen brennbarer Gase im Feuerraum und in den Zügen des Kessels eine bestimmte *Folge* für die Einschaltung der Brennstoff- und Luftzufuhr sowie des Saugzuges einzuhalten ist. Das ist besonders bei Öl- und Gasfeuerungen wichtig[1]. Zur Inbetriebnahme derartiger Kessel betätigt man: 1. Saugzuggebläse bzw. Rauchgasklappen, 2. Frischluftgebläse, 3. Zündflamme und 4. Brennstoffzufuhr. Da die Einschaltung und Verstellung der betreffenden Organe häufig vom Heizerstand aus durch elektrische Fernbetätigung erfolgen wird (*1329/30/31* bis *1548/51/1413/14*), muß die richtige Schaltfolge durch gegenseitige Verriegelung der Antriebe sichergestellt sein und eine Überwachung der zugehörigen Motoren durch Schauzeichen oder Strommessungen erfolgen (*1327, 1539/40, 1909*). Aus den gleichen Gründen sind vielfach bei Öl- und Gasfeuerungen *photoelektrische Relais* vorgesehen, welche beim Zurückschlagen der Brennerflamme die Brennstoffzufuhr abstellen[2].

ε) *Entstauber.* Im Zuge der Rauchgase sind zwischen Dampfkessel und Kamin häufig Entstauber zur Abscheidung der Flugasche angeordnet. Die Entstaubung kann nach verschiedenen Verfahren geschehen[3]. Vor allem werden die mechanische Entstaubung durch Fliehkraftwirkung in *Zyklonen* und die elektrostatische durch *Elektrofilter* angewendet.

In Abb. 118 ist ein mechanisch wirkender Doppelentstauber *n* angedeutet. Das Saugzuggebläse *i* saugt die Rauchgase mit hoher Geschwindigkeit durch den Entstauber. Sie werden dort spiralig umgelenkt. Durch Fliehkraftwirkung wandern die Ascheteilchen nach außen gegen die Wand des Zyklons zu. Dort werden sie durch einen Abschälschlitz abgeschieden.

Durch die Veränderung der *Gaseintrittsgeschwindigkeit* in den Entstauber kann man, auch bei schwankender Kesselbelastung, eine gleichmäßige Gasreinigung erzielen. Die Regelung erfolgt dabei mit Hilfe einer Drosselklappe *z* am Entstaubereingang unter Benutzung eines Differenzzugmesser (*1323*).

---

[1] SAUERMANN: Gasfeuerungen an Dampfkesseln und ihre Sicherheitsvorrichtungen. Glückauf 1934, H. 4.

[2] CUBASCH, F.: Elektronische Überwachung von Feuerungsanlagen. Energie 4. Jg. (1952) H. 8, S. 186.

[3] ANDRITZKY, M.: Rauchgasentstaubung und Kesselbetrieb. Mitt. VGB 1953, H. 23, S. 375. — R. HEINRICH: Die Rauchgasreinigung. BWK Bd. 1 (1949) H. 8, S. 195. — G. NOETZLIN: Betriebserfahrungen an der Lurgi-Rauchgas-Elektrofilteranlage der Chemischen Werke Hüls. Mitt. VGB 1953, H. 23. S. 384.

Die *Elektrofilter* beruhen darauf, daß elektrisch geladene Staub- und Ascheteilchen unter dem Einfluß eines elektrischen Gleichspannungsfeldes zu dem positiven Pol des Filters wandern, sich dort entladen und abscheiden. Die Anlage besteht im wesentlichen aus einem Hochspannungstransformator mit Gleichrichter (rotierender Kontaktgleichrichter oder Selengleichrichter) und — bei den einfachsten Bauarten — aus zwei konzentrisch angeordneten Elektroden, von welchen die äußere, positive Mantelelektrode (Abb. 119) geerdet ist.

Die *Gleichspannung* der Elektrofilter ist regelbar. Sie soll möglichst hoch sein, ohne daß allzu häufige Überschläge im Filter stattfinden. Sie sind mit Hilfe eines Strommessers (*1328*) leicht festzustellen. Die Betriebsspannung des Filters wird durch einen Dreheisenspannungsmesser auf der Primärseite des Transformators kontrolliert.

Die Wirksamkeit der Rauchgasfilterung kann vorläufig noch nicht auf einfache Weise im Betriebe überwacht werden. Immerhin sind für Abnahmezwecke Verfahren zur Ermittlung des Entstaubungsgrades ausgearbeitet[1].

c) Nebenanlagen zur Aufbereitung und Förderung der Brennstoffe.
α) *Fördereinrichtungen bei Rostfeuerungen.* Zu großen Dampfkesselanlagen gehören noch Einrichtungen für die Förderung und Aufbereitung der Brennstoffe und für die Abfuhr der Schlacken.

In vielen Fällen werden, besonders bei Rostfeuerungen, eigene Kontrolleinrichtungen nicht erforderlich sein. Es ist jedoch zweckmäßig, Betätigungseinrichtungen für die Schalter der Antriebe sowie eine entsprechende Rückmeldung über den Erfolg der Schalthandlungen in dem Kesselleitstand unterzubringen.

β) *Einzelmühlen für Kohlenstaubfeuerungen.* Bei Kohlenstaubfeuerungen ist die Aufbereitung und Förderung des Brennstoffes schwieriger. Es ist daher notwendig, an den Kohlenmühlen Kontrolleinrichtungen vorzusehen.

Die wichtigsten Mühlenkonstruktionen selbst und ihre Anwendungsbereiche wurden schon oben aufgezählt. Es wurde dargelegt, daß den Mühlen zur Trocknung, zur Sichtung und zum Abtransport des Kohlenstaubes Heißluft zugeführt wird. Ihre Temperatur muß bei stark wasserhaltigen Brennstoffen relativ hoch sein. Deshalb werden bei Bedarf noch Rauchgase zugesetzt, die aus dem Feuerraum abgesaugt werden. Die Lufttemperatur darf andererseits nicht so hoch sein, daß bei einer Entlastung der Mühle unzulässige Temperaturen auftreten oder daß eine Entgasung oder Entzündung des Kohlenstaubes stattfindet. Der Durchfluß der Luft, welche den Staub aus der Mühle austrägt, ist unabhängig von der Belastung so zu bemessen, daß der Transport des Staubes mit Sicherheit gewährleistet ist und daß er nicht ausfällt. Die Tragluft wird durch Klappen im Luftkanal vor der Mühle eingestellt.

Die *Temperatur* der *Tragluft* wird *vor* den *Mühlen* (*1525*) und im *Sichter* (*1526*) unter Benutzung von Widerstandsthermometern oder

---

[1] Nohs, P.: Meßverfahren und Meßgeräte zur Staubgehaltbestimmung in strömenden Gasen. BWK Bd. 4 (1952) H. 7, S. 227.

Thermopaaren überwacht. Dabei wird ein unzulässiges Ansteigen der Sichtertemperaturen signalisiert.

Die Überwachung des *Tragluftdruckes* am Eintritt in die Mühle (nach der Regelklappe) (*1513*) und nach derselben (*1515*) kann durch Kapselfederdruckmesser geschehen. Bei Meßstellen am Sichteraustritt muß das Eindringen von Kohlenstaub in die Meßleitungen durch Staubfilter (z. B. aus Karborundum) oder besser durch eine fortgesetzte Spülung der Leitungen mit Luft (s. S. 60) verhindert werden.

Eine normgerechte Messung des *Durchflusses* der Tragluft (*1530*) ist bei der üblichen Gestalt der Luftkanäle nicht möglich, aber auch nicht erforderlich. Es genügt auch völlig, einfache Kapselfederdifferenzdruckmesser, ohne Radiziereinrichtung, anzuwenden, weil es hier nur auf Relativmessungen ankommt.

Die *Leistungsaufnahme* (*1404*) der Mühlenmotoren wird meist registriert, weil aus dem Verlauf des Diagramms die Wirkungen gefährlicher Fremdkörper im Mühlengehäuse und Anlaufschwierigkeiten zu erkennen sind.

Betätigungsorgane für die Rohkohlezuteilung und die Luftzufuhr zu den Mühlen sowie für die Einschaltung der Mühlen- und Sperrluftgebläsemotoren befinden sich vielfach am Heizerstand. Es kann deshalb, sofern keine weitergehenden Überwachungseinrichtungen vorgesehen sind, zweckmäßig sein, den Betriebszustand dieser Motoren und Antriebe durch Signallampen anzuzeigen.

γ) *Zentralmahlanlagen.* Der grundsätzliche Aufbau und die Betriebsweise der Zentralmahlanlage mit Staubzwischenbunkerung nach Abb. 122 wurde schon oben beschrieben. Die Staubzuteilung zu den Brennern geht schneller vor sich als bei Einblasemühlen. Sie kann somit den Belastungsschwankungen des Kessels rascher folgen. Die Mahlung und Trocknung der Rohkohle erfolgt unabhängig von der Kesselbelastung. Deshalb ist auch die Steuerung der Rohrmühle recht einfach, weil sie gewöhnlich mit Vollast läuft. Bei entsprechender Rohkohlezuteilung aus dem Bunker wird lediglich die Mühlenluft mit Hilfe der Klappe *o* so eingestellt, daß der Staub mit genügender Feinheit aus der Mühle ausgetragen wird. Die Temperatur in der Mühle kann durch Kaltluftzusatz bei *n* so eingestellt werden, daß einerseits eine sichere Trocknung stattfindet und andererseits eine Gasabgabe und Entzündung des Staubes unterbleibt. Hinter der Mühle wird mit Hilfe der Klappe *p* noch so viel Heißluft aus dem Luftvorwärmer zugesetzt, daß die erforderliche Tragluftmenge zur Verfügung steht.

Weil die Rohrmühle meist, unabhängig von Belastungsschwankungen, mit Vollast läuft, interessiert hier — im Gegensatz zu den Einblasemühlen — keineswegs die Rohkohlezuteilung pro Zeiteinheit, etwa gekennzeichnet durch die Zuteilerdrehzahl, sondern nur die insgesamt verarbeitete *Rohkohlemenge* (*1401*). Diese wird durch Wägung, etwa mit Hilfe einer Förderbandwaage *b*, bestimmt. Die Zufuhr der Rohkohle soll immer sichergestellt sein. Es ist daher zweckmäßig, den Stand der Rohkohle im Bunker annähernd durch *Bunkerstandsignale* (*1405*) zu kennzeichnen.

Aus konstruktiven Gründen ist bei der vorliegenden Anlage der *Durchfluß* der *Mühlenluft* nicht unmittelbar zu messen. Er muß vielmehr als Differenz der *Durchflüsse* der *Einblaseluft* (*1532*) und der bei p zugesetzten *Heißluft* (*1533*) ermittelt werden.

Die *Luftzufuhr* zu der Rohrmühle kann durch die Regelklappe o (*1562*) mit Hilfe eines *Druckmessers* (*1513*) eingestellt werden. Die *Temperatur* der *Mühlenluft* wird bei dieser Anlage nicht vor der Mühle

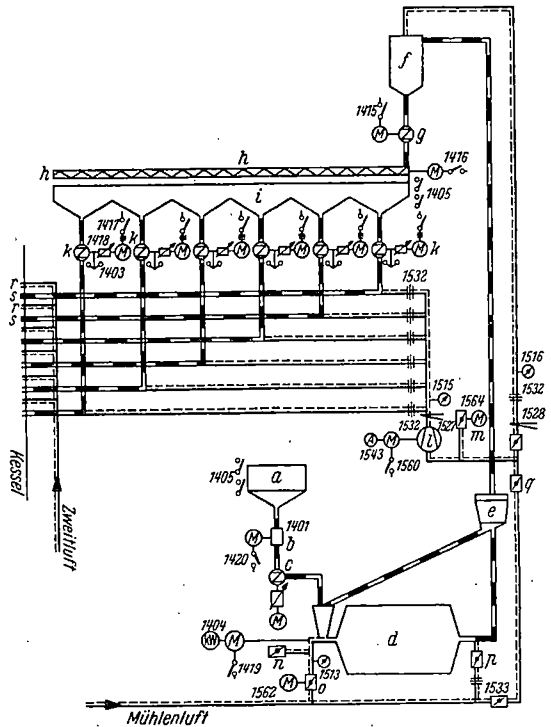

Abb. 122. Meßstellenplan einer Zentralmahlanlage mit Rohrmühle.

gemessen, sondern hinter dem Luftabscheider f als *Einblaselufttemperatur* (*1528*).

Das aus dem Sichter e kommende Gemisch aus Staub und Tragluft wird in den Staubabscheidern f getrennt. Der Kohlenstaub wird den Staubbunkern i durch g zugeteilt und durch eine Förderschnecke h verteilt. Auch die Staubbunker sind mit *Höhenstands*anzeigern ausgerüstet (*1405*).

Der Transport des Kohlenstaubes, der aus dem Bunker den einzelnen Brennern zugeteilt wird, erfolgt normalerweise durch das aus der Rohrmühle über die Staubabscheider kommende Gemisch von Heißluft und Brüden. Bei stehender Mühle entnimmt man über eine Umgehungsleitung Heißluft unmittelbar aus dem Luftvorwärmer des Kessels. Der Druck der Einblaseluft kann durch das Mühlengebläse auf den erforderlichen Wert gebracht werden. Das gilt auch für ihre Temperatur, welche durch die Beimischung von Kaltluft mittels der Klappe *m* gesenkt werden kann (*1564*).

Dementsprechend wird der *Druck* und die *Temperatur* der gesamten Einblaseluft *vor* (*1516* und *1528*) und *hinter* (*1515* und *1527*) dem Gebläse bzw. der Kaltluftbeimischung überwacht. Die Einschaltung des Mühlengebläses erfolgt durch Fernbetätigung (*1560/61*). Deshalb wird der Strom des zugehörigen Motors überwacht (*1543*).

Die Staubzuteilung an die einzelnen Brenner, entsprechend der Belastung des Dampfkessels, kann durch ein Steuergetriebe (*1417/18*) unter Beobachtung der *Zuteilerdrehzahl* (*1403*) bemessen werden. Dabei ist darauf zu achten, daß die Tragluft für den Kohlenstaub die erforderliche Geschwindigkeit hat, damit der Staub nicht ausfällt. Es ist daher nötig, in den einzelnen *Brennerleitungen* den *Durchfluß* (*1532*) der *Einblaseluft* zu überwachen.

Bei der räumlichen Ausdehnung solcher Anlagen erfolgt die Einschaltung und Verstellung der meisten Antriebe durch elektrische *Fernsteuerung* vom Heizerstand aus. Die Betätigung· verschiedener Förderbänder, Schieber und sonstiger Organe muß dabei in einer gewissen *Reihenfolge* geschehen, teils aus Sicherheitsgründen, teils zur Vermeidung von Störungen und Stauungen des Transportes und des ganzen Ablaufes. Es ist daher zweckmäßig, den Aufbau der Anlage, mindestens teilweise, in der Art eines Wärmeschaltbildes schematisch darzustellen, die Betätigungsorgane für die jeweiligen Schalter in dieses einzufügen und letztere elektrisch so gegeneinander zu verriegeln, daß Bedienungsfehler ausgeschlossen sind.

δ) *Fördereinrichtungen bei Gasfeuerungen.* Die Zuführung der Brenngase zu den Brennern kann entweder durch ihren natürlichen Druck oder, wenn dieser nicht ausreicht, durch Gebläse erfolgen.

Im Betriebe kann bei Gasfeuerungen das Verhältnis zwischen Brennstoff und Luft nicht nur durch das Ausbleiben eines der beiden Stoffe, sondern auch schon durch Druckschwankungen gestört werden. Dadurch können sich Gefahren für die Betriebssicherheit der Anlage ergeben. In den Leitungen für die Gaszuführung befinden sich deshalb aus Sicherheitsgründen Schieber mit druckabhängiger Betätigung und elektromagnetisch steuerbare Schnellschlußventile v_3 (Abb. 120).

Für die Hauptgasleitung ist die Überwachung des *Gasdruckes* (*1601*) aus Sicherheitsgründen vorgeschrieben. Im allgemeinen wird dort auch der gesamte *Gasverbrauch* (*1604*) für alle Brennergruppen eines oder mehrerer Kessel für Zwecke der Bilanzbildung gemessen, ebenso wie die *Gastemperatur* (*1607*) für die Berichtigung der Durchflußmessung. Meist werden diese Größen registriert.

ε) *Brennstofförderung und Aufbereitung bei Ölfeuerungen.* Bei der Anlage der Abb. 123 wird das angelieferte Öl in Vorratsbehältern *a* aufbewahrt und — bei Bedarf — über Zwischenbehälter *b* und mehrere Filter *c* und *e* durch Pumpen *d* den Brennern zugeführt. Es handelt sich gewöhnlich um sehr zähflüssige Öle. Sie müssen deshalb, um eine einwandfreie Zerstäubung in den Brennern zu gewährleisten, in dampfbeheizten Vorwärmern *f* erwärmt werden. Die Brennstoffzufuhr zu den Brennern kann mit Hilfe der Ventile *g* eingestellt werden. Ein Sicherheitsventil *h* kann selbsttätig eine Umgehungsleitung zu den Zwischenbehältern *b* öffnen.

Die Maßnahmen zur Anpassung der Brennstoffzufuhr an die Belastung und zu ihrer Überwachung wurden schon oben behandelt.

Darüber hinaus ist vor allem die Einhaltung der richtigen *Öltemperatur* (*1906*) erforderlich, damit eine einwandfreie Zerstäubung des Brennstoffes gewährleistet ist. Da der Heizdampfbedarf nur gering ist, genügt die Überwachung des *Heizdampfdruckes* (1904) an den Ölvorwärmern.

Zur Sicherstellung der Ölzufuhr zu den Brennern müssen die *Ölstände* in den Vorrats- (*1907*) und Zwischenbehältern (*1908*) sowie die *Öldrücke* nach den Förderpumpen (*1903*) und den Filtern (*1902*) überwacht werden. Außerdem wird der Betriebszustand der Pumpen durch einen Strommesser (*1909*) angezeigt.

B. Turbogeneratoren und Kompressoren.

1. Aufbau einer Kondensationsturbinenanlage.

In Abb. 124 ist der Aufbau einer Anlage mit einer Kondensationsturbine und den zugehörigen Nebeneinrichtungen dargestellt.

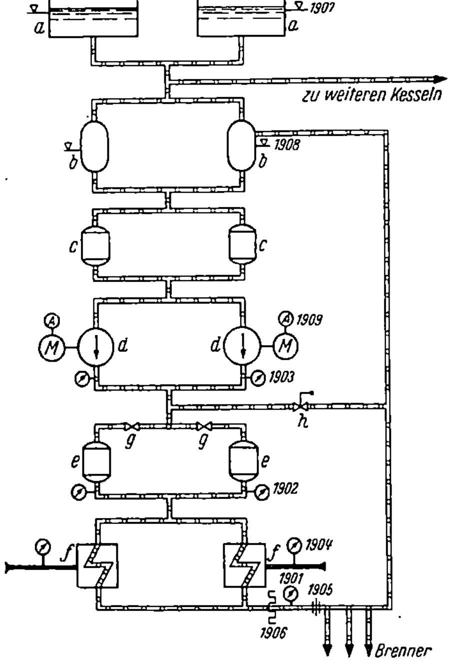

Abb. 123. Meßstellenplan der Ölzufuhr zu einem Dampfkessel.

Der Frischdampf tritt über das Schnellschlußventil *a* und öldruckgesteuerte Regelventile *b* in die eingehäusige Turbine *c* ein, leistet dort mechanische Arbeit und gelangt als Abdampf von niedrigem Druck in den Kondensator *d*. Dort wird er an einem wassergekühlten Rohrsystem niedergeschlagen. Die Pumpe *e* fördert das Kondensat aus dem Kondensator über Zwischenvorwärmer *k* und *l* zu der hier nicht näher angedeuteten Speisewasservorwärmeanlage bzw. zu den Speichern. Dampfstrahlluftsauger *i* oder, in älteren Werken, Wasserstrahlsauger halten im Kondensator das Vakuum aufrecht.

Die Kühlwasserpumpe *f* liefert das im vorliegenden Beispiel aus dem Kühlturm *w* kommende Kühlwasser für den Kondensator, die Ölkühler und — unter Zwischenschaltung einer Druckerhöhungspumpe — für die Generatorluftkühler bzw. die Kühler der Verdichter.

Der Antrieb des Pumpensatzes *e* und *f* kann elektrisch *g* oder durch eine Dampfturbine *h* erfolgen.

In Abb. 128 sind im Nachschaltteil des Kraftwerkes etwas größere, zweigehäusige Turbinen dargestellt, bei welchen der Niederdruckteil zweiflutig ausgeführt ist. Dementsprechend sind auch zwei Oberflächenkondensatoren vorhanden.

Für die Schmierung der Lager und für das Drucköl der Steuerung ist ein geschlossener Ölkreislauf vorhanden, von welchem in Abb. 124 jedoch nur der Vorlauf gezeichnet ist.

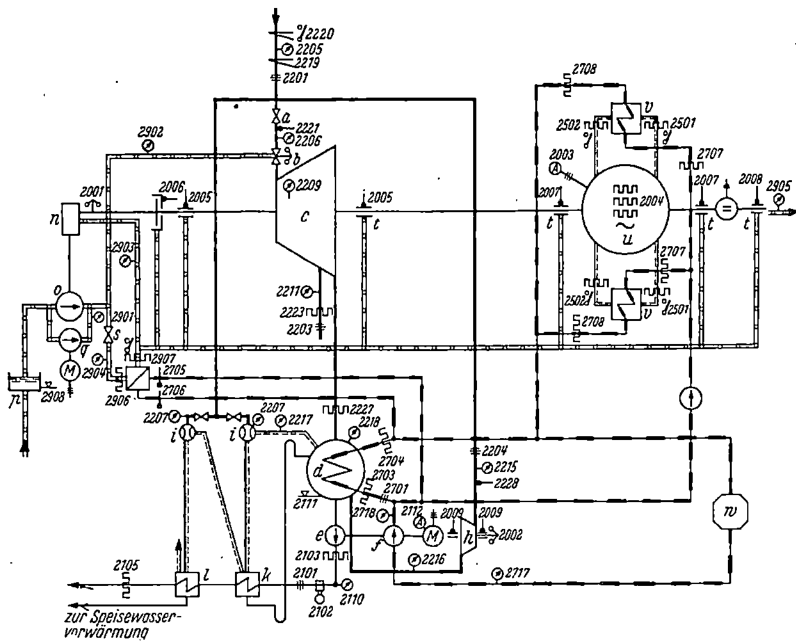

Abb. 124. Meßstellenplan eines Turbogenerators mit Kondensationsanlage.

Eine Hauptölpumpe *o*, welche über ein Schneckenvorgelege *n* von der Turbinenwelle aus angetrieben wird, fördert im normalen Betrieb aus einem Sammelbehälter *p* Drucköl zu den Steuerschiebern der Regelventile *b* der Turbine. Das Schmieröl wird über ein Druckminderventil *s* und über einen oder zwei Ölkühler *r* zu den Lagern der Turbine und der angetriebenen Maschine geleitet sowie zu der Antriebsschnecke der Hauptölpumpe. Beim Anfahren der Turbine erfolgt die Ölversorgung durch eine motorangetriebene Hilfsölpumpe *q*. In anderen Anlagen kann mit Rücksicht auf Störungsfälle noch eine weitere durch einen Gleichstrommotor angetriebene Hilfsölpumpe vorhanden sein:

2. Arbeitsverfahren und Verwendungszweck von Dampfturbinen.

Moderne Dampfturbinen verarbeiten entweder das ganze Druckgefälle einer Stufe im feststehenden Leitrad — *Gleichdruckverfahren* — oder teils im Leitrad und teils im Laufrad — *Überdruckverfahren*.

Nach der Art des Aufbaues unterscheidet man ebenfalls 2 Gruppen: *Axialturbinen*, bei welchen der Dampf in axialer Richtung, und *Radialturbinen* (z. B. LJUNGSTRÖM-Turbinen), bei welchen er radial, von innen nach außen, strömt[1].

Bei Kondensationsturbinen dient der gesamte nutzbare Dampf zur Energieerzeugung, z. B. zum Antrieb von Stromerzeugern oder Verdichtern. Der entspannte Dampf wird in einem Kondensator niedergeschlagen (Abb. 124). Bei *Entnahme-Kondensationsturbinen* — besonders in Industriekraftwerken — wird ein Teil des Dampfes, nach teilweiser Arbeitsleistung, mit geeignetem Druck aus dem Turbinengehäuse für Bedürfnisse der Fabrikation entnommen, während der Rest dem gleichen Prozeß wie bei Kondensationsturbinen unterworfen ist (Abb. 131). In *Gegendruckturbinen* nutzt man ein gegebenes Wärmegefälle für die Energieerzeugung aus, bei gleichzeitiger Verwendung des Abdampfes für Heizzwecke oder für nachgeschaltete Kraftwerksteile (vgl. Abb. 128).

3. Die Verwendung von Anzapfdampf zur Speisewasservorwärmung.

In dem vorliegenden Abschnitt über Dampfturbinen soll auch die *Vorwärmung* des *Kesselspeisewassers* behandelt werden, weil sie organisch hierhergehört (Abb. 127).

In Kraftwerken wird Turbinenkondensat für die Speisung der Dampfkessel verwendet, weil es normalerweise frei von Salzen, Härte und Verunreinigungen ist. Der Heizdampf für die Vorwärmung des Speisewassers wird nach teilweiser Arbeitsleistung aus Anzapfungen der Turbinen entnommen. Die zweckmäßige Höhe der Vorwärmung und die Anzahl der Vorwärmestufen kann durch die Art der Feuerung beeinflußt werden und ist im übrigen nach wirtschaftlichen Gesichtspunkten für den jeweils gegebenen Frischdampfzustand festzulegen[2]. Dadurch ergibt sich eine Wärmeersparnis für das Kraftwerk, weil der Wärmeinhalt des Anzapfdampfes auf diese Weise vollständig dem Speisewasserkreislauf zugeführt wird.

Abb. 127 zeigt den grundsätzlichen Aufbau eines reinen Kondensationskraftwerkes mit 3 Oberflächenvorwärmern *f, l, n*, welche durch Dampf aus entsprechenden Anzapfungen der Turbine *b* beheizt werden.

In Abb. 128 ist dagegen ein Kraftwerk dargestellt, bei welchem den beiden größeren Kondensationsturbinen noch Gegendruckturbinen vorgeschaltet sind. Auch hier erfolgt die Vorwärmung des Speisewassers der Dampfkessel durch Oberflächenvorwärmer in mehreren Stufen. Sie werden durch Stopfbuchsendampf der Vorschaltturbinen, durch Dampf aus einer Anzapfung der nachgeschalteten Kondensationsturbinen (Niederdruckvorwärmer) und durch den Gegendruckdampf der Vorschaltturbinen (Hochdruckvorwärmer) beheizt.

---

[1] KRAFT, E. A.: Die Dampfturbine im Betrieb. 2. Aufl. Berlin/Göttingen/Heidelberg: Springer 1952.
[2] SCHÄFF, Dr. K.: Die vollkommene und stufenförmige Speisewasservorwärmung. Arch. Wärmew. 1940, H. 5 u. 8.

4. Die Aufgabenstellung der Betriebsüberwachung von Dampfturbinen.

In den vorhergehenden Abschnitten wurde gezeigt, daß der Wirkungsgrad von Dampfkesseln weitgehend von der Bedienung, d. h. von dem Geschick des Heizerpersonals abhängt. Die Wirtschaftlichkeit des Dampfturbinenbetriebes ist dagegen im wesentlichen von dem Turbinenwirkungsgrad, also von der konstruktiven Durchbildung und nur in untergeordneterem Maße von den Maßnahmen des Bedienungspersonals abhängig. Darüber hinaus sind allerdings auch äußere Verhältnisse, wie z. B. der Zustand des Frischdampfes oder die Temperatur des Kühlwassers im Kondensator ebenfalls von Einfluß.

Die Betriebsüberwachung von Dampfturbinenanlagen hat demnach eine andere Aufgabenstellung als die der Dampfkessel. Sie erstreckt sich im wesentlichen auf die Überwachung der *Betriebsfähigkeit*, der *Wirtschaftlichkeit* und des *Belastungsverlaufes*, aber auch auf die Erhöhung der *Betriebssicherheit*.

5. Die wärmetechnische Betriebskontrolle der Dampfturbinenanlagen.

Wenn der Schwerpunkt der Betriebskontrolle bei Dampfturbinen anders gelagert ist als bei Dampfkesseln, ist das vor allem darauf zurückzuführen, daß Dampfturbinen·fast ausnahmslos (selbsttätig) *geregelt* werden und daß ihre Regler sehr betriebssicher sind und nur selten Anlaß zu Störungen geben. Deshalb sind Geräte für die Kontrolle der Regelung nicht erforderlich. Dagegen sind für die Überwachung der Betriebssicherheit eine Reihe einfacher Instrumente, besonders für Öldrücke und -temperaturen unerläßlich. Wenn auf die Ermittlung von Unterlagen für die Bilanzbildung weniger Wert gelegt wird, genügen für Dampfturbinen einfache Überwachungsanlagen[1].

a) **Die Dampfturbine.** α) *Der Zustand des Dampfes.* Der Zustand des in die Turbine (Abb. 124) eintretenden Dampfes ist gekennzeichnet durch Druck und Temperatur. Davon hängt sein Arbeitsvermögen ab. Von besonderem Interesse ist deshalb der Zustand des Frischdampfes.

Bei modernen Maschinen mit hohen Frischdampftemperaturen sind mit Rücksicht auf die Beanspruchung des Schaufelmaterials Temperaturüberschreitungen unter allen Umständen zu vermeiden. Aber auch rasche, kurzdauernde Temperaturabsenkungen sind gefährlich. Sie können durch sog. „Wasserschläge", d. h. durch ein Überschäumen des Kessels, verursacht sein. Sie beanspruchen die Turbine mechanisch in hohem Maße.

Die Kontrolle des zeitlichen Verlaufes des *Druckes (2205)* und der *Temperatur (2219)* des *Frischdampfes* vor dem Schnellschlußventil der Turbine ist demnach sehr wichtig. Beide Größen sollten deshalb registriert werden. In Fällen, wo die Bauart der Kesselanlage schnelle

---

[1] POHL, E.: Die Meßgeräte zur Betriebsüberwachung von Dampfturbinen. Elektrizitätswirtsch. 50. Jg. (1951) H. 9, S. 244. — F. DIETZEL: Gefährdung des Drucklagers und der Beschaufelung durch Verschmutzung bei Axial- und Radialturbinen. Maßnahmen zur Betriebsüberwachung. Energie 4. Jg. (1952) H. 6 u. 7, S. 134 u. 158.

Temperaturanstiege bei starken Laständerungen oder Störungen möglich erscheinen läßt, ist es zweckmäßig, die Überschreitung der Dampftemperatur im Kesselhaus hörbar zu *melden (2220)*.

Zur Erleichterung des Anfahrens der Turbine wird vielfach *Druck (2206)* und *Temperatur (2221)* des Frischdampfes nochmals unmittelbar am *Einströmkasten* örtlich angezeigt.

Für die Druckmessung eignen sich Rohrfedermanometer, für die Temperaturmessung Thermopaare oder Platinwiderstandsthermometer. Druck und Temperatur können auf einem Schreibstreifen durch Punktschreiber registriert werden. Mit normalen Thermometern können aber rasche Temperaturabsenkungen bei sog. „Wasserschlägen" nicht erfaßt werden, weil sie zu träge sind. Für derartige Zwecke wurden Spezialthermometer entwickelt[1], mit welchen die Aufzeichnung der Temperatur durch Linienschreiber in Verbindung mit selbsttätigen Kompensatoren möglich ist. Auch eine Signalisierung dieser raschen Temperaturschwankungen ist ausführbar.

In ähnlicher Weise werden die *Drücke* und *Temperaturen* der einzelnen *Anzapfungen* und *Entnahmen* kontrolliert *(2211/13 bzw. 2223/25)*.

β) *Der Druck im Turbinengehäuse.* Die durch eine vielstufige Kondensationsturbine strömende Dampfmenge ist dem Dampfdruckgefälle einer Stufe direkt und der Wurzel aus der absoluten Temperatur indirekt proportional. Das gilt näherungsweise wenigstens für die Stufen nahe dem Dampfeintritt.

Bei Gleichdruckturbinen und bei Überdruckturbinen mit einer Gleichdruckregelstufe an erster Stelle ist der *Druck* in der ersten *Radkammer* hinter der Regelstufe also ein Maß für die Belastung der Turbine. Bei reinen Überdruckturbinen gilt das entsprechend für den Druck vor der *ersten Stufe (2209)*. Demnach deutet, bei bekannter Dampfaufnahme der Turbine, eine relative Druckerhöhung an dieser Stelle auf eine Versalzung der Turbinenschaufeln oder auf eine mechanisch bedingte Beeinträchtigung des Dampfdurchganges zwischen den Schaufeln hin. Eine relative Druckerniedrigung kann einen Schaufelbruch zur Ursache haben. Große Hochdruckturbinen können in ihrer Leistung, besonders in den mittleren Stufen, durch Ablagerungen von Salzen[2] beeinträchtigt werden. Bei großen Turbinen wird deshalb der Druck im Turbinengehäuse meist an 2 oder 3 Stellen kontrolliert *(2210)*.

Für die Messung des Dampfdruckes an den genannten Stellen sind zuverlässige und genaue Rohrfedermanometer erforderlich. Es bereitet keine Schwierigkeiten, das eigentlich interessierende Verhältnis des Radkammerdruckes zu der durchgesetzten Dampfmenge unmittelbar durch ein elektrisches Quotientengerät anzuzeigen unter Benutzung von Widerstandsgebern an den Gebergeräten. Daraus ergibt sich in übersichtlicher Weise ein Anhalt über den Zustand der Beschaufelung und über den Dampfdurchgang durch die Turbine.

b) **Die Kondensationsanlage.** α) *Der Kondensator.* Das Arbeitsvermögen des Dampfes in der Turbine ist bestimmt durch die Größe

---

[1] WULF, H.: DRP 762369.   [2] s. Fußnote 1 S. 131.

des Druckgefälles zwischen Frischdampf und Abdampf am Kondensatoreintritt. Der absolute Druck des Dampfes im Kondensator soll im Betrieb möglichst niedrig sein. Dadurch ergibt sich für die Turbine ein günstiger Dampfverbrauch. Das erreichbare Vakuum ist von der Kühlwassermenge seiner Temperatur, sowie von dem Verschmutzungsgrad der Kühlflächen abhängig. Aus diesen Gründen ist bei Kondensationsanlagen besonders die Überwachung der Luftleere und der Kühlwasserverhältnisse von Bedeutung[1].

In der Abdampfleitung am Kondensatoreintritt ist in erster Linie der *absolute Druck* des *Dampfes (2218)* zu kontrollieren. Dazu eignen sich geschlossene Barometer, Barowaagen und Baromesser. Die Verwendung offener Barometer, Rohrfeder- oder Plattenfedermanometer ist dagegen weniger vorteilhaft. Sie geben den *Unterdruck* gegenüber der äußeren Atmosphäre an. Sie zeigen demnach bei einem bestimmten Absolutdruck, d. h. bei einem bestimmten Betriebszustand, je nach den Schwankungen des atmosphärischen Luftdruckes verschiedene Werte an. Sie sind daher nur in Verbindung mit einem Barometer zur Ermittlung des *absoluten* Druckes verwendbar, wobei sich dieser als Unterschied zwischen Barometerstand und Unterdruck ergibt. Derartige Meßgeräte sollen daher höchstens zum Anfahren der Turbine oder an Nebenapparaten, z. B. in der Luftsaugeleitung des Strahlsaugers, benutzt werden. Dort haben sie wegen ihres robusten Aufbaues und ihrer einfachen Bedienung eine Berechtigung *(2217)*.

Die Montage der barometrischen Instrumente muß so erfolgen, daß in den Meßgeräten selbst und in den Anschlußleitungen Kondensatansammlungen möglichst nicht auftreten, weil diese die Anzeige beeinträchtigen würden. Für den Anschluß sind daher längere Rohrstrecken mit entsprechendem Gefälle zu verlegen, gegebenenfalls unter Zwischenschaltung von Abscheidegefäßen.

Der Wasserstand im Kondensator ist von der Belastung der Turbine und von der Förderung der Kondensatpumpe abhängig. Unregelmäßigkeiten in deren Förderung sind vor allem durch die Überwachung des *Wasserstandes (2111)* im *Kondensator* feststellbar.

β) *Das Kondensat.* Abb. 127 zeigt, daß das Kondensat der Turbinen den Kesseln wieder als Speisewasser zugeführt wird. Es ist daher wichtig, Verunreinigungen, welche z. B. von einem Kühlwasserdurchbruch herrühren können, rechtzeitig zu erkennen. Aus diesem Grunde empfiehlt es sich, den *Salzgehalt* des *Kondensates* laufend zu kontrollieren und das Ansteigen desselben auf unzulässige Werte akustisch zu melden *(2102)*.

Die Bestimmung des Salzgehaltes erfolgt in der beschriebenen Weise durch die Messung der elektrischen Leitfähigkeit. Dabei kommen V_2A-Elektroden zur Anwendung.

γ) *Das Kühlwasser.* Die zur Kondensierung des Abdampfes erforderliche Kühlwassermenge ist ein Vielfaches der Kondensatmenge. Sie wird im Betrieb bei Lastschwankungen im allgemeinen nicht

---

[1] KÖPPE, P.: Vermeidbare Verluste in Dampfturbinenbetrieben. Wärme 63. Jg. (1940) H. 49.

verändert. Unbeabsichtigte Veränderungen der Kühlwassermenge können jedoch z. B. durch Beschädigung oder Verschmutzung der Kühlwasserpumpe, durch Ansaugen von Luft, durch Verstopfung von Kondensatorrohren usw. eintreten.

Am einfachsten sind solche Störungen durch die Überwachung des *Durchflusses* des *Kühlwassers (2701)* aufzudecken. Trotzdem sieht man oft von dieser Messung ab, weil sie sich auch durch andere Anzeichen, z. B. durch die Verschlechterung des Kondensatorvakuums durch eine Erhöhung der Kühlwasseraustrittstemperatur und noch auf andere Weise bemerkbar machen.

Die Messung des Kühlwasserdurchflusses erfolgt am besten auf der Druckseite der Pumpe. Dabei soll der Druckverlust des Drosselgerätes so niedrig wie möglich sein. Es empfiehlt sich daher die Verwendung eines Venturirohres mit niedrigem Wirkdruck.

Der Durchfluß des Kühlwassers ist auch rechnerisch mit ausreichender Genauigkeit aus verschiedenen anderen Messungen, welche ohnehin meist ausgeführt werden, zu ermitteln, nämlich aus dem Durchfluß des Kondensates *(2101)*, der Luftleere im Kondensator *(2218)* und der Kondensattemperatur *(2103)* einerseits und der Kühlwassererwärmung im Kondensator andererseits *(2703/04)*.

δ) *Temperaturmessungen am Kondensator.* Schon oben wurde dargelegt, daß eine niedrige Kühlwassereintrittstemperatur eine hohe Luftleere im Kondensator und damit einen günstigen Dampfverbrauch der Turbine ergibt. Sie kann sich allerdings auf den Wärmeverbrauch des ganzen Kraftwerkes auch in anderem Sinne auswirken.

Die Temperatur des Kühlwassers ist nicht immer einer Beeinflussung durch das Maschinenpersonal zugänglich. Es kann aber wenigstens darauf achten, daß durch Reinhalten der Kondensatorrohre der Wärmeübergang an das Kühlwasser ausreichend ist und daß dessen Menge so bemessen ist, daß der Wärmeinhalt des kondensierenden Dampfes auch bei der höchsten vorkommenden Kühlwassertemperatur mit Sicherheit abgeführt wird.

Die Messung der *Temperaturen* des *zu-* und *abfließenden Kühlwassers (2703/04)* ist deshalb allgemein üblich. Wenn letztere zusammen mit den *Temperaturen* des *Abdampfes (2227)* und des *Kondensates (2103)* durch einen Mehrfarbenpunktschreiber registriert werden, ergeben sich Hinweise auf den Zustand des Kondensators. Die Kurven sollen bei Änderungen der Belastung etwa in gleichem Sinne verlaufen, sie werden sich aber, wenn der Kondensator dicht ist, nicht gegenseitig berühren. Plötzliche Vergrößerungen des Temperaturunterschiedes zwischen Abdampf und Kondensat haben meist ihre Ursache in Lufteinbrüchen in den Kondensator. Ein zunehmendes Temperaturgefälle zwischen Kondensat und dem austretenden Kühlwasser läßt erkennen, daß sich Schmutzablagerungen auf den Kondensatorrohren bilden.

Für die Temperaturmessungen am Kondensator sind Nickelwiderstandsthermometer verwendbar, weil die hier auftretenden Temperaturen unter 150° sind. Die Bewehrung der Thermometer für das

Kondensat soll jedoch emailliert sein, weil dieses vielfach einen niedrigen p_H-Wert hat und deshalb korrodierend wirken kann.

ε) *Die Nebenapparate.* Zu den Nebenapparaten der Kondensationsanlage gehören *Strahlsauger* zur Aufrechterhaltung des Kondensatorvakuums und *Pumpen* für das *Kondensat* und *Kühlwasser* mit ihren Antrieben.

Beim Anfahren der Kondensationsturbine nach Abb. 124 sind an dem zweistufigen Dampfstrahlluftsauger Drosselventile einzustellen. Das wird erleichtert durch zwei *Druck*messer für den *Frischdampf (2207)*. Zur Beurteilung des erreichten Vakuums befindet sich in der Luftsaugeleitung ein weiterer Druckmesser *(2217)*.

Der Wärmeinhalt des Arbeitsdampfes der Strahlsauger wird zur Vorwärmung des Kondensates ausgenutzt. Bei bekanntem Kondensatdurchfluß kann aus der *Kondensattemperatur* vor und nach den *Zwischenkühlern* der Dampfverbrauch des Strahlsaugers ermittelt werden *(2103/05)*.

Die Förderung der *Kühlwasserpumpe* kann durch *Druck*messer in der *Ansauge- (2717)* und in der Druckleitung überwacht werden *(2718)*. Bei der *Kondensat*pumpe genügt die Messung auf der *Druck*seite *(2110)*.

Der Antrieb der Kühlwasser- und Kondensatpumpe erfolgt gewöhnlich durch einen *Elektromotor* oder eine kleine *Dampfturbine*. Die Instrumente für die letztere befinden sich unmittelbar an der Maschine selbst, weil das für die Inbetriebnahme am einfachsten ist. Es handelt sich um *Druck- (2215)* und *Temperaturmesser (2228)* für den *Frischdampf*, um Druckmesser für den *Abdampf (2216)* und für das *Lager*- und *Getriebeöl*, ferner um *Thermometer* für die Lager *(2009)* und das Lager- und das Getriebeöl und um einen *Drehzahlmesser (2002)*. Der Elektromotor kann durch die Überwachung der Leistung oder des Stromes *(2112)* kontrolliert werden. Daraus ergeben sich Hinweise auf Störungen oder Schäden an den Pumpen, welche die Förderung beeinträchtigen.

Der *Dampfverbrauch* der Hilfsturbinen *(2204)* wird im allgemeinen nur bei großen Anlagen oder für mehrere Hilfsturbinen zusammen für die Aufstellung der Dampfbilanz gemessen.

c) **Durchflußmessungen an Dampfturbinen.** α) *Allgemeines.* Durchflußmessungen an Dampfturbinen geben dem Maschinenpersonal einen Überblick über die augenblickliche Dampfaufnahme und die Kondensat- und Heizdampfabgabe der Turbine, sie dienen aber auch der Betriebsleitung als Unterlage über den Belastungsverlauf und den Dampfverbrauch. Dementsprechend kann die Messung anzeigend, schreibend und zählend erfolgen.

Bei der *Planung* von Durchflußmeßanlagen für die Bilanzbildung größerer Betriebe ist einerseits zu überlegen, wie die Meßgenauigkeit am größten wird, d. h. wo Druck- und Temperaturabweichungen des Meßstoffes und Leitungseinflüsse am wenigsten stören, aber auch andererseits wie der Aufwand an Meßeinrichtungen möglichst gering bleibt. Es ist z. B. nicht vertretbar, Durchflußmessungen ohne besondere Vorkehrungen an ungeregelten Anzapfungen auszuführen, weil der Druck und die Temperatur des Anzapfdampfes sich mit der Turbine-belastung ändern und die Messung dadurch fehlerhaft wird. In solchen Fällen ist es daher zweckmäßig, den Durchfluß solcher Entnahmen als Summe oder Differenz zweier anderer Messungen zu ermitteln. Das ist aber nur dann erstrebenswert, wenn das Ergebnis nicht zu sehr durch die Fehler der Einzelmessungen belastet ist. So hätte es z.B. keinen Sinn, den Stopfbuchsendampf als Differenz der Durchflüsse des Frisch-dampfes und des Kondensates zu bestimmen.

β) *Kondensationsturbinen.* Bei Kondensationsturbinen kann ent-weder die Messung des *Durchflusses* des *Dampfes* (*2201*) oder des *Kondensates* (*2101*) erfolgen. In beiden Fällen ist im allgemeinen — aus Raumgründen — das Drosselgerät ohne vorherige Planung nicht so einzubauen, daß es ausschließlich den Verbrauch der Maschine selbst (auf den sich die Garantie erstreckt) erfaßt. Gewöhnlich wird dabei auch der Verbrauch der Strahlsauger und der Antriebsturbine für die Pumpen mitgemessen. Diese Teilmengen sind jedoch leicht gesondert zu bestimmen.

Die Durchflußmessung des Dampfes gibt die augenblickliche Be-lastung der Turbine an. Bei der des Kondensates ist das nicht genau der Fall, weil der Wasserstand im Kondensator nicht immer gleich bleibt. Trotzdem verdient die Kondensatbestimmung (Zählung) in all den Fällen den Vorzug, wo es für die Aufstellung der Bilanz auf zuverlässige Zahlen ankommt. Sie erfordert auch im allgemeinen ge-ringeren Aufwand und ist betriebssicherer als die Dampfmessung. Ferner sind Korrekturen für einen vom Berechnungszustand ab-weichenden Betriebszustand bei Wasser im allgemeinen wesentlich kleiner als bei Dampfmessungen. In vielen Fällen sind sie bei Kon-densatmessungen sogar ganz zu vernachlässigen.

γ) *Entnahmeturbinen.* Heizdampf für Fabrikationszwecke oder zur Vorwärmung des Kesselspeisewassers wird häufig Anzapfungen der Turbinen entnommen. Soweit der Druck des Entnahmedampfes nicht durch Regler gleichgehalten wird, ändert er sich etwa verhältnisgleich mit dem Dampfdurchsatz im nachgeschalteten Turbinenteil. Auch die Dampftemperatur ist belastungsabhängig.

Die Durchflußmessung an ungeregelten Entnahmen ist demnach bei schwankender Belastung fehlerhaft, sofern die Meßeinrichtung nicht mit Druck- und Temperaturberichtigung versehen ist. Allerdings bedeutet das in manchen Fällen eine unerwünschte Komplikation, so daß es unter Umständen vorgezogen wird, den Anzapfdampf als Unterschied des Durchflusses und der Menge des Frischdampfes und Kondensates oder auf eine andere, indirekte Weise (s. S. 153) zu ermitteln.

δ) *Gegendruckturbinen.* Bei Gegendruckturbinen wäre es nahe-liegend, den Durchfluß des Dampfes wegen des geringeren Aufwandes für das Drosselgerät auf der Niederdruckseite zu messen. Die Tem-peratur des Gegendruckdampfes nimmt aber mit abnehmender Be-lastung zu. Es empfiehlt sich daher, mit Rücksicht auf die Meß-genauigkeit, den Frischdampf zu bestimmen. Dazu kommt, daß sich der Druckverlust des Drosselgerätes auf der Austrittseite der Turbine ungünstiger auswirkt als auf der Eintrittseite[1], so daß auch aus wirtschaftlichen Gründen die Messung auf der Hochdruckseite vorzuziehen ist.

ε) *Mehrdruckturbinen*. Gelegentlich werden Turbinen durch Dampf aus zwei Netzen mit verschiedenem Dampfdruck betrieben, z. B. aus einem Hochdruck- und einem Niederdrucknetz oder mit Frischdampf und Abdampf oder Speicherdampf.

In solchen Fällen sind die Meßstellen so auszuwählen, daß die Messung möglichst wenig durch Druck- und Temperaturänderungen oder durch Pulsationen des Dampfes (z. B. Abdampf von Dampf- oder Fördermaschinen) gestört wird. Dabei ist es zweckmäßig, in erster Linie den Durchfluß und die Mengen des Kondensates und des Frischdampfes zu bestimmen.

ζ) *Die Anbringung der Meßeinrichtungen*. Die Rohrleitungen werden meist von unten an die Turbinen geführt. Die Meßgeräte sollen im allgemeinen in der Nähe des Maschinistenstandes zusammengefaßt sein. Das bedeutet, daß die Durchflußmesser über den Drosselgeräten angebracht werden müssen.

Diese Anordnung ist nicht so betriebssicher wie jene, bei welchen sich die Durchflußmesser unter den Drosselgeräten befinden. Es sind dabei Vorkehrungen dagegen zu treffen, daß sich, während der Betriebspausen, in irgendeinem Teil der Meßanlage Luft ansammelt und Entlüftungseinrichtungen vorzusehen, damit sie gegebenenfalls sicher entfernt werden kann. Derartige Anlagen erfordern eine erhöhte Sorgfalt bei der Montage, weil sie völlig dicht sein müssen, und eine sorgfältige Wartung, weil die Wirkdruckleitungen zeitweise zu entlüften sind.

Es ist auch zu beachten, daß Durchflußmesser nicht beliebig hoch über dem Drosselgerät angeordnet sein dürfen. Es könnten sonst in Leitungen mit geringem statischen Überdruck (z. B. Kondensat) in den höchsten Teilen der Meßanlage Dampfbildung oder Luftansaugungen oder -ausscheidungen auftreten, welche die Messung stören würden.

Diese Schwierigkeiten sind am einfachsten durch eine elektrische Übertragung der Anzeige nach dem Überwachungsschrank zu vermeiden, wobei der Durchflußmesser unter dem Drosselgerät angebracht wird.

f) **Speisewasservorwärmung.** Für die Überwachung einer ein- oder mehrstufigen Vorwärmung des Kesselspeisewassers durch Anzapfdampf der Turbinen (Abb. 127) sind im allgemeinen größere Aufwendungen nicht notwendig, weil ja der *Durchfluß* (*2101*) und die Menge des *Kondensates* meist ohnehin im Rahmen der Überwachung der Turbine gemessen werden. Die für die Kondensatmessung maßgebenden Gesichtspunkte wurden oben schon dargelegt.

Es ist lediglich erforderlich, an den einzelnen *Vorwärmern* die *Ein-* und *Austrittstemperatur* (*2104/07*) des Kondensates zu messen.

---

[1] s. Fußnote S. 48.

Das kann mittels örtlich ablesbarer Quecksilberthermometer oder besser mittels umschaltbarer Widerstandsthermometer geschehen.

Der Zustand des Heizdampfes für die einzelnen Vorwärmestufen ändert sich mit der Belastung der Turbine. Es genügt im allgemeinen, *Druck* und *Temperatur* des *Heizdampfes* unmittelbar an den jeweiligen Entnahmen der Turbine zu messen.

Für einzelne Speisewasservorwärmer kann bei gegebenem Durchfluß und Erwärmung des Speisewassers aus dem Zustand des Heizdampfes und der Temperatur seines Kondensates der *Durchfluß* des *Heizdampfes* berechnet werden.

g) Nebenanlagen. α) *Der Ölkreislauf.* Eine Unterbrechung der Ölzufuhr zu den Lagern der Turbine der angetriebenen Maschine und zu der Steuerung kann schwerste Zerstörungen zur Folge haben. Es ist daher besonders wichtig, solche Störungen durch Sicherheitseinrichtungen[1] gar nicht erst aufkommen zu lassen oder sie mindestens durch Überwachungsgeräte schon im Entstehen anzuzeigen oder zu melden.

Während des Betriebes der Dampfturbine wird daher *vor* dem *Ölkühler* der *Druck (2904)* des von der Hauptölpumpe geförderten Öles überwacht (Abb. 124). Bei Drucksenkungen erfolgt von hier aus selbsttätig die Inbetriebsetzung einer Hilfsölpumpe und eine Meldung. Ebenso wird beim Anfahren der Turbine der *Öldruck* nach der *Hilfsölpumpe (2901)* kontrolliert.

Weiterhin sind Druckmesser vorgesehen für das *Drucköl (2902)* vor den *Steuer*schiebern der Regler, für das *Schmieröl* der *Antriebsschnecke* der Hauptölpumpe *(2903)* und gegebenenfalls für vorhandene *Getriebe*.

Die einwandfreie Ölversorgung der Lager der Turbine und der angetriebenen Maschine ist an den *Temperaturen* der einzelnen *Lager (2005/8)* und dem *Druck* des Öles *(2905)*, welches aus den Lagern abläuft, erkennbar.

Die Kühlung des gesamten Öles erfolgt durch Wasser in zwei parallel geschalteten Ölkühlern *r*, von denen im allgemeinen nur einer in Betrieb ist. Zur Überwachung werden die *Temperaturen* des *ein- (2906)* und *austretenden (2907) Öles* und des *zu- (2705)* und *abfließenden (2706) Kühlwassers* gemessen. Dadurch ergeben sich bei Störungen der Öl- oder Kühlwasserversorgung Hinweise auf ihre Ursache und Herkunft. Unzulässige Temperaturen des aus dem Kühler austretenden Öles werden signalisiert.

Der Kreislauf des Öles nimmt seinen Ausgang von einem *Sammelbehälter*, zu dem auch alles Öl wieder zurückfließt. Der *Stand* des Öles *(2908)* in diesem Behälter läßt erkennen, ob im Laufe der Zeit Ölverluste eingetreten sind. Die Messung erfolgt gewöhnlich mit Hilfe

---

[1] KRAEMER, K.: Einrichtungen zur Sicherung und Überwachung von Dampfturbinen. BBC-Nachr. 1942, H. 3. — C. BRENNECKE: Betriebssicherheit von Dampfturbinen durch Überwachungs- und Sicherheitseinrichtungen. Siemens-Z. 1953, H. 4, S. 191.

eines Schwimmers, dessen Stand mechanisch zum Maschinenstand übertragen wird.

β) Instrumente zur Kontrolle des Anfahrvorganges. Beim Anfahren einer Dampfturbine darf man gewöhnlich die Drehzahl nicht zu rasch steigern, weil sich die Maschine zunächst gleichmäßig erwärmen soll. Die Dauer und die Art des Anfahrvorganges ist bestimmt durch das Schaufelspiel und die Turbinenbauart. Bei überkritisch laufenden Läufern ist der Bereich der kritischen Drehzahl rasch zu durchfahren.

Am besten kann das Hochfahren der Maschine mit Hilfe eines *Drehzahl*messers *(2001)* erfolgen. Er ist auch zu der in regelmäßigen Zeitabständen vorzunehmenden Prüfung des Schnellschlusses erforderlich. Dieser soll bei etwa 10% Überdrehzahl selbsttätig ansprechen.

Meist ist der Drehzahlanzeiger an der Turbine so angebracht, daß er von der Betätigungseinrichtung für das Frischdampfventil aus bequem zu sehen ist. Als Meßwerke kommen dafür besonders Drehpendeltachometer in Frage, bei welchen Schwungmassen durch die Fliehkraft entgegen der Spannung rückführender Federn ausgelenkt werden.

6. Elektrische Maschinen.

a) Wärmetechnische Überwachung elektrischer Maschinen. Die folgenden Betrachtungen beziehen sich im wesentlichen auf elektrische Stromerzeuger. Sie gelten sinngemäß aber auch für große Motoren, z. B. von Elektrokompressoren usw. Solche elektrische Maschinen sind mit Luftkühlern ausgerüstet, welche einer wärmetechnischen Überwachung bedürfen.

α) Stromerzeugerleistung. Es ist üblich und zweckmäßig, in die wärmetechnische Überwachung von Turbogeneratoren auch die Messung der *Stromerzeugerleistung (2003)* einzubeziehen, weil ja die Lastverteilung auf parallel arbeitende Generatoren auf der Dampfseite durch Verstellung der Dampfzufuhr vorzunehmen ist.

An Hochspannungsgeneratoren wird die Messung mit Leistungsmessern ausgeführt, welche für Drehstrom ungleicher Phasenbelastung nach der Zweiwattmetermethode geschaltet sind. In Niederspannungsanlagen mit kleinen Generatoren kommen Leistungsmesser für Drehstrom mit belastetem Nulleiter in Frage.

β) Die Statorerwärmung. Die Erwärmung elektrischer Maschinen ist mit Rücksicht auf die verwendeten Isolierstoffe begrenzt. Sie ist sowohl von der Belastung als auch von der Wirkung der Kühlung abhängig. Die Überwachung der *Wicklungstemperaturen (2004)* großer, wertvoller Maschinen erfolgt mit Hilfe von streifenförmigen Widerstandsthermometern, welche auf dem Grunde der Statornuten zwischen der Wicklung und dem Eisen angebracht sind. Je nach der Größe der Maschine sind 3 bis 12 derartiger Nickel- oder Platinthermometer über den Umfang des Stators verteilt, welche mit Hilfe eines Umschalters zum Zwecke der Messung abgetastet werden können.

b) Die Kühlung elektrischer Maschinen. Elektrische Maschinen kleiner Leistung sind *selbstkühlend.* Bei Generatoren oder Motoren mittlerer Größe erfolgt die *Kühlung durch Luft*, welche in geschlossenem *Kreislauf* durch die Maschine und einen oder mehrere angebaute Luftkühler geführt wird. Die Verlustwärme wird dabei an das Kühlwasser abgegeben (Abb. 124).

Große Maschinen über 30000 kVA sind nur mit *Wasserstoffkühlung* wirtschaftlich ausführbar. Die Verwendung von Wasserstoff als Kühlmittel ergibt — bei verringerten Gasreibungsverlusten — eine gün-

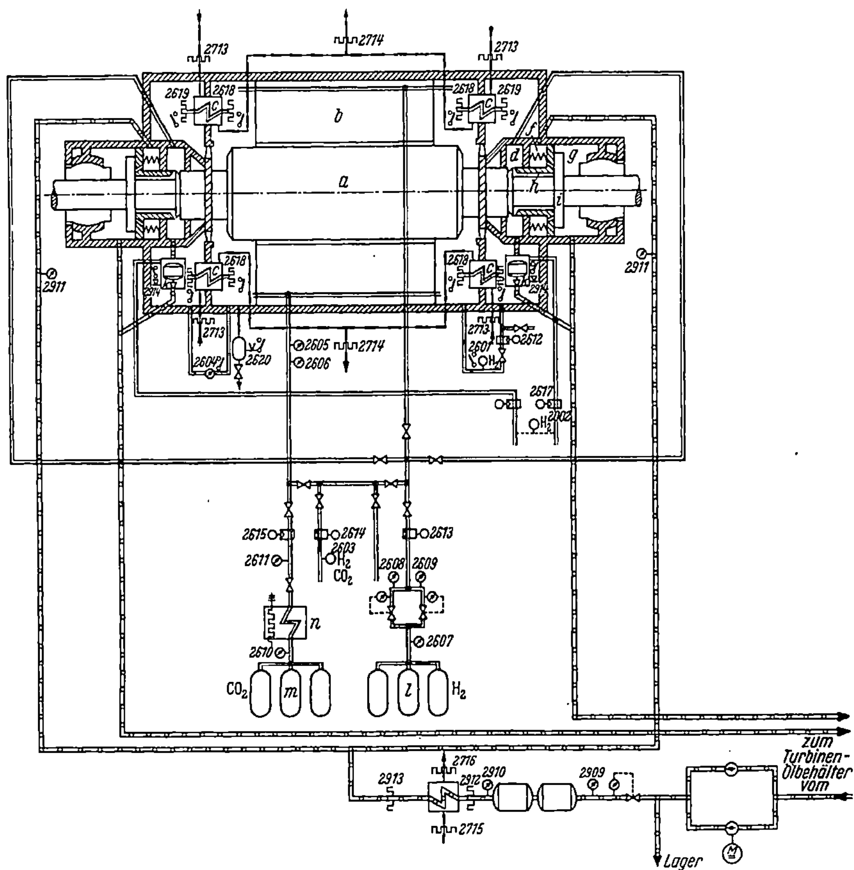

Abb. 125. Meßstellenplan eines mit Wasserstoff gekühlten Generators.

stigere Kühlwirkung bzw. eine größere Leistung für eine bestimmte Maschinengröße. Es ist jedoch erforderlich, durch Konstruktion und Kontrollgeräte alle Vorkehrungen gegen die Bildung eines Wasserstoff-Luft-Gemisches (Knallgas) von unzulässiger Zusammensetzung zu treffen. Die Explosionsgrenzen liegen zwischen 4 und 75% Wasserstoff. Bei entsprechender Betriebskontrolle ist es ohne weiteres möglich, eine hohe Wasserstoffkonzentration im Generatorgehäuse aufrechtzuerhalten und jegliche Explosionsgefahr zu vermeiden.

In Abb. 125 ist der *Aufbau* eines Generators und der zugehörigen Wasserstoff- und Ölversorgung schematisch dargestellt[1]. Die Größenverhältnisse und die Darstellung der Abdichtung der *Wellendurchführungen* durch das Gehäuse entsprechen aus Gründen der Übersichtlichkeit nicht in allen konstruktiven Einzelheiten der tatsächlichen Ausführung. Diese ist vielmehr der Fachliteratur zu entnehmen[2].

Der Läufer *a* des druckfest gekapselten Generators *b* ist mit zwei Ventilatoren versehen, welche den im Generatorgehäuse befindlichen Wasserstoff durch vier eingebaute Kühler *c* treiben. Die *Durchführungen* der Generatorwelle durch die Wände des Generatorgehäuses werden durch Öl gedichtet. Sie bestehen aus mehreren ringförmigen Kammern. Die Druckkammer *f* jedes Lagers steht unter Öldruck. Sie wird auf einer Seite und gegen die Welle durch einen verschiebbar angeordneten Winkelring *h* abgeschlossen, der der Ausdehnung der Generatorwelle folgen kann. Er wird mit seiner Dichtfläche durch Federkraft oder Öldruck gegen einen Bund *i* der Welle gedrückt. Er besitzt eine Reihe von Bohrungen, durch die das Öl aus der Druckkammer in die eigentliche Dichtfläche strömt. Auf diese Weise wird der Wasserstoff im Generatorgehäuse durch Öl gegen die äußere Atmosphäre abgedichtet. Der größte Teil des Öles wird aus der Dichtfläche heraus in die mit der äußeren Atmosphäre in Verbindung stehende Ölablaufkammer *g* geschleudert und fließt von dort wieder zum Turbinenölbehälter zurück. Ein sehr kleiner Teil gelangt in eine unter Wasserstoffdruck stehende Vorkammer *d*. Es fließt von dort aus über *Wasserstoffabscheider k* ebenfalls zu dem Ölbehälter der Turbine zurück. Die Wasserstoffabscheider sind deshalb vorgesehen, weil in dem aus dem Turbinenölbehälter kommenden Dichtöl Luft gelöst ist. In der Vorkammer findet ein Austausch der Luft und des Wasserstoffes statt. Das Dichtöl gibt Luft ab und nimmt infolge der starken Durchwirbelung viel Wasserstoff auf. Den überschüssigen Wasserstoff gibt es in den Wasserstoffscheidern wieder ab. Um in den Vorkammern trotz der dauernden Luftabgabe des Dichtöles eine genügend hohe Wasserstoffkonzentration aufrechtzuerhalten, werden die Vorkammern und die Wasserstoffscheider dauernd mit Wasserstoff gespült. Durch eine besondere, strömungstechnische Konstruktion der Kammringe der Lager, die das Generatorgehäuse von den Vorkammern trennen, wird ein Übertritt der Ölschwaden in das Generatorgehäuse vermieden.

Das Öl für die Dichtung der Wellendurchführungen des Generators wird dem Ölbehälter *p* der Turbine nach Abb. 124 entnommen und durch eine Ölpumpe *o* einerseits den Lagern und Reglern der Turbine zugeführt, andererseits nach Abb. 125 auch zur Dichtung der Wellen-

---

[1] Die Unterlagen zu Abb. 125 stellte Herr Direktor Dr. MOLDENHAUER liebenswürdigerweise zur Verfügung, wofür ich auch an dieser Stelle meinen verbindlichsten Dank zum Ausdruck bringen möchte. S. AEG-Mitt. 1953, H. 11/12.

[2] MOLDENHAUER, F.: Wasserstoffgekühlte elektrische Maschinen. Techn. Mitt. Hauses Techn., Essen 46. Jg. (1953) H. 3, S. 57 — Wasserstoffkühlung elektrischer Maschinen. VDE-Fachber. Bd. 15 (1951). — W. LEUKERT: Die Wasserstoffkühlung bei elektrischen Maschinen. Elektrotechn. u. Masch.-Bau Bd. 61 (1943) S. 617.

durchführung verwendet. Bei dieser Ausführung sind also besondere Dichtölpumpen nicht mehr erforderlich. Eine Beeinträchtigung des Turbinenöles durch die Berührung mit Wasserstoff tritt nicht ein. Bei Störungen übernimmt die Notölpumpe q (Abb. 124), welche von einem Gleichstrommotor angetrieben wird, auch die Versorgung des Generators mit Dichtöl. Es wird über ein Doppelfilter (Abb. 125) und einen Ölkühler in die Wellendurchführungen gedrückt.

Vor der *Füllung* des Generators mit Wasserstoff ist es aus Sicherheitsgründen notwendig, die Luft im Generatorgehäuse durch Kohlendioxyd zu verdrängen. Man vermeidet auf diese Weise die Bildung von Knallgas. Das Kohlendioxyd wird über Reduzierventile aus handelsüblichen Stahlflaschen m entnommen. Da es sich bei der Expansion stark abkühlt, ist es notwendig, es elektrisch vorzuwärmen. Es wird von unten her in das Generatorgehäuse eingefüllt, wobei die Luft nach oben durch entsprechende Leitungen herausgedrückt wird. Wenn das Gehäuse genügend gefüllt ist, wird, von oben ausgehend, das Kohlendioxyd durch Wasserstoff verdrängt, der ebenfalls über Reduzierventile Stahlflaschen l entnommen wird. Beim Entleeren des Generators — anläßlich längerer Betriebspausen — geht man in umgekehrter Weise vor.

Wärmetechnische Überwachung künstlich gekühlter Generatoren. Die wärmetechnische Überwachung der künstlichen *Kühlung* elektrischer Generatoren oder Motoren unter Verwendung von *Luft* als Kühlmittel ist einfach. Bei der Kreislaufkühlung (Abb. 124) ist es lediglich notwendig, an den Kühlern des Generators die *Temperaturen* der *ein-* und *austretenden Luft* (*2501/02*) und des *zu-* und *abfließenden Kühlwassers* (*2707/08*) zu messen. Dabei werden Temperaturüberschreitungen der zum Kühler zu- und abströmenden Luft sowie am Kühlwassereintritt akustisch und optisch gemeldet.

Die Überwachung der *Wasserstoffkühlung* großer elektrischer Generatoren (Abb. 125) erfordert Einrichtungen für die Konzentration, die Strömung und den Druck der Gase beim Füllen und im normalen Betrieb, ferner Druck- und Temperaturmesser für das Öl und das Spülgas.

Vor der ersten *Füllung* des Generators mit Wasserstoff oder nach langen Betriebspausen wird die Luft aus dem Generatorgehäuse durch Kohlendioxyd verdrängt. Zu diesem Zweck muß an den *Flaschen* ein genügender *Druck* des *Kohlendioxydes* (*2610*) anstehen. Er wird durch Reduzierventile auf einen für die *Füllung* geeigneten Wert herabgesetzt, der mit Hilfe eines *Druckmessers* (*2611*) überwacht wird. Dabei erfolgt gleichzeitig eine elektrische Erwärmung des Gases, um einem Einfrieren der Leitungen vorzubeugen. Die Füllung muß mit einem ganz bestimmten Durchfluß des *Kohlendioxydes* (*2615*) erfolgen, der durch einen Schwimmer-Strömungsmesser überwacht wird. Wenn der Durchfluß zu hoch ist, findet im Generatorgehäuse eine zu starke Aufwirbelung der Luft statt. Man benötigt dann viel Kohlendioxyd, bis die Luft in genügendem Maße verdrängt ist und bis die *Gaskonzentration* in der *Ausblaseleitung* (*2603*) den für die Beendigung der Kohlendioxydfüllung vorgeschriebenen Wert bekommt. Andererseits dauert die

Füllung bei zu niedrigem Durchfluß zu lange. Die Gaskonzentration in der Ausblaseleitung wird mit einem Wärmeleitfähigkeitsmesser bestimmt, welchem als Vergleichsgas reines Kohlendioxyd zugeführt wird. Der *Durchfluß* des *Meß-* und *Vergleichsgases* durch den Wärmeleitfähigkeitsmesser wird dabei mit Hilfe von Regulierventilen und Schwimmer-Strömungsmessern (*2614*) auf den für die Messung erforderlichen Wert eingestellt. (Hier sind jeweils nur die Strömungsmesser für das Meßgas eingetragen.)

Anschließend folgt in ähnlicher Weise die Füllung des Generatorgehäuses mit Wasserstoff. Dabei wird ebenfalls der *Druck* in den *Flaschen* (*2607*) und der *Fülldruck* (*2608/09*) nach den Druckminderventilen überwacht. Im vorliegenden Falle sind dazu zwei Druckmesser mit verschiedenen Anzeigebereichen vorgesehen. Der Generator wird bei schwacher Belastung mit niedrigem Wasserstoffdruck betrieben. Es ist aber auch möglich, seine Belastbarkeit durch eine Erhöhung des Gehäusedruckes noch zu steigern. Auch die Füllung mit *Wasserstoff* muß aus ähnlichen Gründen wie oben mit einem bestimmten *Durchfluß* erfolgen, der ebenfalls durch einen Strömungsmesser (2613) gemessen wird. Die *Konzentration* des ausströmenden *Kohlendioxyd-Wasserstoff-Gemisches* in der Ausblaseleitung wird mit dem gleichen Gerät (*2603*) überwacht, wie bei der Füllung mit Kohlendioxyd. Dieser Wärmeleitfähigkeitsmesser hat deshalb 2 Skalen für CO_2 in Luft und H_2 in CO_2. Dabei dient bei der Füllung des Generators mit Wasserstoff auch Wasserstoff als Vergleichsgas. Die Feuchtigkeit muß aus dem Meß- und Vergleichsgas durch Filter entfernt werden.

Wenn die Wasserstoffkonzentration in der Ausblaseleitung 100% erreicht hat, wird sie abgesperrt, die Füllung aber noch so lange fortgesetzt, bis der Druck im Gehäuse den gewünschten Wert erreicht hat. Ein Regler sperrt dann selbsttätig die Gaszufuhr ab, die wieder freigegeben wird, wenn der *Druck* im *Gehäuse* unter den eingestellten Wert sinkt. Weitgehende, unzulässige Druckabsenkungen während des Betriebes werden durch Kontaktmanometer (*2605/06*) gemeldet. Aus dem oben angegebenem Grunde sind auch hier Plattenfedermanometer mit verschiedenen und reichlich bemessenen Anzeigebereichen vorgesehen.

Im *normalen Betrieb* wird laufend die *Wasserstoffkonzentration* im Gehäuse überwacht, und zwar mit zwei verschiedenen Methoden.

Auf der Erregerseite des Generators befindet sich ein *Wärmeleitfähigkeitsmesser* (*2601*), der so angeschlossen ist, daß der Druck des Ventilators auf der Welle das Meßgas durch die Kammern des Analysators treibt. Dieser Apparat (*2601*) ist umschaltbar auf die Meßstelle (*2603*) für die Überwachung der Füllung. Es ist daher nur ein derartiges Gerät erforderlich. Auch bei stillstehender Maschine kann die Konzentration überwacht werden, wenn ein Ausblaseventil in der Meßleitung geöffnet wird.

Der *Durchfluß* des *Meßgases* des Konzentrationsmessers ist mit Hilfe eines Drosselventiles und eines Strömungsmessers (*2612*) einstellbar.

Auf der Turbinenseite befindet sich eine *Ringwaage* (*2604*) zur Messung der Druckdifferenz am Ventilator des Läufers. Der bei konstanter Drehzahl sich ausbildende Differenzdruck ist abhängig von der Wichte des zu fördernden Gases und damit von der *Gaskonzentration im Gehäuse.*

Bei beiden Meßgeräten erfolgt eine Signalgabe bei unzulässiger Absenkung der Konzentration.

Es wurde schon oben dargelegt, daß es zur Aufrechterhaltung der erforderlichen Konzentration nötig ist, den *Vorkammern* und Wasserstoffscheidern fortwährend Wasserstoff zuzuführen. Der *Durchfluß* des *Spülgases* wird zu diesem Zweck mit Hilfe von Drosselventilen und *Strömungsmessern (2616/17)* so eingestellt, daß die *Konzentration* des ausströmenden Gases *(2602)* nicht zu niedrig wird. Dieser Konzentrationsmesser arbeitet ebenfalls mit Wasserstoff als Vergleichsgas. Er ist auf beide Generatorseiten umschaltbar.

Der Druck des *Dichtöls* muß in seiner Höhe dem Gasdruck im Gehäuse angepaßt und immer etwas größer als dieser sein, damit nur wenig Öl in die Vorkammern eintritt. Der *Druck* des von der Ölpumpe der Turbine *geförderten Öles* wird deshalb durch ein Regelventil konstant gehalten und vor *(2909)* und *hinter* den *Ölfiltern (2910)* und vor allem vor den *Druckkammern (2911)* überwacht. Sofern die Anpressung des Winkelringes *h* an die Dichtfläche durch Öldruck erfolgt, sind noch zwei weitere Druckmesser erforderlich.

Der *Ölstand* im *Wasserstoffscheider* wird selbsttätig konstant gehalten. Die Behinderung des Ölabflusses bzw. das Ansteigen des Ölstandes auf unzulässige Werte wird signalisiert *(2914)*.

An dem *Kühler* für das Dichtöl werden die *Temperaturen* des · zu- und *abfließenden Kühlwassers (2715/16)* und des *ein-* und *austretenden Öles (2912/13)* gemessen.

An beiden Stirnseiten des Generators sind je zwei *Wasserstoffkühler* eingebaut, in welchen die Verlustwärme der Maschine an das Kühlwasser abgegeben wird. Das Gas wird durch die Ventilatoren des Läufers durch die Kühler gepreßt. Mit Hilfe von umschaltbaren Widerstandsthermometern kann sowohl die *Wasserstoff- (2618/19)* als auch die *Wassertemperaturen (2713/14) vor* und *hinter* den *Kühlern* gemessen werden. Dabei erfolgt eine Signalgabe, wenn die Temperaturen des Wasserstoffes zu hoch sind.

Wasseransammlungen im *Generatorgehäuse*, die aus beschädigten Kühlern stammen können, werden in Gefäßen gesammelt und signalisiert *(2620)*.

7. Luftverdichteranlagen.

a) Der Aufbau von Verdichteranlagen. In Zechenkraftwerken hat die Erzeugung von Preßluft für die Bewetterung der Gruben und für den Antrieb von Werkzeugen besondere Bedeutung. Früher wurden dafür Kolbenverdichter verwendet, neuerdings hauptsächlich Kreiselkompressoren. Während der Komprimierung muß die Luft in geeigneter Weise gekühlt werden. Bei modernen Kreiselverdichtern findet daher in einer Reihe von Stufen abwechselnd Verdichtung der Luft und

Zwischenkühlung statt. Gegebenenfalls wird die Temperatur der erzeugten Preßluft in Endkühlern noch weiter herabgesetzt (Abb. 126).

Unterhalb einer gewissen Fördermenge reißt die Strömung im Kreiselverdichter ab. Durch geeignete Einrichtungen ist es möglich, diese sog. Pumpgrenze herabzusetzen. Zu diesem Zweck kann die Drehzahl der Antriebsturbine verringert oder ein Teil der erzeugten Preßluft durch die Ansaugeleitung in die Maschine zurückgeführt werden (Abb. 126). Bei anderen Ausführungen wird sie zum Betriebe einer Luftturbine, für die Entlastung der eigentlichen Antriebsturbine oder für die Erzeugung elektrischer Energie[1] benutzt.

b) Die Betriebsüberwachung von Luftverdichtern. α) *Der Zustand der Luft.* Der *Zustand* der *angesaugten Luft* ist durch Druck, Temperatur und relative Feuchte gekennzeichnet.

Am Kompressoreintritt ist der Luftdruck um den mit der Belastung veränderlichen Strömungswiderstand im Einlaufteil geringer als der

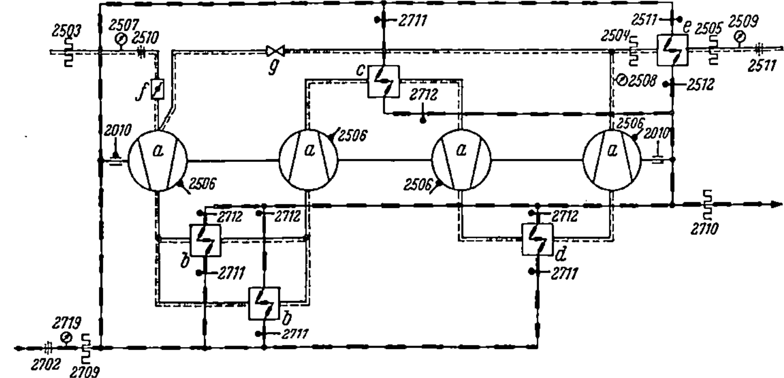

Abb. 126. Meßstellenplan eines Kreiselverdichters mit Zwischenkühlern.

Atmosphärendruck. Der *absolute Druck* der *angesaugten Luft* (*2507*) kann an dieser Stelle am einfachsten direkt mittels eines barometrischen Meßgerätes oder auch, bei bekanntem Barometerstand, mit Hilfe eines Unterdruckmessers bestimmt werden. Die *Temperatur* der *angesaugten* Luft (*2503*) wird gewöhnlich mit Quecksilberthermometern gemessen, die relative Feuchtigkeit mit Haarhygrometern.

Die erzeugte *Preßluft* wird im allgemeinen an die verbrauchenden Betriebe, z. B. an die Grube, berechnet. Infolgedessen ist ihr Druck (*2508*) und die *Endtemperatur* (*2504*) bzw. die *Temperatur hinter* dem *Endkühler* (*2505*) nicht nur anzuzeigen, sondern auch zu registrieren.

β) *Die Verdichterleistung.* Die *Verdichterleistung* kann sowohl auf der Ansauge- oder auf der Druckseite gemessen werden.

Auf der *Saugseite* beeinflussen sowohl die Schwankungen des Atmosphärendruckes und der Lufttemperatur als auch der sich quadratisch

<hr>

[1] Bouché, Ch.: Kolbenverdichter. Berlin/Göttingen/Heidelberg: Springer 1950. — C. Pfleiderer: Strömungsmaschinen. Berlin/Göttingen/Heidelberg: Springer 1952. — R. Stroehlen: Verdichter. BWK Bd. 5 (1953) H. 4, S. 123. — Brinkmann: Der Stand der Technik im Verdichterbau. Mitt. Techn. Hauses Techn., Essen 44. Jg. (1951) H. 5 u. 6, S. 154/218.

mit der Belastung ändernde Druckabfall am Luftfilter die Anzeige des Durchflußmessers. Wenn jedoch die Bezugspunkte geschickt gewählt werden, bleiben die Abweichungen normalerweise in einem für die laufende Betriebsüberwachung erträglichen Maße. Nur bei extremen Wetterlagen können die erforderlichen Korrekturen auf etwa $\pm 5\%$ ansteigen. Allerdings ist der normgerechte Einbau des Drosselgerätes auf der Saugseite im allgemeinen recht schwierig und teuer. Er ist unbedingt schon bei der Planung der Verdichteranlage vorzubereiten. Vielfach werden solche Drosselgeräte als Venturikanal mit rechteckigem Querschnitt ausgeführt. Als Durchflußmesser kommen Niederdruckringwaagen in Frage *(2510)*.

Am einfachsten läßt sich die Durchflußmeßeinrichtung für die Luft auf der *Druckseite* des Kompressors anordnen (2511). Gewöhnlich wird dort der normgerechte Einbau des Drosselgerätes ohne besondere Schwierigkeiten möglich sein. Sofern jedoch hinreichend lange, störungsfreie Rohrstrecken für das Drosselgerät nicht zur Verfügung stehen, kann man sich bis zu einem gewissen Grade durch die Wahl eines höheren Differenzdruckes helfen[1]. Dadurch ergibt sich ein kleineres Öffnungsverhältnis für das Drosselgerät und somit sind auch kleinere störungsfreie Rohrstrecken zulässig.

Wenn auf der Druckseite des Kompressors — wie das gewöhnlich der Fall ist — der Druck der Preßluft geregelt wird, kann die Messung des Durchflusses der Preßluft genauer sein, als der der angesaugten Luft, sofern der Sollwert des Druckes am Regler nicht verstellt wird. Unter dieser Voraussetzung sind als Durchflußmesser normale U-Rohr-Schwimmergeräte oder Ringwaagen zulässig. Wenn jedoch der Sollwert zeitweise verändert wird, müssen entweder Durchflußmesser mit selbsttätiger Berichtigung der Zustandsgrößen verwendet, oder auf der Saugseite gemessen, oder größere Fehlergrenzen zugelassen werden.

Bei *Kolbenverdichtern* ist die Durchflußmessung der Luft schwieriger, weil die Strömung pulsierend ist[2]. Die dadurch verursachten Fehler können durch eine Beruhigung der Pulsationen mit Hilfe großer Speicher verringert werden. Einzelheiten über ihre Dimensionierung sind den VDI-Durchfluß-Meßregeln DIN 1952 zu entnehmen.

Die Durchflußmessung der Luft erfolgt — wie alle für statistische Zwecke erforderlichen Leistungsmessungen — zählend und registrierend.

γ) Die Luftkühlung. Die *Temperatur* der verdichteten Luft soll *innerhalb* des Kompressors mit Rücksicht auf die erforderliche Kompressionsarbeit nicht höher als auf etwa 130 bis 140° C ansteigen. Sie ist also im Verlaufe der Komprimierung zu kühlen. Bei modernen Kreiselverdichtern hat sich die Anordnung vielstufiger Kühler im Verdichter eingeführt. In dem Beispiel der Abb. 126 ist jedoch aus Gründen der Übersichtlichkeit eine Ausführung mit zwei Niederdruck- und je einem Mitteldruck- und einem Hochdruckzwischenkühler sowie einem Endkühler vorgesehen.

Die *Lufttemperatur* wird *im Verdichtergehäuse (2506)* an verschiedenen Stellen durch örtlich anzeigende Thermometer kontrolliert.

---

[1] s. S. 56.   [2] s. S. 47.

Wichtig ist die Messung der *Preßlufttemperatur vor* (*2504*) und vor allem *hinter* dem *Endkühler* (*2505*), welche im allgemeinen mit Hilfe von Widerstandsthermometern überwacht wird.

Das *Wasser* für die Kühler des Kompressers muß diesen mit ausreichendem *Durchfluß* (*2702*) und *Druck* (*2710*) sowie mit niedriger *Temperatur* (*2709*) zufließen. Weil von der Messung des Kühlwasserdurchflusses meist abgesehen wird, ist die Überwachung des *Kühlwasserdruckes* und der Temperatur vor und nach dem Kompressor (*2710*) von um so größerer Bedeutung.

Auch an den Kühlergruppen ist zur Aufdeckung von Verschmutzungen, welche die Kühlwirkung beeinträchtigen können, auf die Temperaturen des *ein-* (*2711*) und *austretenden Kühlwassers* (*2712*) zu achten.

C. Reduzierstationen.

1. Die Anwendung von Reduzierstationen in Kraftwerken.

In Kraftwerken werden vielfach Reduzierstationen e zur Sicherstellung des Heizdampfbedarfes bei schwacher Maschinenbelastung vorgesehen. Vgl. Abb. 128 und 131. Bei der Drosselung des Dampfes ändert sich, dessen Temperatur nur wenig. Deshalb sind den eigentlichen Reduzierorganen e für den Dampfdruck gewöhnlich Dampfkühler nachgeschaltet. Der Druck und die Temperatur des reduzierten Dampfes wird im allgemeinen durch Regler konstant gehalten.

2. Die Überwachung von Reduzierstationen.

Die Regeleinrichtungen an Reduzierstationen arbeiten gewöhnlich sehr zuverlässig und sicher, so daß das Personal keine Eingriffe vorzunehmen hat. Der Aufwand an Überwachungsgeräten für Reduzierstationen ist deshalb niedrig.

Die *Leistung* einer Reduzierstation, d. h. der *Durchfluß* des *Dampfes* kann auf der Hochdruckseite oder — wenn Regeleinrichtungen für den Druck und die Temperatur des reduzierten Dampfes vorhanden sind — auch auf der Niederdruckseite (*3201*) bestimmt werden. Entscheidend ist der erforderliche Aufwand. Dieser wird in vielen Fällen trotz des größeren Leitungsdurchmessers auf der Niederdruckseite geringer sein[1].

Weiterhin kann der *Druck* des *Frischdampfes* (*3202*) sowie Druck (*3203*) und *Temperatur* (3204) des reduzierten Dampfes und gegebenenfalls der *Durchfluß* des *Einspritzkondensates* (*3101*) bestimmt werden.

Die Meßgeräte für die Drücke und Temperaturen des Dampfes werden meist nicht unmittelbar an den Reduzierstationen, sondern an den zugehörigen Dampfverteilern angeordnet.

D. Die Kesselspeisung.

1. Anforderungen an das Kesselspeisewasser.

Natürliches *Rohwasser* enthält stets Bestandteile, welche seine unmittelbare Verwendung als *Kesselspeisewasser* nicht zulassen. Es

---

[1] s. aber auch Fußnote S. 48.

handelt sich dabei um Schwebestoffe, welche die Trübung bewirken, um organische und anorganische Kolloide, leicht lösliche Salze (z. B. Chloride, Nitrate und Nitrite), um Sulfate und um schwer lösliche Salze (besonders Karbonate des Kalzium und Magnesium) und ferner um Kieselsäure. Dazu kommen gelöste Gase, besonders Sauerstoff und Kohlensäure. In Industriebetrieben kann Wasser, auch Öl, freie Säuren, Zucker, Stärke oder andere Verunreinigungen enthalten.

Alle diese Verunreingungen wirken störend[1]. Sie können entweder unmittelbar (z. B. Säuren) oder nach weiteren chemischen Reaktionen besonders bei hohen Temperaturen (z. B. Salze, Gase, Zucker) die Baustoffe der Kessel, Leitungen und Turbinen angreifen.

Karbonate, Sulfate und Kieselsäure können *Kesselstein* bilden, welcher den Wärmeübergang behindert und unter Umständen ein Ausglühen und eine Zerstörung des Dampfkessels bewirken kann.

Leicht lösliche Salze im Speisewasser können den *Salzgehalt* des Kesselwassers in unerwünschtem Maße anreichern und dadurch die Wärmeverluste durch das Absalzen der Kessel vergrößern. Besonders störend wirken aber Salze und Kieselsäure dadurch, daß sie sich im Dampf lösen oder als Staub mitgerissen werden und sich dann in Überhitzerrohren und auf den Schaufeln der Dampfturbinen absetzen. Das kann so weit gehen, daß die Leistung der Dampfturbinen verringert wird.

Kolloidale Teilchen aus organischen Substanzen können Schlamm bilden und dadurch Verstopfungen in Rohren und Ventilen bewirken und andere Störungen verursachen. Sie können aber auch, unter gewissen Bedingungen — ebenso wie die Resthärte — eine Ursache für das Schäumen der Dampfkessel sein.

Bei der *Speisewasseraufbereitung*[2] müssen aber nicht nur diese schädlichen Stoffe aus dem Rohwasser *entfernt* werden, es ist vielmehr auch nötig, schützende Stoffe *zuzusetzen*.

Die *Anforderungen*, die hinsichtlich des Reinheitsgrades und der schützenden Zusätze an das Kesselspeisewasser zu stellen sind, sind je nach der Bauart des Kessels etwas verschieden. Sie erhöhen sich vor allem mit steigendem Dampfdruck. Bei Naturumlauf- und Zwangumlaufkesseln für 100 kg/cm² gilt z. B. als Richtwert:

$$
\begin{aligned}
\text{Härte} &= 0{,}01 \div 0{,}02° \, d \\
\text{Sauerstoffgehalt} &= 0{,}01 \div 0{,}02 \text{ mg/l} \\
\text{Kohlensäuregehalt} &= \phantom{0{,}01 \div 0{,}02} 0 \text{ mg/l} \\
\text{Salzgehalt} &= \phantom{0{,}01 \div 0{,}02} 3 \text{ mg/l} \\
\text{p}_\text{H}\text{-Wert} &\geq \phantom{0{,}01 \div 0{,}0} 8{,}5
\end{aligned}
$$

Bei Durchlaufkesseln werden besonders hinsichtlich des Salzgehaltes und der Resthärte noch höhere Anforderungen gestellt.

---

[1] Franzen, C. F.: Kesselschäden infolge mangelhafter Speisewasserpflege. Z. VDI Bd. 91 (1949) H. 1, S. 7.

[2] Vereinigung der Großkesselbesitzer: Richtlinien für die Aufbereitung von Kesselspeisewasser und Kühlwasser. Vulkan-Verlag Dr. W. Classen 1950. — E. Schumann: Speisewasseraufbereitung für Hochdruckkessel. BWK Bd. 2 (1950) H. 12, S. 375. — O. Schmidt: Eignung von Speisewasseraufbereitungsanlagen im Dampfkesselbetrieb. Deutscher Ingenieur-Verlag GmbH. 1952. — W. Töller: Speisewasserpflege. BWK Bd. 4 (1952) H. 4, S. 109. — H. List: Theorie und Praxis moderner Kesselspeisewasserpflege. Mitt. VGB 1951, H. 17/18, S. 32.

2. Die Überwachung des Speisewassers.

Die Überwachung des Speisewassers[1] hat sich daher in erster Linie auf die Resthärte, den p_H-Wert bzw. die Alkalität, auf den Gehalt an Salzen und gelösten Gasen zu erstrecken.

Vielfach werden Wasseruntersuchungen noch durch die chemische Analyse periodisch entnommener Stichproben ausgeführt. Ein derartiges Vorgehen entspricht jedoch nicht mehr in jeder Hinsicht dem heutigen Stande der Technik, weil für die wichtigsten dieser Untersuchungen Geräte zur Verfügung stehen, die eine laufende Kontrolle während des Betriebes zulassen. Sie finden für die Überwachung der Speisung moderner Höchstdruckkessel und besonders auch bei der chemischen Aufbereitung salzarmer Speisewässer immer mehr Anwendung.

Für die Prüfung der *Härte* stehen verschiedene Geräte zur Verfügung, bei welchen im wesentlichen durch photoelektrische Methoden die Verfärbung des zu untersuchenden Wassers bei selbsttätiger Zugabe von Indikatorlösungen bestimmt wird. Zu diesen gehören:

Das *Durometer*[2], welches sowohl auf Kalzium als auch Magnesiumionen anspricht. Eriochromschwarz als Indikator und Pufferlösung werden in bestimmter Menge in das zu untersuchende Wasser gegeben. Die Intensität der dabei auftretenden Färbung hängt von der Menge der darin befindlichen Härtebildner ab. Sie wird mit Hilfe einer Photozelle gemessen, welche von einer Glühlampe durch die zu untersuchende Wasserprobe hindurch ausgeleuchtet wird. Der Photozellenstrom ist ein Maß für die Härte.

Mit dem *IG-Härtemesser*[3] bestimmt man ebenfalls photoelektrisch die Trübung der zu untersuchenden Wasserprobe bei Zugabe von Seifenlösung. Die Empfindlichkeit des Gerätes ist für Ca- und Mg-Ionen verschieden.

Ein *anderes*, nur auf die Magnesiahärte ansprechendes Gerät[4] benutzt Thiazolgelb als Indikator. Ein Lichtstrahl wird dabei abwechselnd durch eine Meßküvette mit dem zu untersuchenden Wasser und durch eine Vergleichsküvette geschickt und auf eine Photozelle gegeben. Diese verstellt über einen Verstärker mit Hilfe eines kleinen Motors eine Blende so weit, bis die Lichtintensität auf beiden Wegen des Strahles gleich ist. Die Blendenstellung ist dabei das Maß für die Resthärte. Sie kann elektrisch angezeigt oder registriert werden.

Die betriebsmäßige Kontrolle des *Sauerstoffgehaltes* im Speisewasser scheint erst in jüngster Zeit befriedigend gelöst worden zu

---

[1] TÖLLER, W.: Chemisch-physikalische Prüfeinrichtungen bei der Speisewasserpflege. Mitt. Ver. Großkesselbes. 1952, H. 21. — J. LEICK: Stand der Aufbereitungsverfahren und der chemischen Überwachung von Aufbereitungsanlagen für das Kesselspeisewasser. Techn. Mitt. Hauses Techn., Essen 45. Jg. (1952) H. 4, S. 109.

[2] Vollautomatische quantitative Bestimmung der Resthärte. Energie Bd. 4 (1952) H. 6, S. 145.

[3] s. Fußnote 1, S. 86.

[4] LODE, W., u. H. STEUDEL: Selbsttätige Messung der Resthärte von Kesselspeisewasser. BWK Bd. 4 (1952) H. 7, S. 233.

sein[1]. Das ist vor allem darauf zurückzuführen, daß die nachzuweisenden Sauerstoffmengen außerordentlich klein sind (Empfindlichkeit $\cong 0,001$ mg/l). Das Meßverfahren beruht im wesentlichen darauf, daß in einer galvanischen Elektrodenkette das sauerstoffhaltige Wasser an der durch Wasserstoff polarisierten Kathode vorbeigeleitet wird und dort seinen Sauerstoff abgibt. Der dadurch verursachte Depolarisationsstrom wird gemessen.

Die sonstigen für die Untersuchung des Speisewassers erforderlichen Geräte, besonders *Leitfähigkeits-* bzw. *Salzgehaltsmesser* und Einrichtungen für die p_H-*Wertbestimmung* wurden schon früher behandelt.

Es ist zu beachten, daß bei chemisch aufbereitetem alkalischen Speisewasser (besonders bei Kesseln mit mittlerem Dampfdruck) die Salzgehaltmessung nicht sinnvoll ist. Hier ist die p_H-Wertbestimmung am Platze, weil es auf die Alkalität des Speisewassers ankommt. Bei Kondensat und bei teilweise oder voll entsalztem Speisewasser soll dagegen auch der Salzgehalt des aus der Aufbereitung kommenden Wassers überwacht werden. Da man aber auch salzarmem Speisewasser Alkalien zur Vermeidung von Korrosionen beifügt, muß die Salzgehaltmessung vor der Dosierung erfolgen und die p_H-Wertbestimmung danach.

Die *Beschaffenheit* des Speisewassers soll im Betriebe möglichst gleichmäßig sein. Es ist für die Betriebsleitung von großem Interesse, etwaige Bedienungsfehler oder Schäden der Anlage festzustellen, z. B. die Einspeisung von Wasser mit zu niedrigem p_H-Wert oder mit Härteresten. Aus diesen Gründen sind die Meßgeräte im allgemeinen nicht nur anzeigend, sondern auch schreibend ausgeführt.

3. Die Aufbereitung des Kesselspeisewassers.

Aus den vorhergehenden Abschnitten folgt, daß an das Kesselspeisewasser, besonders bei hohen Dampfdrücken, in verschiedener Hinsicht hohe Anforderungen zu stellen sind. Diesen entspricht sehr weitgehend das *Kondensat* der Dampfturbinen. Es wird daher vorzugsweise als Speisewasser verwendet. In reinen Kondensationskraftwerken sind heute nur etwa 0,3 bis 2% der Speisewassermenge in, älteren Anlagen bis 4% zur Deckung von Verlusten aufzubringen und dem Speisewasser zuzusetzen. In Industriekraftwerken wird dagegen Dampf von geeignetem Druck und Weichwasser in großen Mengen für Fabrikationszwecke benötigt. Dafür sind entsprechende Mengen aufbereiteten Rohwassers oder Destillates aufzubringen.

Die *Aufbereitungsverfahren* für ein bestimmtes Rohwasser sind weitgehend durch seine chemische Zusammensetzung und seine Verunreinigungen bedingt. Es handelt sich um ein sehr ausgedehntes und verwickeltes Sondergebiet, über das man hier nur einen Über-

---

[1] FREIER, R., F. TÖDT u. K. WICKERT: Selbstschreibende Sauerstoff-Meßanlage zur Sauerstoffbestimmung im Wasser, insbesondere für Hochdruckkraftwerke. Chem.-Ing.-Techn. Bd. 23 (1951) H. 13, S. 325.

blick in Stichworten erwarten kann. Einzelheiten sind der Fachliteratur zu entnehmen[1].

a) Die Entfernung von Schwebestoffen, Eisen- und Manganverbindungen aus dem Rohwasser. *Schwebestoffe* im Rohwasser werden durch Filterung über Quarzkies oder durch Ausflockung mit Hilfe geeigneter Chemikalien abgeschieden.

Wenn im Rohwasser *Eisen-* und *Manganverbindungen* enthalten sind, werden sie meist vor der weiteren Behandlung des Wassers durch Belüftung und anschließende Filterung, z. B. über Magnomasse, entfernt.

Geringe *Ölmengen* können durch Zusatz von Flockungsmitteln oder durch Filterung über aktiver Kohle unschädlich gemacht werden.

b) Die Entfernung von Härte, Salzen und Kieselsäure aus gereinigtem Rohwasser. Bei der Enthärtung des Speisewassers strebt man vielfach auch gleichzeitig eine Verminderung seines Gehaltes an leicht löslichen Neutralsalzen an.

Die Enthärtung und Entkieselung kann durch chemische oder thermische Verfahren erfolgen.

α) *Chemische Aufbereitungsverfahren.* Die chemischen Enthärtungsverfahren zerfallen in zwei Gruppen, in Fällungs- und Ionenaustauschverfahren.

Bei den *Fällungsverfahren* werden die gelösten Härtebildner durch Zusatz geeigneter Chemikalien in schwer oder unlösliche Verbindungen umgewandelt, welche sich als Schlamm oder Korn absetzen und durch Filterung entfernt werden können.

Je nach der Zusammensetzung des Rohwasser kommen verschiedene Fällungsmittel, z. B. Ätzkalk, Soda, Trinatriumphosphat u. a. m. für sich oder in Kombination zur Anwendung. Die Reaktion erfolgt im allgemeinen bei Temperaturen von 80 bis 95° C.

Fällungsverfahren sind empfindlich gegen Härteschwankungen des Rohwassers. Deshalb muß immer ein Überschuß an Fällungsmitteln angewendet werden, wobei zur Beseitigung der Resthärte Trinatriumphosphat beigegeben wird.

Die mit Fällungsverfahren erreichbare Enthärtung genügt für die Aufbereitung des Speisewassers von Niederdruckkesseln und Verdampfern.

Bei *Ionenaustauschverfahren* wird das zu enthärtende Wasser über geeigneten Stoffen — vielfach Kunstharzen — gefiltert. An dem Filtermaterial findet ein Austausch der Ionen der unerwünschten, aus dem Wasser zu entfernenden Stoffe mit denen des Filters statt. Man unterscheidet verschiedene Gruppen.

Bei *Neutralaustauschern* ist das Filter mit Natriumionen aufgeladen, welche gegen Kalzium- und Magnesiumionen der Härtebildner im Rohwasser ausgetauscht werden (Natriumaustausch). Dadurch wird die Härte in eine entsprechende Menge wasserlöslicher Natriumsalze umgewandelt. Bei hartem Rohwasser kann dadurch die Konzentration des Kesselwassers unerwünscht hoch ansteigen.

---

[1] s. Fußnote 2, S. 167.

Es wurden daher mehrere Verfahren entwickelt, bei welchen eine *teilweise* Entsalzung des aufzubereitenden Wassers stattfindet.

Das kann einmal durch Zusatz von Ätzkalk zum Rohwasser zur Ausfällung der Karbonathärte (das sind Bikarbonate des Kalzium und Magnesium) geschehen und durch anschließenden Neutralaustausch zur Entfernung der Nichtkarbonathärte (das sind Sulfate, Chloride, Nitrate) (Abb. 129).

Weiterhin ergibt sich eine Teilentsalzung vor allem auch durch die Verwendung von *Wasserstoffaustausch*filtern. In diesen entstehen durch Ionenaustausch die Säuren der ursprünglich im Wasser enthaltenen Salze. Die Kohlensäure kann aus dem Filtrat durch Belüften oder Entgasen entfernt werden. Die übrigen Säuren können grundsätzlich durch Zusatz von Basen neutralisiert werden. Dasselbe wird erreicht, wenn hinter oder parallel zu dem Wasserstoffaustauscher ein Natriumaustauscher geschaltet ist. Die Parallelschaltung eignet sich besonders für Rohwasser mit nicht zu hoher Karbonathärte. Die Teilströme beider Filter sind in ihrem Verhältnis so einzustellen, daß das erzeugte Weichwasser neutral wird (Teilstromverfahren).

Endlich sind Wasserstoffilter so zu betreiben, daß ihr Filtrat — aus Sicherheitsgründen — noch schwach alkalisch bleibt.

Aus wirtschaftlichen oder anderen Gründen können verschiedene Abwandlungen dieser Verfahren vorteilhaft sein.

Ein weitgehend salzfreies, destillatähnliches Wasser erhält man durch *Vollentsalzung*. Dabei wird das Rohwasser zunächst durch einen Wasserstoffaustauscher gefiltert, welcher Wasserstoffionen abgibt. Das saure Filtrat wird, gegebenenfalls nach vorheriger Entfernung der Kohlensäure, durch einen Anionenaustauscher geschickt, welcher die Anionen der Säuren gegen Hydroxylionen austauscht. Als Endreaktion bildet sich dabei Wasser, so daß das Filtrat weitgehend salzfrei ist. Ein weiteres, nachgeschaltetes Filter hat die Aufgabe, Spuren von Säure- oder Laugendurchbrüchen auszugleichen und das Speisewasser neutral zu halten.

Ionenaustauschverfahren sind wirkungsvoller als Fällungsverfahren, auch bei schwankendem Härtegehalt des Rohwassers. Ihr besonderer Vorteil ist es, daß die zur Verwendung kommenden Filter nach einer gewissen Laufzeit mit geeigneten Mitteln wieder gebrauchsfähig gemacht werden können. (Bei Neutralaustauschern: Kochsalz, bei Wasserstoffaustauschern: Säure, bei Anionenaustauschern: Soda oder Natronlauge.)

Die Entfernung der *Kieselsäure* erfolgt durch Fällung, Absorption oder besonders durch Austausch. Das letztere Verfahren dürfte besondere Bedeutung erlangen. Die Entkieselung des durch Wasserstoff- und Anionenaustauschfilter vollentsalzten Wassers geschieht nach vorheriger Entfernung der Kohlensäure, durch nachgeschaltete Kunstharzaustauscher. Bei Wahl eines geeigneten Filtermaterials kann aber die Entkieselung auch schon im Anionenfilter erfolgen. Die Kieselsäure wird dabei bis auf einen nicht mehr nachweisbaren Rest entfernt.

β) *Thermische Speisewasseraufbereitung durch Verdampfer.* Durch Destillierung von Weichwasser kann Speisewasser hergestellt werden, welches dem Kondensat des Turbinenabdampfes völlig gleichwertig ist. In Kraftwerken mit Kondensatspeisung wird daher das zur Deckung der Verluste erforderliche Zusatzwasser gerne thermisch mit Hilfe von Verdampfern aufbereitet, obwohl neuerdings auch Ionenaustauscher sehr weitgehend salzfreies, dem Kondensat gleichwertiges Speisewasser liefern.

Die Einordnung eines Verdampfers k in den Wärmeschaltplan eines Kraftwerkes ist in Abb. 127 dargestellt. Aus einem Speicher m wird ihm mittels einer Pumpe i vorgereinigtes und entgastes Weichwasser zum Verdampfen zugeführt. Die Beheizung erfolgt gewöhnlich durch Anzapfdampf der Kraftwerksturbinen b. Der Verdampferbrüden wird in dem Brüdenkondensator l durch Maschinenkondensat niedergeschlagen und zusammen mit dem Heizdampfkondensat mittels der Pumpe i dem Speisewasser zugefügt. Dabei wird der Wärmeinhalt der Brüden für die Vorwärmung des Maschinenkondensates ausgenutzt.

Auch das Kraftwerk der Abb. 128 besitzt zwei Verdampferanlagen für die Aufbereitung des Zusatzwassers. Zu diesem Zweck wird das Speisewasser der Verdampfer k in zwei in Abb. 129 dargestellten Anlagen p nach einem chemischen Verfahren enthärtet, welches weiter unten behandelt wird. Aus den Sammelbehältern m für Weichwasser wird durch Pumpen i das enthärtete Wasser durch zwei Oberflächenvorwärmer n_1 und n_2 gedrückt, welche jeweils durch Lauge der Verdampfer oder der Dampfkessel beheizt werden. Anschließend wird es entgast h_1 und den Verdampfern k zugeführt. Als Heizdampf für die Verdampfer wird im vorliegenden Beispiel nicht Anzapfdampf der Hauptturbinen verwendet, sondern der Gegendruckdampf der Antriebsturbine für die Kesselspeisepumpe s und Anzapfdampf aus der Turbine q für die Erzeugung des elektrischen Eigenbedarfs des Kraftwerkes. Die Verdampferbrüden werden in Brüdenkondensatoren l niedergeschlagen, wobei ihr Wärmeinhalt zur Vorwärmung des Speisewassers der Dampfkessel ausgenutzt wird. Das Verdampferdestillat und das Kondensat des Heizdampfes der Verdampfer wird in Kondensatsammelbehältern r gesammelt und mit Hilfe von Pumpen i dem Speisewasser der Dampfkessel zugesetzt.

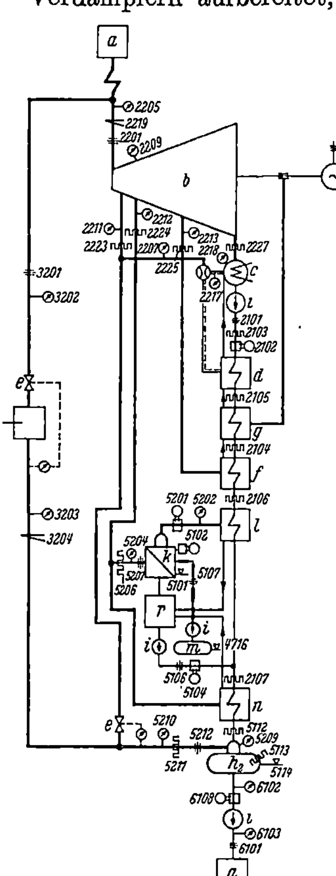

Abb. 127. Meßstellenplan eines Kondensationskraftwerkes.

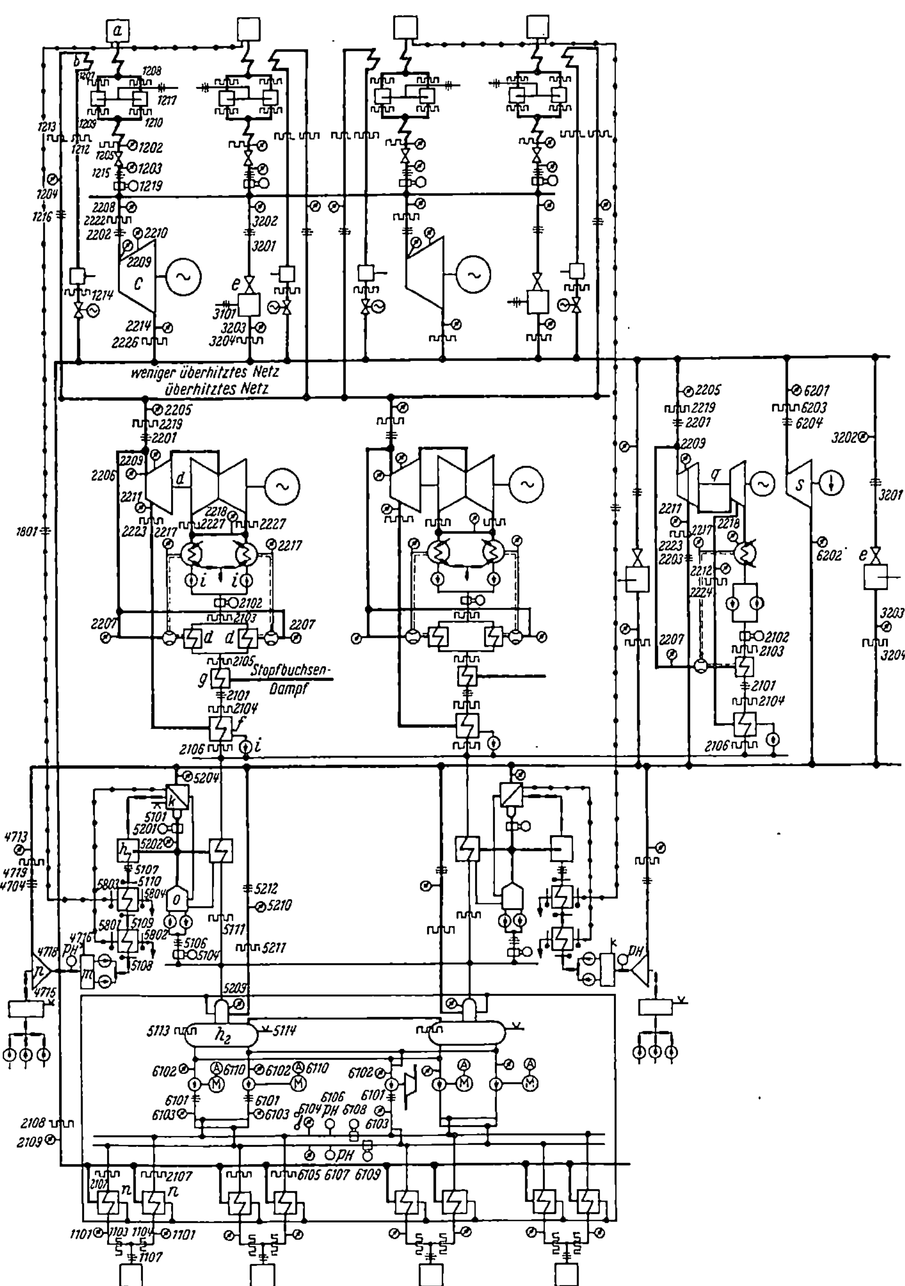

Abb. 128. Meßstellenplan eines Kondensationskraftwerkes mit einer Vorschaltstufe.

c) Die Entfernung gelöster Gase aus dem Weichwasser. Sauerstoff und Kohlensäure können, wenn sie im Kesselspeisewasser gelöst sind, unter bestimmten Bedingungen Korrosionen an Kesseln und Speisepumpen verursachen[1]. Deshalb muß mindestens das chemisch aufbereitete Zusatzwasser entgast werden. Im allgemeinen wird aber das gesamte Speisewasser einschließlich des Turbinenkondensats entgast.

Die Entgasung erfolgt nach Abb. 127 und 128 auf thermischem Wege meist dadurch, daß das Speisewasser in Entgasern h_2 bei Überdruck auf Siedetemperatur erwärmt wird. Die gelösten Gase werden dadurch ausgetrieben. Der Entgaser kann unmittelbar auf den Speisewasserspeicher aufgebaut sein.

Der Heizdampf für Entgaser und Speicher wird gewöhnlich (Abb. 127) geeigneten Anzapfungen der Turbine b entnommen. Bei ungeregelten Entnahmen sind sowohl für den Anzapfdampf als auch für den Frischdampfzusatz Reduziereinrichtungen nötig. Während bei großen Belastungen der Dampf der Turbine entnommen wird, verwendet man bei geringer Belastung gedrosselten Frischdampf[2]. Abweichend davon werden jedoch bei dem Kraftwerk der Abb. 128 die Entgaser durch Gegendruckdampf der Kesselspeisepumpenturbine s und durch Anzapfdampf die Hausturbine q beheizt.

Auch durch den Zusatz gewisser Chemikalien, z. B. Natriumsulfit, Hydrazin u. a. m., kann dem Speisewasser Sauerstoff entzogen werden. Solche werden deshalb bei thermischer Entgasung noch vielfach zur Entfernung der letzten Sauerstoffspuren hinter dem Entgaser dem Speisewasser zugefügt.

d) Die Alkalisierung des Speisewassers. Den Anlagen für die Aufbereitung und Entgasung des Speisewassers sind im allgemeinen Dosiereinrichtungen nachgeschaltet (Abb. 129), welche dem Speisewasser *Alkalien beifügen*, z. B. Trinatriumphosphat, Ammoniak, Ätznatron, Soda u. a. m. Sie müssen in einer für den Betrieb des Kessels vorgeschriebenen Menge zugesetzt werden, um Korrosionen im Kessel und in den Speisepumpen zu vermeiden.

4. Die Betriebsüberwachung von Speisewasseraufbereitungsanlagen.

Bei der Überwachung von Wasseraufbereitungsanlagen (z. B. Abb. 129) ist es im allgemeinen zweckmäßig, *Durchfluß (4702)* und Menge sowie gegebenenfalls *Druck (4705)* und *Temperatur (4720)* des ankommenden *Rohwassers* zu überwachen.

Dazu kann gegebenenfalls der Verbrauch an *Heizdampf* kommen *(4704)* und dessen *Druck (4713)* und *Temperatur (4719)*.

Ferner wird gewöhnlich die *Resthärte (4701)*, der *Durchfluß (4703)* und die Menge sowie der *Druck (4709)* und die *Temperatur (4721)* des austretenden *Weichwassers* überwacht. In den folgenden Abschnitten wird im einzelnen angegeben, inwieweit bei den verschie-

---

[1] Tietz, H.: Grundlagen der physikalischen Entgasung. Mitt. VGB 1950, H. 9, S. 76; H. 10, S. 103.

[2] Fehst, G.: Die Einordnung des Entgasers in das Wärmeschaltbild. Wärme 63. Jg. (1940) H. 17.

denen Verfahren die Messung des p_H-Wertes und des Salzgehaltes erforderlich ist.

Es ist auch darauf zu achten, daß die *Drücke* des Roh- (*4705*), Weich- (*4709/10*) und des *Spülwassers* (*4714*) immer den erforderlichen Wert haben. Das gilt besonders auch für die Leitungen vor und hinter Kies- (*4706/07*), Austausch- (*4708*) und sonstigen Filtern, bei welchen Druckmessungen einen Hinweis auf die Verschmutzung geben.

a) Überwachung der chemischen Speisewasseraufbereitung. Bei *Fällungsverfahren* ist die Dosierung der Fällungsmittel der Menge und den Härteschwankungen des Rohwassers anzupassen. Dieses muß auch mit einer gewissen Temperatur in die Anlage eintreten. Es findet deshalb gewöhnlich eine Vorwärmung des Rohwassers in verschiedenen Stufen, etwa durch entspannte Kessellauge oder durch Dampf von entsprechendem Druck statt.

Die Dosierung der Fällungsmittel erfolgt gewöhnlich halb- oder vollautomatisch[1] unter Benutzung von Schwebekörper-Durchflußmessern. Diese sind mit Rücksicht auf ihre Widerstandsfähigkeit gegen chemische Einflüsse hier am Platze. Es ist notwendig, sie zeitweise zu reinigen. Es sollen daher Anschlüsse für das Spülwasser vorgesehen sein.

Bei Fällungsanlagen ist es zweckmäßig, neben der *Belastung* der Anlage vor allem auch die *Härte* des *Rohwassers* zu kontrollieren.

Vor und nach den verschiedenen Stufen der Rohwasservorwärmung, besonders aber vor den Reaktoren, soll die *Rohwassertemperatur* (*4720*) überwacht werden, weil die Fällung bei einer bestimmten Temperatur am besten erfolgt. Das aufbereitete *Weichwasser* ist vor allem gekennzeichnet durch seine Resthärte. Es ist alkalisch, weil ja Fällungsanlagen, mit Rücksicht auf Härteschwankungen des Rohwassers, mit einem Überschuß an Fällungsmitteln zu betreiben sind. Es ist daher zweckmäßig, die *Resthärte* (*4701*) und p_H-*Wert* (*4718*) zu registrieren. Die Messung des Salzgehaltes wäre dagegen — wegen des Alkalienüberschusses — nicht vertretbar.

Bei dem Betrieb von *Ionenaustauschern* muß in erster Linie auf die Reaktionsfähigkeit der Filter und auf ihre ausreichende Regenerierung geachtet werden und auf die Vermeidung von Säuredurchbrüchen und Schäden an der Anlage. Die Temperatur des Rohwassers ist hier weniger von Bedeutung. Es kommt lediglich darauf an, die für die verschiedenen Filterstoffe zulässigen Temperaturen (40 bis 95° C) nicht zu überschreiten.

Die Überwachung von Anlagen nach dem Verfahren des Ionenaustausches muß sich — neben der Leistung der Anlage — besonders auf die Qualität des erzeugten Weichwassers und auf die Erschöpfung der Austauschfilter erstrecken. Die Härte des Rohwassers wird im allgemeinen nicht überwacht, weil der Erfolg solcher Verfahren von Härteschwankungen des Rohwassers unabhängig ist.

---

[1] PRACHT, P.: Die Schalt- und Regeltechnik in der Wasseraufbereitung. Energie Bd. 4 (1952) S. 30.

Beim reinen *Neutralaustausch* ist vor allem die Härte des Weichwassers zu registrieren. Die Erschöpfung der Austauschfilter ist dadurch zuverlässiger feststellbar, als mit Hilfe motorischer Wasserzähler. Da bei reinem Neutralaustausch keine Entsalzung des Speisewassers stattfindet, würde die Salzgehaltmessung keine Vorteile bringen (Abb. 129 u. 131).

Wenn jedoch — wie in Abb. 129 — den *Neutralaustauschern* eine *Entkarbonisierungsanlage* zur Ausfällung der Karbonathärte mittels Kalk vorgeschaltet ist, findet eine teilweise Entsalzung statt, welche durch die *Salzgehaltbestimmung (4717)* kontrolliert werden kann.

Die Wasseraufbereitungsanlage nach Abb. 129 gehört zu dem in Abb. 128 dargestellten Kraftwerk. Das aufzubereitende Rohwasser tritt in Reaktoren *a* ein, welchen Kalkmilch aus Behältern mit Rührwerken *b* über Dosierpumpen *c* zugeführt wird. In den Reaktoren

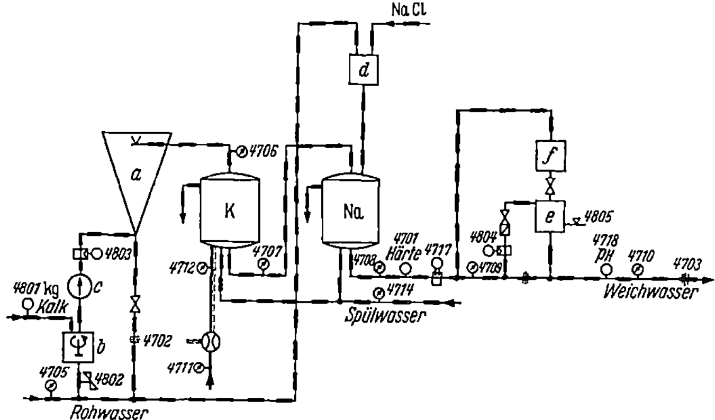

Abb. 129. Meßstellenplan einer Speisewasser-Aufbereitungsanlage. (Entkarbonisierung ,mittels Ätzkalk, Neutralaustausch und Alkalisierung des Weichwassers.)

wird ein Teil der Karbonathärte an die Reaktormasse angelagert. Nachträglich ausfallender Schlamm wird durch Kiesfilter *K* aus dem entkarbonisierten Wasser entfernt. Die im Reinwasser verbliebene Karbonathärte sowie im wesentlichen die Nichtkarbonathärte werden in den nachgeschalteten Neutralaustauschern Na durch Ionenaustausch in wasserlösliche Natriumsalze umgewandelt. Die Austauschfilter können durch Salzlösung, welche einem Vorratsbehälter *d* entnommen wird, regeneriert werden. Das die Austauschfilter verlassende Weichwasser erhält durch Zusatz von Trinatriumphosphat mittels der Dosiereinrichtungen *e* die für die Kesselspeisung erforderliche Alkalität.

Die Kiesfilter werden bei dieser Anlage durch ein Luft-Dampfgemisch mit Hilfe eines Dampfstrahlsaugers aufgelockert und mit Rohwasser gespült. Auch an den Austauschfiltern sind Anschlüsse für Spülwasserleitungen vorgesehen.

Die Leistung der Anlage ergibt sich aus dem *Durchfluß* des in den Reaktor eintretenden *Rohwassers (4702)*. Dementsprechend muß unter Berücksichtigung der Rohwasserhärte dem Reaktor Kalkmilch als Fällmittel zugeführt werden, die mit Hilfe eines Schwebekörper-Durchflußmessers *(4803)* gemessen und durch Dosierpumpen *c* zugeteilt wird. Sie wird in einem Rührwerksbehälter zubereitet, dem über Mengenzähler Wasser in einer *Menge (4802)* zugeführt wird, die dem *Kalkaufwand (4801)* entspricht. Die Erschöpfung des Neutralaustauschfilters kann durch die Bestimmung der *Resthärte* im *Weichwasser (4701)* rechtzeitig festgestellt werden. Es muß dann eine Regenerierung durch Kochsalzlösung stattfinden. Hinter den Austauschern kann der *Salzgehalt (4717)* zur Überwachung der Teilentsalzung gemessen werden.

Die Verschmutzung der Kies- und Austauschfilter wird durch *Druck*messungen *vor (4706)* und *nach (4707/8)* diesen *Filtern* kontrolliert.

Zu der Überwachung der Aufbereitungsanlage der Abb. 129 gehören noch *Druck*messer für das *Spül*wasser *(4714)*, für das *Dampf*-Luftgemisch *(4712)* zur Auflockerung der Kiesfilter und für den *Dampf* vor dem Dampfstrahlsauger *(4711)*.

Der eigentlichen Wasseraufbereitungsanlage ist in Abb. 129 noch eine Trinatriumphosphat-Dosieranlage nachgeschaltet, welche hinsichtlich ihrer Betriebskontrolle später behandelt wird.

Bei *Wasserstoffaustauschfiltern* muß die entstehende Säure des Filtrates neutralisiert werden. Sofern das mit Hilfe eines parallelgeschalteten Neutralaustauschers geschieht, sind die Teilströme der beiden Filter in ein bestimmtes Verhältnis zueinander zu bringen. Das setzt die Messung der entsprechenden Durchflüsse voraus. Der Grad der Teilentsalzung kann nach der Wiedervereinigung beider Teilströme festgestellt werden. An dieser Stelle soll auch die Resthärte und der p_H-Wert des aufbereiteten Weichwassers kontrolliert werden, zur Feststellung etwaiger Härte- und Säuredurchbrüche. Die Erschöpfung des Wasserstoffaustauschfilters selbst ist zunächst an der Zunahme des p_H-Wertes des Filtrates erkennbar. Anschließend erfolgt der Durchbruch der Härte.

Bei der *Vollentsalzung* durch hintereinander geschaltete *Wasserstoff*- und *Anionen*austauscher ist hinter dem Wasserstofilter der p_H-Wert und die Resthärte zur Feststellung der beginnenden Erschöpfung des Filters und zur Sicherung gegen Säure- und Härtedurchbrüche zu kontrollieren. Die Erschöpfung des Anionenfilters ergibt sich dagegen aus dem p_H-Wert und dem Salzgehalt des Weichwassers.

Die Geräte zur Bestimmung der Resthärte, des p_H-Wertes und des Salzgehaltes dienen jedoch nicht nur zur Überwachung der Qualität des Wassers und des Zustandes der Austauschfilter im normalen Betriebe, sondern besonders auch zur Durchführung der Regenerierung und Spülung der Filter.

An sonstigen Überwachungseinrichtungen für die chemische Speisewasseraufbereitung kommen an geeigneten Stellen vor allem Druckmesser in Frage für das Spülwasser und Weichwasser, ferner Meßeinrichtungen für *Flüssigkeitsstände* in *Wasserspeichern (4715/16)* (s. Abb. 128) sowie photoelektrische *Trübungsmesser* hinter *Kies*- und *Magnofiltern.*

Der Betrieb der chemischen Speisewasseraufbereitung erfordert große Sorgfalt, besonders soweit der Wasserstoff-Ionenaustausch angewendet wird. Solche Anlagen sollen daher eingehend überwacht werden, wobei auch die Registrierung und die Signalgabe Anwendung finden sollen. Die weitere Entwicklung schreitet auch hier zur (selbsttätigen) Regelung fort.

b) Überwachung der thermischen Speisewasseraufbereitung. Die *thermische Zusatzwasseraufbereitung* mit Hilfe eines *Verdampfers* und ihre wärmetechnische Überwachung ist in Abb. 127 dargestellt.

Der *Heizdampf* des Verdampfers k wird einer ungeregelten Anzapfung der Kraftwerksturbine b entnommen. Der *Druck (5204)* und die *Temperatur (5206)* des Dampfers ändern sich mit der Belastung der Turbine. Dadurch kann die Messung des *Durchflusses (5207)* des Heizdampfes, der ein Maß für die Verdampferleistung ist, in ihrer Genauigkeit beeinträchtigt werden.

Die Speisung des Verdampfers erfolgt durch *Speisewasser*, welches — etwa nach einem Fällverfahren — enthärtet sein kann, mittels einer oder mehrerer Pumpen i aus dem Speicher m. Bei der Anlage der Abb. 128 wird es vor dem Eintritt in den Verdampfer k durch die Lauge der Dampfkessel n_2 und der Verdampfer n_1 vorgewärmt und anschließend entgast h_1.

Die *Laugenkühler* n_1 und n_2 werden durch *Temperatur*messungen des Verdampferspeisewassers *(5108/09/10)* und der Laugen *(5801/02/03/04)* überwacht.

Auch der *Durchfluß* des *Verdampferspeisewassers (5107)* kann als Maß für die Verdampferleistung angesehen werden, sofern der Durchfluß der abgehenden Lauge berücksichtigt wird. Allerdings wird der *Durchfluß* der *Lauge* gewöhnlich nicht an den einzelnen Verdampfern selbst gemessen, sondern zusammen für mehrere an einer anderen geeigneten Stelle des Kraftwerkes, gegebenfalls zusammen mit der Kessellauge *(1801)*.

Verdampfer neigen häufig zum Schäumen, besonders bei stark schwankender Belastung und bei hoher Konzentration des Verdampferwassers.

Man überwacht daher den *Salzgehalt* der erzeugten *Sattdampfbrüden (5201)*, den *Wasserstand* im *Verdampfer (5101)* und gegebenenfalls statt *(5201)* auch den *Salzgehalt* des *Verdampferinhalts (5102)*, um Speisung und Absalzung steuern zu können. Die Entnahmestelle für den Salzgehalt des Verdampferwassers soll möglichst hoch, jedoch unterhalb des tiefsten Wasserstandes liegen, weil die Salzkonzentration der obersten Wasserschichten am höchsten ist.

Aus der Messung des *Druckes* der erzeugten *Verdampferbrüden (5202)* im Vergleich mit dem Druck des Heizdampfes ergeben sich Rückschlüsse auf den Zustand der Heizflächen. Der Wärmeinhalt der Verdampferbrüden wird zur Vorwärmung des Kesselspeisewassers *(5111)* ausgenutzt.

Das aus dem Brüdenkondensator l anfallende *Verdampferdestillat* wird zusammen mit dem Heizdampfkondensat des Verdampfers in dem Destillatsammelbehälter *r* entspannt und durch Pumpen *i* als Zusatzwasser dem Speisewasser der Dampfkessel *a* zugefügt. Es ist zur Feststellung von Schäden im Verdampfer oder an anderen Stellen unbedingt zweckmäßig, den *Salzgehalt* des *Destillates (5104)* vor der Vereinigung mit dem Speisewasser der Dampfkessel zu überwachen. (Die Messung der Härte hätte hier keinen Sinn.) Außerdem kann der *Durchfluß (5106)* und die Menge des Zusatzwassers gemessen werden. Das Ergebnis wird dabei nur wenig beeinträchtigt, wenn der Betriebszustand des Wassers von dem Berechnungszustand abweicht.

c) **Überwachung der Entgasung des Speisewassers.** In *Speisewasserspeichern h* mit aufgebauten *Entgasern* muß in erster Linie die *Siedetemperatur (5113)* des *Speicherinhalts* aufrechterhalten werden. Nur dann besteht eine Gewähr dafür, daß die gelösten Gase vollständig sich aus dem Speisewasser abscheiden. Der Entgaser ist nur funktionsfähig, wenn einerseits das zu entgasende Speisewasser mit entsprechender Menge und Temperatur dem Entgaser zufließt und wenn andererseits der Durchfluß und der Zustand des Heizdampfes entsprechend eingestellt sind. Der *Durchfluß (5212)* und die Menge, der *Druck (5210)* und die *Temperatur (5211)* des *Heizdampfes* sowie der *Druck* des *Dampfpolsters (5209)* und die *Speisewassertemperatur* im Entgaser *(5112)* werden deshalb überwacht. Gegebenenfalls kann auch der *Sauerstoffgehalt* des *Kesselspeisewassers* registriert werden.

Die einwandfreie Speisung der Dampfkessel ist nur gewährleistet, wenn der *Wasserstand* im *Warmspeicher h (5114)* innerhalb der vorgeschriebenen Grenzen bleibt. Es ist daher vorteilhaft, die Überschreitung dieser Grenzwerte zu signalisieren.

d) **Überwachung der Alkalisierung des Speisewassers.** Die Dosierung der dem Speisewasser zuzusetzenden *Alkalien* kann mit Hilfe der p_H-Messung vorgenommen oder kontrolliert werden. Der p_H-Wert des Speisewassers soll — bei 23° C — zur Vermeidung von Korrosionen $\geqq 9{,}6$ sein, soweit das der Salzgehalt des Kesselwassers erlaubt. Andererseits soll er aber auch $< 11{,}5$ sein, weil sonst die Gefahr besteht, daß das Eisen an gewissen Stellen brüchig wird.

In Abb. 129 ist der Wasseraufbereitungsanlage eine derartige Dosiereinrichtung für Trinatriumphosphatlösung nachgeschaltet, welche durch die *p_H-Wertmessung (4718)* des *Speisewassers* überwacht werden kann. Die Zuteilung der Lösung erfolgt entsprechend dem Weichwasserdurchfluß selbsttätig mit Hilfe eines Drosselgerätes aus dem Vorratsbehälter *e*, welcher mit einer Flüssigkeitsstandanzeige *(4805)* versehen ist. Man kann die Zuteilung durch einen Schwebekörper-Durchflußmesser *(4804)* überwachen und durch einen Regulierhahn den gegebenen Erfordernissen anpassen. In dem Behälter *f* wird die Lösung zubereitet.

5. Einrichtungen für die Kesselspeisung.

Zu den Einrichtungen für die Kesselspeisung zählen hier Kesselspeisepumpen und Speiseleitungen. Die mit der Kesselspeisung ebenfalls in Zusammenhang stehenden Anlagen für die Vorwärmung und

Aufbereitung des Speisewassers wurden in anderem Zusammenhang behandelt (s. S. 149 und 166 u. folg.)

a) Kesselspeiseleitungen und Speisepumpen. Die Abb. 128 und 129 zeigen, wie in größeren Kraftwerken[1] die Speisung der Dampfkessel über ein *System von Rohrleitungen* erfolgt, welches möglichst hohe Betriebssicherheit gewährleistet. Neuerdings werden jedoch Kraftwerke hoher Leistung auch im sog. Blockbetrieb gefahren, wobei jedem Kessel unmittelbar eine Turbine zugeordnet ist. Dabei ist der Aufwand an Speiseleitungen viel geringer, es sind aber andererseits hohe Anforderungen an die Betriebssicherheit der einzelnen Teile zu stellen.

In modernen Kraftwerken kommen heute *Kesselspeisepumpen i* mit hoher Förderleistung zur Aufstellung bei Drücken zwischen 100 und 200 kg/cm² und Temperaturen bis 200° und mehr. Es handelt sich um hochtourige Kreiselpumpen. Sie werden entweder von Gegendruckdampfturbinen *s* oder von Elektromotoren *M* angetrieben. Letztere können — bei entsprechender Leistung — mit Kreislaufkühlung ausgerüstet sein, ähnlich wie elektrische Generatoren.

b) Die wärmetechnische Betriebsüberwachung von Kesselspeiseleitungen und Pumpen. Schon in den vorhergehenden Abschnitten über die Betriebskontrolle von Dampfkesseln und Speisewasseraufbereitungsanlagen wurde ausgeführt, welche Meßeinrichtungen für die *Kesselspeisung* notwendig sind. Es handelt sich im wesentlichen um folgende:

An den Dampfkesseln: Druck (*1101*), Temperatur (*1103/4*), Durchfluß (*1107*) und Menge des Speisewassers, bei Kondensatspeisung auch gegebenenfalls der Salzgehalt (*6108/09*).

Am Entgaseraustritt: Der Sauerstoffgehalt des Speisewassers.

Nach Speisewasseraufbereitungsanlagen: Der p_H-Wert (*4718*) gegebenenfalls die Resthärte (*4701*) und der Salzgehalt (*4717*).

Der störungsfreie Betrieb der *Kesselspeisepumpen* ist für die Betriebssicherheit der Dampfkessel von ausschlaggebender Bedeutung. Sie müssen mit Speisewasser von möglichst gleichbleibender Temperatur und zulässigem p_H-Wert betrieben werden. Der Zulaufdruck muß so hoch sein, daß Dampfbildung und Kavitationsschäden im Inneren der Pumpen nicht auftreten können.

Der *Druck* des *Speisewassers* ist daher unmittelbar *vor* (*6102*) und *nach* (*6103*) den einzelnen *Pumpen* zu überwachen, möglichst auch der *Durchfluß* (*6101*) des geförderten Wassers.

Speisewasserdruckmesser können unter Umständen mechanisch stark beansprucht werden, besonders bei kleineren Pumpenleistungen durch Stöße von Kolbenpumpen. Es empfiehlt sich in solchen Fällen, Stoßdämpfer vorzuschalten und den Anzeigebereich etwa doppelt so hoch wie den normalen Betriebsdruck zu wählen.

Auch bei der Durchflußmessung sind die Schwierigkeiten, welche sich in kleineren Anlagen mit Kolbenpumpen durch pulsierende Strömung ergeben können, zu beachten.

---

[1] MUSIL: Die Gesamtplanung von Dampfkraftwerken, 2. Aufl. Berlin/Göttingen/Heidelberg: Springer 1948.

An den *Antriebsturbinen* der Kesselspeisepumpen (s. Abb. 128, 131) wird gewöhnlich der *Druck* des *Frischdampfes (6201)* und des *Gegendruck*dampfes *(6202)*, der *Durchfluß (6204)* und die *Temperatur (6203)*, des *Frischdampfes*, die Drehzahl und vor allem Öldrücke und Öltemperaturen überwacht. Der größte Teil dieser Meßwerte wird aber nur örtlich angezeigt.

Für die Kontrolle der *Pumpenantriebsmotoren M* genügt bei kleinerer Leistung die *Strommessung (6110)*. Bei großen Pumpen mißt man im allgemeinen die *Leistung*. Dazu kommt gegebenenfalls noch die Überwachung der *Luftkühler*, welche ähnlich wie bei Generatoren (Abb. 124) ausgeführt werden kann.

In dem *Rohrleitungssystem* vor den Kesseln muß in erster Linie der *Druck* des Speisewassers *(6104/05)* gemessen werden. Störungen der Kesselspeisung werden gewöhnlich akustisch und optisch nach dem Heizerstand und in das Maschinenhaus gemeldet. An den gleichen Stellen kann auch die Messung des p_H-Wertes *(6106/07)* des Speisewassers für alle Kessel und — bei Kondensatspeisung — auch die Bestimmung des *Salzgehaltes (6108/09)* erfolgen.

Rohrfedermanometer für den Speisewasserdruck müssen mit möglichst robusten und zuverlässigen Meßwerken ausgeführt sein, weil sie mechanisch hoch beansprucht werden. Der Betriebsdruck soll bei stoßfreier Belastung innerhalb des Bereiches von 0 bis 67% des Entwertes liegen, bei pulsierendem Druck zwischen 0 und 50%.

Für die p_H-Messung kommen bei Kondensatspeisung Spezialglaselektroden für schlecht gepuffertes Wasser in Frage, bei chemisch aufbereitetem Wasser normale Glaselektroden.

Die Salzgehaltmessung kann mit V 2 A-Elektroden erfolgen, bei einem Anzeigebereich des Instrumentes bis 5 mg/l bei Kondensatspeisung und 15 mg/l bei chemisch aufbereitetem, salzarmen Speisewasser.

E. Industriekraftwerke.

1. Verdampfer großer Leistung.

Industriekraftwerke liefern häufig größere Dampfmengen für *Fabrikationszwecke*, ohne daß mit einer Rücklieferung des Kondensates in einwandfreiem Zustande zu rechnen ist. In solchen Fällen wird nach Abb. 130 der Dampf für die Fabrikation q in *Verdampfern p* von entsprechender Leistung (*Dampfumformer*) erzeugt, welche mit Entnahmedampf aus Kraftwerksturbinen b beheizt werden. Dabei ist der Kreislauf des Fabrikationsdampfes vollkommen von dem

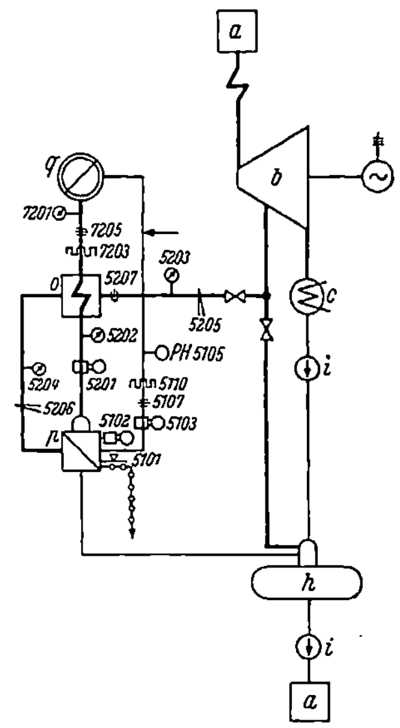

Abb. 130. Meßstellenplan für eine große Verdampferanlage und für die Dampflieferung an eine Fabrik.

des Kraftwerkes getrennt, so daß diesem das Turbinenkondensat für die Kesselspeisung erhalten bleibt. In dem Wärmeschaltplan der Abbildung ist dem Verdampfer p ein Überhitzer o zur Verringerung der Kondensationsverluste nachgeschaltet[1].

2. Die Überwachung großer Verdampferanlagen.

An das Speisewasser derartiger Verdampfer werden hinsichtlich des Salzgehaltes nicht so hohe Ansprüche wie an das Kesselspeisewasser gestellt. Im Betriebe können unter gewissen Bedingungen Schwierigkeiten durch Undichtigkeiten, Überschäumen, Umlaufstörungen und durch Ablagerungen von Salzen und Härte entstehen. Dem kann man durch geeignete Überwachungseinrichtungen vorbeugen[2].

Die Überwachung derartiger Verdampfer erfolgt nach den gleichen Grundsätzen, wie sie auch für die Verdampfung des Zusatzwassers von Kondensationskraftwerken gelten. Es erübrigt sich daher, ausführlicher darauf einzugehen. Zum Zwecke der Lastverteilung auf parallel arbeitende Verdampfer wird der *Durchfluß* und die Menge des *Brüdendampfes (7205)* überwacht, ferner *Salzgehalt (5201)*, der *Druck (5202)* und — bei Überhitzung des Dampfes — auch die *Temperatur (7203)*. Zur Vermeidung des Überschäumens und von Umlaufstörungen ist die *Wasserstandskontrolle (5101)* wichtig. Die *Salzgehalt*bestimmung im *Wasserinhalt* des Verdampfers *(5102)* ist für die Bemessung der Abschlammung zwar zweckmäßig, erübrigt sich aber, wenn man den Salzgehalt des Brüdendampfes *(5201)* bestimmt.

Weiterhin ist es vorteilhaft, *Durchfluß (5107)*, Menge und *Temperatur (5110)* des *Speisewassers* zu messen und bei ungünstigen Bedingungen der Kondensatrücklieferung auch den p_H-Wert *(5105)* und den *Salzgehalt (5103)* zu erfassen.

Durchfluß (5207) und *Zustand (5204—06)* des *Heizdampfes* vor und nach dem Überhitzer für den Brüdendampf ergänzen die Überwachung derartiger Verdampfer.

3. Die meßtechnische Erfassung des Wasser- und Dampfaustausches.

Die *Warmwasser- (7705/6)* und *Dampfabgabe (7205/6/7)* eines Industriekraftwerkes an Fabrikations- oder Zechenbetriebe und deren Kondensatrücklieferung wird immer für Verrechnungszwecke gemessen, gezählt und gewöhnlich auch registriert. Neben dem Durchfluß und den Mengen werden auch der Zustand des *Dampfes*, gekennzeichnet durch *Druck (7201/2)* und *Temperatur (7203/4)*, sowie die *Temperaturen (7703/4)* und der *Druck (7701/2)* des *Weichwassers* aufgezeichnet.

In Abb. 131 ist ein derartiges Industriekraftwerk dargestellt, welches, abgesehen von elektrischer Energie, Dampf von verschiedenen Drücken sowie warmes Weichwasser an Fabrikationsbetriebe abgibt.

---

[1] BALUEN, R.: Verdampfer und Dampfumformer für öffentliche Kraftwerke, Industriebetriebe und Schiffe. Z. VDI Bd. 81 (1937) H. 26.

[2] GAYDOUL: Betriebserfahrungen mit Vorwärmern, Dampfumformern und Entgasern. Technik Bd. 3 (1948) H. 8.

Die Schaltung des Kraftwerkes ist so, daß die gesamten abgegebenen oder bezogenen Mengen nicht durch eine einzige Messung erfaßbar sind. Die Abgabe von Weichwasser und von Niederdruckdampf ist nur als Summe zweier Einzelmessungen zu ermitteln. Aus Gründen der Übersicht kann es jedoch vorteilhaft sein, diese unmittelbar als Summe anzuzeigen oder auch zu registrieren. Die elektrische Sum-

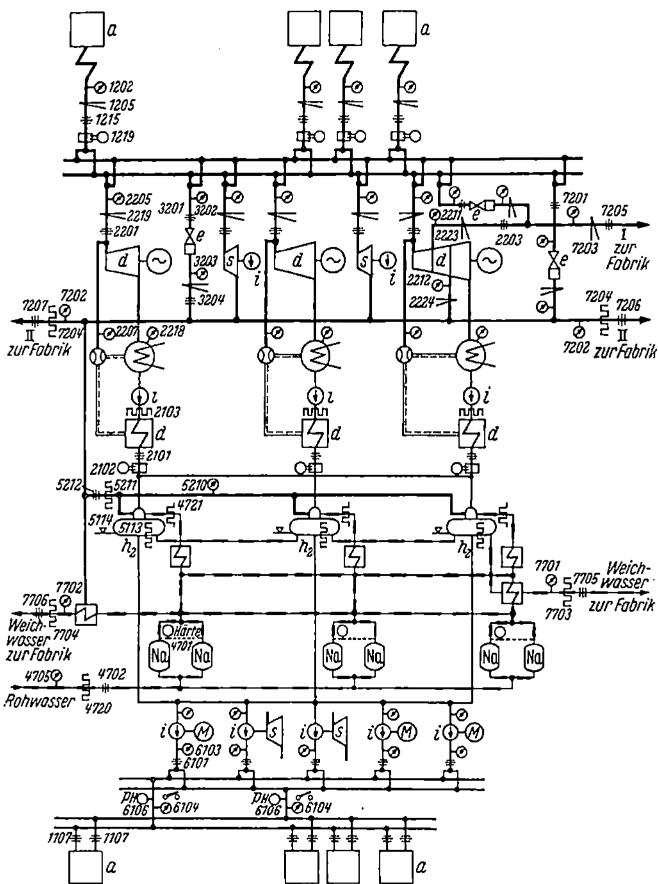

Abb. 131. Meßstellenplan eines Industriekraftwerkes.

mierung von Einzelmeßwerten bereitet zwar keine Schwierigkeiten, die Meßgenauigkeit ist jedoch geringer als bei Einzelmessungen. Die Zählung soll deshalb nicht summiert werden.

Wärmetechnische Überwachungsgeräte für solche Energielieferungen werden im allgemeinen aus Gründen der Übersicht an einer geeigneten Stelle des Kraftwerkes zusammengefaßt. Für solche Fälle ist die elektrische Fernübertragung besonders vorteilhaft.

III. Die äußere Gestaltung wärmetechnischer Überwachungsanlagen.

In dem vorhergehenden Teil wurde dargelegt, welche *Gesichtspunkte* für die *Planung* wärmetechnischer Meßanlagen· in Dampfkraftwerken und Industriebetrieben maßgebend sind und aus welchen Gründen und an welchen Stellen eine Überwachung erfolgen soll.

Es ist aber auch wichtig, alle diese Meßeinrichtungen so *anzuordnen* und mit den zu überwachenden Teilen des Kraftwerkes so in Verbindung zu bringen, daß sie bequem benutzt werden können[1]. Dabei soll der Aufwand für ihre Montage möglichst niedrig gehalten werden. Die Meßergebnisse sind so darzubieten, daß das Personal des Kraftwerkes eine Entlastung erfährt, oder daß bei weitgehender Zentralisierung der Überwachungseinrichtungen sogar eine Personaleinsparung möglich ist.

In den folgenden Abschnitten werden Richtlinien für die *äußere Gestaltung* und Aufstellung von Betriebskontrollanlagen unter Berücksichtigung dieser Ziele gegeben.

A. Die gegenseitige Zuordnung von Überwachungseinrichtungen und zu kontrollierender Anlage.

Überwachungsgeräte für eine Anlage werden nur dann ihren Zweck voll erfüllen, wenn sie so untergebracht sind, daß sie dem Bedienungspersonal bequem zugänglich sind und ihm ihre Aufgaben erleichtern und wenn auch dem Aufsichtspersonal und der Betriebsleitung die Meßergebnisse in geeigneter Form zur Verfügung stehen.

1. Dezentralisierte Anordnung von Überwachungsgeräten.

Die dezentralisierte Anbringung von Überwachungs*geräten* an einer Anlage ist heute nur noch bei ausgesprochen kleinen und kleinsten Leistungen am Platz.

Für die *Anbringung anzeigender* Überwachungsgeräte an Anlagen sind ohne Rücksicht auf die Größe der Anlage, folgende *Richtlinien* allgemein gültig:

1. Das Bedienungspersonal soll von dort, wo es sich gewöhnlich aufhält, die Instrumente gut sehen können.

2. Die Auswirkung von Steuereingriffen soll von dort, wo sie ausgelöst werden, an den Instrumenten unmittelbar beobachtet werden können.

Das kann bedeuten, daß ein Instrument von zwei verschiedenen Stellen aus ablesbar sein muß.

Bei Anlagen beliebiger Größe kann es also durchaus sinnvoll sein, einzelne Überwachungsgeräte *dezentralisiert*, unmittelbar an der zu über-

---

[1] SAUERBECK, U.: Möglichkeiten und Grenzen zentraler Überwachungsanlagen in Wärmekraftwerken. Elektrizitätswirtsch. 51. Jg. (1952) H. 15/16, S. 444. — CHR. KESSLER u. A. ROHDE: Moderne Wärmewarten für Industriekraftwerke. Energie 3. Jg. (1951) H. 10, S. 212.

wachenden Einrichtung anzubringen. Wenn z. B. ein Heizer eines Dampfkessels von der Heizerbühne aus beobachtet, daß der Ausbrand der Brennstoffe auf dem Wanderrost nicht in der gewünschten Weise erfolgt, müssen die Luftklappen der einzelnen Zonen des Rostes entsprechend nachgestellt werden. Das kann unter Beobachtung von Druckmessern geschehen (Abb. 118, Nr. *1506*). Wenn die Verstelleinrichtungen der Zonenklappen unmittelbar am Kessel angebracht sind, ist es allein richtig, die Meßeinrichtung auch dort — also dezentralisiert — anzubringen.

Daraus folgt, daß die dezentralisierte Anordnung von Überwachungsgeräten vielfach bedingt ist durch eine dezentrale Lage von Verstelleinrichtungen. Das ist vor allem bei kleinen Anlagen, welche nicht ferngesteuert werden, der Fall.

2. Zusammengefaßte Anordnung von Überwachungsgeräten.

Schon bei Anlagen von mäßiger Größe ist es vorteilhaft, Überwachungs*geräte* weitgehend räumlich *zusammenzufassen*, weil man dadurch eine bessere *Übersicht* bekommt und sich bei *Störungen* rascher orientieren kann.

Das gilt besonders für Dampfkessel, weil diese verhältnismäßig viele Instrumente erfordern und weil sich die Heizer — wenigstens bei kleineren Dampfkesseln mit Rostfeuerung — vorwiegend am Heizerstand zur Bedienung der Feuerung aufhalten müssen. An der Vorderseite solcher Kessel wird daher meist eine Tafel angebracht, das sog. *Kesselschild*, auf welchem alle Kontrollgeräte vereinigt sind, soweit sie sich dafür eignen. Der Heizer hat dabei nicht nur den unmittelbaren Überblick über den Kessel und die Feuerung, er kann auch ohne besondere Mühe an den Instrumenten feststellen, wie hoch die Belastung ist, ob die Speisung, die Brennstoff- und Luftzufuhr und der Zustand des Kessels in Ordnung ist.

Bei größeren Dampfkesseln werden die verschiedenen Verstellorgane meist ferngesteuert. Ihre Betätigungseinrichtungen werden dann zweckmäßig mit den Überwachungsgeräten in einem Schrank, dem *Kesselleitstand*, vereinigt, der unmittelbar vor dem Kessel oder in einem besonderen Raum zur Aufstellung kommt.

Die Ausgestaltung derartiger Leitstände wird weiter unten noch ausführlicher behandelt.

In ähnlicher Weise kann es zweckmäßig sein, Geräte und Betätigungseinrichtungen, welche für die Überwachung und Steuerung von Turbinen und Stromerzeugern, von Anlagen der Speisewasseraufbereitung und -vorwärmung und der Speisung von Dampfkesseln nötig sind, in *Überwachungsschränken* zu vereinigen.

3. Die Aufstellung von Kesselleitständen und Überwachungsschränken.

In den vorhergehenden Abschnitten wurde gezeigt, daß es in den meisten Fällen vorteilhaft ist, die wesentlichen wärmetechnischen Überwachungs*geräte* bestimmter Teile des Kraftwerkes auf Schränken oder Leitständen zusammenzufassen. Es soll nun untersucht werden, an welchen Stellen solche Überwachungs*schränke* zweckmäßig aufzustellen sind.

a) **Zusammenfassung der Überwachung ganzer Kraftwerke in einer Wärmewarte**[1]. Bei großen Kraftwerken kann es zweckmäßig sein, alle Leitstände für sämtliche Kessel und alle Überwachungsschränke für Kesselspeisepumpen und Speiseleitungen, für die chemische oder thermische Aufbereitung und für die Vorwärmung des Speisewassers für die Abgabe von Dampf und Warmwasser, für Turbinen und Stromerzeuger, *zusammengefaßt* in der sog. *Wärmewarte*, aufzustellen. Das Personal braucht sich bei modernen Dampfkesseln mit Staub-, Öl- oder Gasfeuerung nicht an den Kesseln selbst aufzuhalten und ist gegen die Einwirkungen von Lärm, Hitze und Staub geschützt, wenn Kesselleitstände und Überwachungsschränke in einem besonderen, entsprechend ausgestatteten Raume vereinigt sind.

Eine *völlige Zusammenfassung* aller Überwachungseinrichtungen kommt besonders für große Kraftwerke mit Blockbetrieb und mit Zwischenüberhitzung in Frage, vor allem, wenn die Turbinen von der Wärmewarte aus angefahren werden, wie das in Amerika der Fall ist. In solchen Kraftwerken werden die Dampfkessel und andere Einrichtungen meist auch (selbsttätig) geregelt, ein Umstand, der die Zentralisierung aller Überwachungsgeräte in der Wärmewarte begünstig . Dadurch ergibt sich ein ausgezeichneter Überblick über die. Verhältnisse im ganzen Kraftwerk. Diese Zusammenfassung ermöglicht es, mit wenig Personal auszukommen und Störungen rasch zu erkennen und zu beheben, verlangt aber auch — je nach den räumlichen Verhältnissen — einen sehr hohen Aufwand für die Montage der Überwachungsanlagen und einen erhöhten Platzbedarf.

Eine Vereinigung der Wärmewarte mit der elektrischen Schaltwarte des Kraftwerkes ist mit einem tragbaren Aufwand nur dann möglich, wenn schon bei der Festlegung des Kraftwerkgrundrisses eine solche Zusammenfassung vorgesehen wurde. Eine so weitgehende Zentralisierung wird jedoch noch verhältnismäßig selten angewendet.

Diese Zusammenfassung der Überwachungsinstrumente setzt die Anwendung der elektrischen Fernmessung voraus. Dabei ist es zweckmäßig, die zugehörigen *Geberinstrumente* dort zu vereinigen, wo sich von Hand zu betätigende Schieber und Stellglieder an der zu überwachenden Anlage befinden, mit welchen man in *Störungsfällen* durch dezentralisierte Steuerung einen *Notbetrieb* aufrechterhalten kann. Auf diese Weise ist bei Störungen sogar noch eine gewisse meßtechnische Kontrolle möglich.

b) **Dezentralisierte und teilweise zusammengefaßte Aufstellung von Überwachungsschränken.** Wenn die Turbinen eines Kraftwerkes, wie das in Deutschland üblich ist, an Ort und Stelle in Betrieb gesetzt werden, ergibt sich von selbst eine dezentralisierte Aufstellung der Überwachungsschränke. Es ist dann mindestens an jeder Turbine ein Schrank nötig, welcher die für das Anfahren erforderlichen Geräte enthält.

---

[1] S. Fußnote S. 184.

Aber auch andere Gründe sprechen für eine dezentralisierte Aufstellung von Leitständen und Überwachungsschränken. Vor allem erreicht man dabei eine wesentliche Verringerung des Aufwandes für die Montage. Diese kann besonders bei ungünstigen räumlicher Verhältnissen sehr ins Gewicht fallen, z. B. bei langgestreckten Gebäuden, in welchen viele Dampfkessel und Maschinen in einer Reihe aufgestellt sind.

Auch für Dampfkessel mit Rostfeuerung ist die dezentralisierte Aufstellung der Leitstände an jedem einzelnen Kessel besser, weil sich ja ohnehin immer Personal für die Bearbeitung des Feuerbettes an dem Heizerstand aufhalten muß.

Es ist jedoch leicht einzusehen, daß Anlagen mit dezentralisierter Überwachung mehr Personal erfordern und daß es bei größeren Störungen nicht leicht ist, sich rasch einen Überblick zu verschaffen.

B. Die Ausgestaltung von Leitständen und Überwachungsschränken.

In den folgenden Abschnitten soll untersucht werden, nach welchen Gesichtspunkten die Überwachungsinstrumente eines ganzen Kraftwerkes auf *verschiedene* Leitstände und Schränke zu *verteilen* sind und wie sie auf diesen *angeordnet* und *gruppiert* werden können.

1. Allgemeine Gesichtspunkte.

Vor dem *Entwurf* von Überwachungsschränken ist zu klären, in welcher Weise die Überwachungsgeräte eines Kraftwerkes zweckmäßig in Gruppen aufgeteilt werden. Das hängt von der Schaltung und Betriebsweise des Kraftwerkes ab. Danach gehören bestimmte Betriebseinrichtungen zusammen, z. B. die Dampfturbinen mit der Kondensationsanlage und dem Generator. Sofern die Vorwärmung des Speisewassers durch Anzapfdampf der Turbine erfolgt, gehören auch die Vorwärmer zu dieser Gruppe von Betriebseinrichtungen. Es ist naheliegend, die Überwachungsgeräte solcher *Gruppen organisch zusammengehöriger Betriebseinrichtungen* möglichst auf *einem* Überwachungsschrank oder Leitstand zusammenzufassen und darauf auch Betätigungseinrichtungen und Sollwerteinsteller anzubringen.

Je nach der Schaltung des Kraftwerkes können sich dabei etwa folgende Gruppen von Betriebseinrichtungen ergeben: Vorschaltturbinen und Reduzierstationen oder Speisepumpen, Entgaser und Speiseleitungen oder die Apparate der thermischen oder chemischen Speisewasseraufbereitung, ferner die Lieferung von Dampf und Weichwasser sowie die Kondensatrücklieferung bei Industriekraftwerken u. a. m.

Wenn diese Aufteilung der Überwachungseinrichtungen des ganzen Kraftwerkes in organisch *zusammengehörige Gruppen* feststeht, kann man versuchen, die einzelnen Geräte in geeigneter Weise entweder auf den zugehörigen Schränken oder — in beschränktem Umfang — dezentralisiert unterzubringen. Es wird in den meisten Fällen nicht möglich sein, sämtliche Überwachungs- und Fernsteuerungseinrichtungen einer solchen Gruppe in *einem* Schrank unterzubringen, obwohl es aus Gründen der Übersicht sehr erwünscht sein kann. Vielfach ist es vorteilhafter oder notwendig, einzelne Geräte völlig dezentralisiert an der zu überwachenden Anlage anzubringen oder einige von ihnen auf einem zusätzlichen Schrank zusammenzufassen, der getrennt von der Hauptgruppe der Überwachungseinrichtungen zur Aufstellung kommt.

Die *dezentralisierte* Anordnung *einzelner* Überwachungsgeräte ist vor allem dann am Platze, wenn man sich ihrer bei der Handhabung dezentralisierter Stelleinrichtungen bedient. In anderen Fällen sind Meßeinrichtungen aus konstruktiven Gründen unmittelbar an der zu überwachenden Anlage — also dezentralisiert — angebracht. Das sind z. B. Wasserstände an Dampfkesseln und Behältern.

Die Unterbringung eines kleineren Teiles von Überwachungsgeräten auf einem *gesondert* aufzustellenden *Schrank* ist dann vertretbar, wenn sich das aus den Anforderungen des Betriebes ergibt. Das kann z. B. bei den Meßgeräten, welche zum Anfahren von Turbinen erforderlich sind, der Fall sein. Sie müssen sich in der Nähe der Frischdampfventile der Turbine befinden. Ähnlich verhält es sich z. B. auch mit Schränken, welche die Instrumente zur Überwachung der Füllung von Generatoren mit Wasserstoff enthalten.

Jede Durchbrechung des Grundsatzes der Zusammenfassung von Überwachungseinrichtungen hat eine Vermehrung des Personalbestandes zur Folge, weil jede Station mindestens zeitweise besetzt sein muß.

Wenn die Aufteilung der einzelnen Überwachungsgeräte, Sollwerteinsteller und Fernsteuereinrichtungen auf die verschiedenen Tafeln und Schränke geklärt ist, sind sie in möglichst vorteilhafter Weise, auf diesen zu *gruppieren*. Dabei ist es von ausschlaggebender Bedeutung, eine gute Übersicht zu erzielen. Die Symmetrie ist dagegen von untergeordneter Bedeutung.

Eine gute Übersicht über die Geräte auf Leitständen und Überwachungsschränken ergibt sich vor allem durch folgende Maßnahmen, welche jedoch nicht in allen Fällen anwendbar sind. Sie können sich gegenseitig bis zu einem gewissen Grade ausschließen:

1. Nur die für die Überwachung und Steuerung *unmittelbar und unbedingt erforderlichen* Geräte werden auf dem Leitstand angeordnet. Das empfiehlt sich besonders dann, wenn viele Instrumente und Fernsteuereinrichtungen unterzubringen sind. Das bedeutet aber, daß Registrierinstrumente, Zähler und möglichst auch Regler *gesondert* anzuordnen sind. Eine solche Ausführung ist daher besonders bei großen Anlagen am Platze.

Es kann aber für das Bedienungspersonal durchaus vorteilhaft sein, auch die Aufzeichnungen der *Registrierinstrumente* zu übersehen, um daraus Schlüsse zu ziehen. Ebenso wird es gut sein, wenn es das Arbeiten der Regler in gewissen Zeitabständen beobachtet. In großen Kraftwerken, wo für die Unterbringung der Kesselleitstände ein eigener Raum oder eine Warte zur Verfügung steht, können daher Registrierinstrumente, Zähler und elektrische Regler gesondert von den anzeigenden Überwachungsinstrumenten auf besonderen Gerätefeldern untergebracht werden, welche gegenüber den Leitständen oder an den Seitenwänden des Raumes zur Aufstellung kommen können.

In solchen Fällen sind die Kesselleitstände gewöhnlich als Pult ausgebildet, um dem Personal einen Überblick auf die dahinter aufgestellten Felder mit Registrierinstrumenten und Reglern zu geben. Auf der Pultfläche sind Betätigungseinrichtungen für Fernschalter und Steuereinrichtungen, Sollwerteinsteller und die unmittelbar zugeordneten Anzeigeinstrumente angebracht, während die übrigen Instrumente sich in einem Aufsatz des Pultes befinden können (Abb. 132).

Abb. 132. Kesselleitstand in einer Wärmewarte. SuH.

Auch in kleineren Kraftwerken und Industriebetrieben kann es zweckmäßig sein, Registrierinstrumente und Zähler an anderer Stelle, z. B. im Meisterzimmer unterzubringen. Diese hochwertigen Geräte sind dadurch besser vor Verschmutzung geschützt, weil die Leitstände mit den Anzeigeinstrumenten bei kleineren Kesseln, besonders bei Rostfeuerung, unmittelbar am Heizerstand aufgestellt werden müssen, wo die eingebauten Instrumente entsprechend mehr beansprucht werden.

2. Ein *Blindschaltbild* kann die Zusammengehörigkeit von Betätigungsschaltern, Sollwerteinstellern und Instrumenten in sehr sinnfälliger Weise deutlich machen. Es erleichtert besonders dem neu anzulernenden Personal den Überblick über die Zusammengehörigkeit der betreffenden Einrichtungen, führt aber zu vergrößertem Platzbedarf oder aber zur Verwendung von weniger hochwertigen Kleininstrumenten.

3. Instrumente, welche eine gegenseitige Abhängigkeit von Vorgängen aufzeigen, sollen in einer entsprechenden *räumlichen Lage* zu-

einander *angeordnet* sein. Dieser Gesichtspunkt soll später besonders an den Beispielen über Kesselleitstände näher erläutert werden, wobei die Zusammenhänge zwischen Dampfentnahme, Speisung und Kesselwasserstand oder zwischen Dampfentnahme, Brennstoff- und Luftzufuhr durch entsprechende räumliche Zuordnung der Instrumente sehr sinnfällig deutlich gemacht werden können.

4. Geräte zur Überwachung wichtiger Hauptteile der Anlage werden jeweils für sich auf *besonderen Feldern* der Schränke oder Leitstände zusammengefaßt.

5. Wichtige Meßgrößen können durch die *Instrumentebauform* vor den übrigen hervorgehoben werden.

Die Grundsätze der drei letzten Abschnitte lassen sich kaum durchführen, wenn die Leitstände mit einem Blindschaltbild versehen sind. Sie sollen sonst aber auch bei kleinen Leitständen unbedingt berücksichtigt werden.

2. Kesselschilder und Leitstände für Dampfkessel.

Der Dampfkessel ist eine für sich abgeschlossene Einheit des Kraftwerkes, welche von einer bestimmten Gruppe des Bedienungspersonals in Betrieb gehalten und gesteuert wird. Man faßt daher Geräte für die Dampfkesselkontrolle für sich allein auf Leitständen oder Kesselschildern zusammen ohne andere Teile — etwa die Überwachung der Speisepumpen — mit einzubeziehen.

Es ist nicht möglich, für die Ausgestaltung wärmetechnischer Überwachungsanlagen von Dampfkesseln ein festes Schema anzugeben und demgemäß eine oder mehrere festliegende Ausführungen von Instrumenteschränken zu entwickeln, weil schon Feuerung, Bauart und Leistung des Kessels zu viele Varianten ergeben. Aus der Vielzahl der Messungen muß vielmehr nach bestimmten Richtlinien eine Auswahl getroffen werden, wobei der Umfang der Überwachungsanlage auf das erforderliche Maß zu beschränken ist. ·

Zunächst sind die für die Kontrolle der Sicherheit des Dampfkesselbetriebes vorgeschriebenen Geräte vorzusehen, also Wasserstandmesser und Druckmesser für den Dampf in der Trommel und für das Speisewasser. Bei hohen Dampfdrücken und Gas- oder Ölfeuerungen können dazu noch weitere Geräte kommen, welche aus der Zusammenstellung im Anhange zu entnehmen sind.

Um den Kessel einwandfrei und wirtschaftlich zu steuern, sind noch Instrumente für die Abgasanalyse, die Messung der Dampfkesselbelastung und des Feuerraumzuges nötig.

Zur Beurteilung des Kesselzustandes sind zusätzlich noch Geräte für die Temperaturen und den Zug der Abgase und für die Temperatur des Speisewassers erforderlich.

Diese *Mindestzahl* von Instrumenten ist der übliche Aufwand für kleinere Dampfkesseleinheiten bei mittleren Dampfdrücken. Dabei ist zu beachten, daß gewisse Geräte, z. B. Wasserstandmesser, gewöhnlich nicht auf Kesselleitständen, sondern unmittelbar am Kessel angebracht sind und daß man andere, z. B. Druckmesser für das Speisewasser bei kleinen Kesselanlagen der Überwachung der Kesselspeisepumpen zurechnet.

Für die *Verteilung* der Instrumente auf Leitständen oder Tafeln sind ebenfalls gewisse Gesichtspunkte naheliegend. Die Instrumente für die wichtigsten Meßgrößen werden in der Mitte oder oben so angebracht, daß sie am besten sichtbar sind und am meisten ins Auge fallen.

Die übrigen können nach technischen Erwägungen so in Verbindung mit diesen angeordnet werden, daß sich ihre Zusammengehörigkeit leicht einprägt. Betätigungsorgane und Meßumschalter

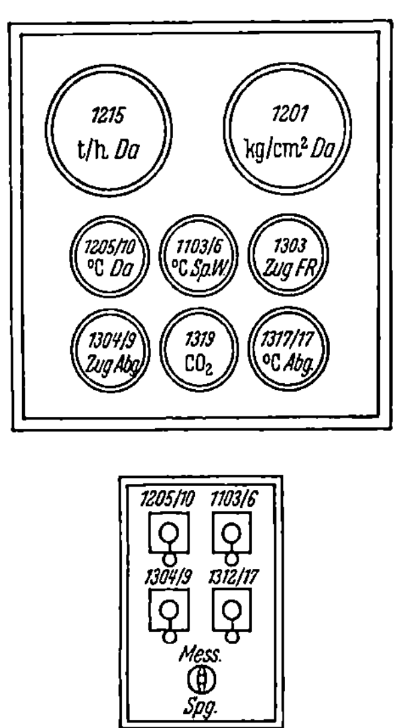

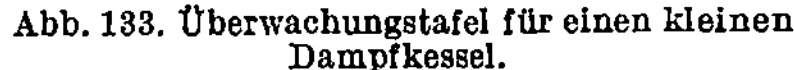

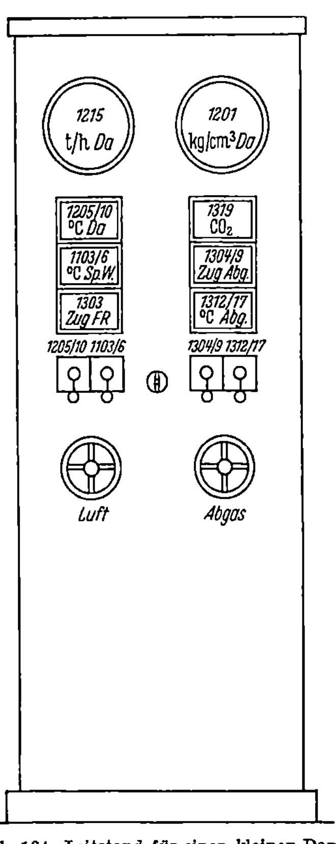

Abb. 133. Überwachungstafel für einen kleinen Dampfkessel.

Abb. 134. Leitstand für einen kleinen Dampfkessel.

werden nicht unmittelbar neben den Instrumenten untergebracht, sondern etwas entfernt davon an Stellen, die für das Personal bequem erreichbar sind. Dabei werden sie räumlich so gruppiert, daß ihre Zugehörigkeit zu den betreffenden Instrumenten ins Auge fällt, z. B. unterhalb derselben und in der gleichen Reihenfolge wie diese. Wenn sich z. B. infolge der Verstellung einer Klappe der Durchfluß eines Stoffes in einer Leitung ändert und dadurch ein weiterer Vorgang verändert wird, sollen die Instrumente für die Anzeige der Klappenstellung, des Durchflusses und des zu steuernden Vorganges räumlich nahe beieinander so angeordnet werden, daß der funktionelle Zusammenhang dieser Größen untereinander möglichst sinnfällig wird. Aus ähnlichen Erwägungen können mehrere Instrumente, welche für die Überwachung eines Stoffes nötig sind, nahe beieinander untergebracht werden, z. B. die Anzeigegeräte für den Durchfluß, den Druck und die Temperatur des Dampfes. Gegenüber diesen rein technischen Gesichtspunkten für die räumliche Anordnung der Instrumente auf Überwachungsschränken müssen andere zurücktreten. Die Symmetrie kann z. B. erst in zweiter Linie maßgebend sein.

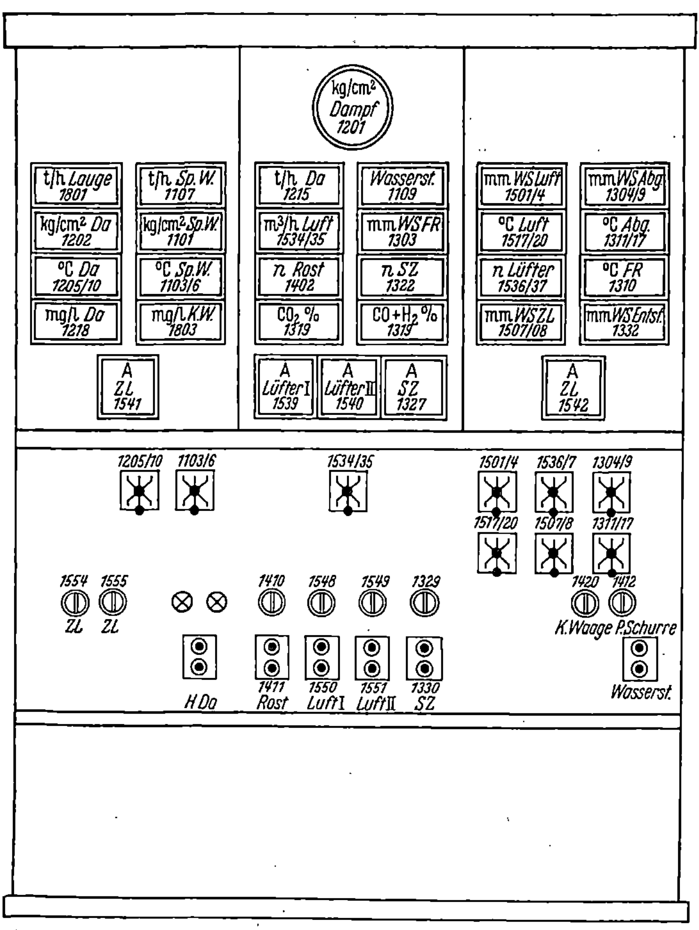

Abb. 135. Leitstand für einen Hochleistungsdampfkessel mit Wanderrostfeuerung.

In den folgenden Beispielen ausgeführter Anlagen sind diese Grundsätze näher erläutert.

Abb. 133 zeigt ein Kesselschild für einen kleinen Dampfkessel. Die für die Überwachung eines kleinen Kessels unentbehrlichen Instrumente befinden sich auf einer einfachen Tafel. Man wählte hier die billige, runde Gehäuseform. Der Druck- und der Durchflußmesser für den Dampf sind durch ihre Größe als besonders wichtig hervorgehoben. Der Dampftemperaturmesser befindet sich unterhalb des

zugehörigen Durchflußmessers. Auch die Geräte für die Kontrolle
der Abgase sind neben- bzw. übereinander angeordnet. Der Wasser-
standsanzeiger ist unmittelbar am Kessel angebracht.

Solche Instrumentetafeln werden vielfach vorne am Heizerstand,
seitlich, so befestigt, daß sie in den Gang zwischen den Kesseln oder
der Kesselhauswand hineinragen. Sie müssen daher so hoch angeordnet
sein, daß man bequem darunter weggehen kann. In solchen Fällen
sind deshalb die Meßumschalter in einem gesonderten Kasten in be-
quemer Reichweite angebracht, wobei diese die gleiche Folge wie die
Instrumente haben.

Nach Abb. 134 befinden sich die gleichen Geräte für einen etwas
größeren Kessel in einem kleinen Schrank, welcher auch Antriebe
für Seilzüge zur Verstellung der Luft- und Rauchgasklappen enthält.

Abb. 135 zeigt einen Leitstand für einen großen Dampfkessel mit
Wanderrostfeuerung nach Abb. 118. Die Gruppierung der Geräte
erfolgte hier so, daß in der Mitte die wichtigsten Instrumente zusammengefaßt sind, welche für die Durchführung der Steuerung der
Brennstoff- und Luftzufuhr in Abhängigkeit von der Last des Kessels
notwendig sind. Ebenso sind die dafür bestimmten Schalt- und Steuer-
organe in der Mitte eines pultartigen Vorbaues so angeordnet, daß
sie ohne Platzwechsel erreichbar sind. Die Seitenfelder enthalten alle
übrigen Kontrollgeräte, welche für die Betriebsführung und Überwachung sonst noch wünschenswert sind.

Dementsprechend befindet sich auf dem Mittelfeld ein Durchflußmesser für die Messung der Belastung des Dampfkessels und darunter
Meßgeräte für den Durchfluß der Luft und für die stündliche Brennstoffmenge. Bei raschen Belastungsänderungen des Kessels verstellt der
Heizer zunächst die Luft und anschließend die Brennstoffmenge in entsprechendem Sinne. Das wird durch die Reihenfolge der Instrumente
und durch die Anordnung unmittelbar untereinander sinnfällig gemacht
und erleichtert. Bei geschickter Wahl der Anzeigebereiche sind die
Ausschläge der drei Instrumente annähernd gleich groß. Die zugehörigen
Betätigungseinrichtungen für die Antriebe der Verstelleinrichtungen
befinden sich auf dem Pult ebenfalls in entsprechender Reihenfolge.

Unterhalb der Instrumente für die Luft- und Brennstoffzufuhr
befindet sich ein Gerät für die Überwachung der Abgaszusammensetzung. Diese ergibt sich ja auf Grund des eingestellten Brennstoff-
Luftverhältnisses. Die enge räumliche Zuordnung unterstreicht das
und läßt auch unzulässige Abweichungen sofort ins Auge fallen.

Der mit Dampf zu versorgende Betrieb verlangt hier vor allem
gleichbleibenden Dampfdruck, trotz veränderlicher Dampfentnahme
aus dem Kessel. Diese Bedingung wird erfüllt, wenn die Anpassung
der Feuerführung an die Belastung richtig erfolgte. Der Dampfdruck-
messer ist daher durch eine runde Gehäuseform als besonders wichtig
hervorgehoben.

Im vorliegenden Beispiel sei die Einhaltung des richtigen Wasserstandes im Dampfkessel durch einen selbsttätigen Regler gewährleistet.
Falls dieser versagen sollte, kann in Ausnahmefällen auch eine Speisung

von Hand erfolgen. Die dafür bestimmte Fernsteuereinrichtung befindet sich deshalb seitlich auf dem Pult. Das Überwachungsinstrument für den Kesselwasserstand ist jedoch, wegen seiner Bedeutung für die Betriebssicherheit, oben in dem Mittelfeld untergebracht, und zwar neben dem Durchflußmesser für Dampf. Letzterem ist auf dem linken Seitenfeld der Durchflußmesser für das Speisewasser zugeordnet.

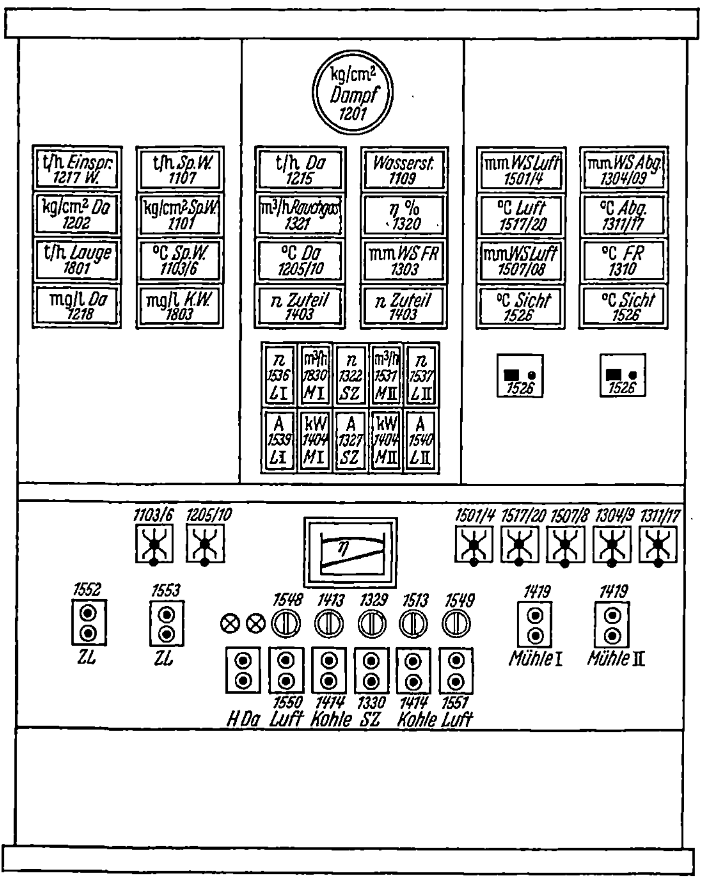

Abb. 136. Leitstand für einen Hochleistungs-Dampfkessel mit Kohlenstaubfeuerung.

Das Personal kann also wegen der räumlichen Zusammenlegung der Instrumente mit einem Blick übersehen, ob sich Dampfabgabe und Wassereinspeisung in Übereinstimmung befinden und ob der Kesselwasserstand in dem zulässigen Bereich liegt.

Auf dem linken Seitenfeld sind im wesentlichen Instrumente für die Überwachung des Speisewasser- und Dampfsystemes angebracht und auf dem rechten jene für die Luftversorgung und für die Feuerung. Auch sie sind nach einem leicht erkennbaren Schema geordnet.

Abb. 136 zeigt einen nach ähnlichen Gesichtspunkten zusammengestellten Leitstand eines großen Dampfkessels mit zwei Hochleistungsschlägermühlen nach Abb. 119. Die Überwachung der Kohlenstaubfeuerung und der beiden Mühlen erfordert eine größere Anzahl von Instrumenten und Betätigungseinrichtungen. Statt der Abgasanalyse ist hier eine Kesselwirkungsgradmeßanlage vorgesehen, wobei der Durchfluß der Rauchgase als Einstellgröße für die Verbrennungsluft dient. Auf dem Pult sind in der Mitte Diagramme für den Sollwert des Kesselwirkungsgrades und für den einzustellenden Durchfluß der

Abb. 137. Leitstand für einen Schmelzkammerkessel. AEG.

Rauchgase abhängig von der Kesselbelastung angebracht, welche die Feuerführung erleichtern.

In der Mitte des Schrankes sind wiederum die für die Steuerung des Kessels erforderlichen Instrumente und Betätigungsorgane räumlich nahe zusammengefaßt, während sich auf dem linken Felde Instrumente für das Speisewasser- und Dampfsystem und rechts jene für Verbrennungsluft, Abgase und Mühlen befinden.

Die Ansicht eines nach solchen Gesichtspunkten aufgebauten Leitstandes für die Überwachung eines Schmelztiegelkessels (ähnlich Abb. 121) mit zwei Schlägermühlen ist in Abb. 137 dargestellt.

Abweichend von den gezeigten Beispielen kann jedoch die Anordnung der Instrumente und sonstigen Geräte auch nach anderen Gesichtspunkten erfolgen, wobei z. B. auf einem Feld die Instrumente für das Speisewasser- und Dampfsystem, also für den eigentlichen Kessel, zusammengefaßt werden und auf anderen jene für Feuerung,

Luftversorgung und gegebenenfalls für die Mühlen. Dabei können die wichtigsten jeder Gruppe so angeordnet sein, daß sie besonders ins Auge fallen.

Bei den hier gezeigten Beispielen größerer Leitstände sind die Registrierinstrumente aus Gründen der Übersicht auf den Seitenfeldern oder überhaupt nicht auf dem Leitstand sondern anderweitig untergebracht. Bei dem Kesselschild und den Leitständen für kleinere Dampfkessel wurde es ebenso gehalten, um dadurch bei einer Auf-

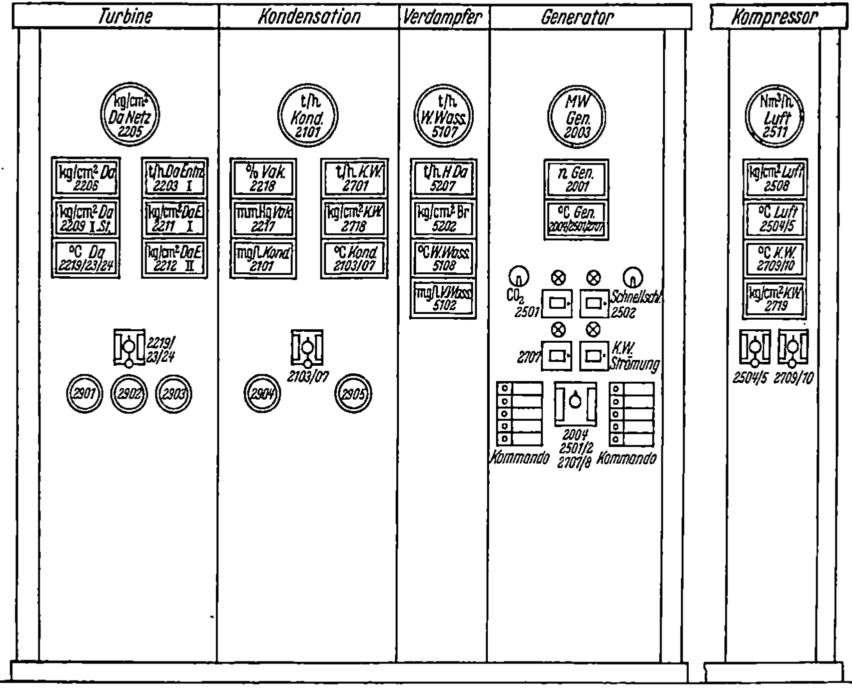

Abb. 138. Überwachungsschrank für einen Turbogenerator bzw. -kompressor.

stellung der Schränke unmittelbar am Heizerstand der Gefahr der Verschmutzung zu begegnen.

3. Überwachungsschränke für Maschinenanlagen.

Bei Kondensationskraftwerken mit Heizdampfentnahme aus der Hauptturbine (Abb. 127) gehört Kondensation und Kondensatvorwärmung schaltungsgemäß zu der Turbine. Dazu kommt gegebenenfalls noch der Verdampfer. In derartigen Kraftwerken werden deshalb die Überwachungsgeräte für Turbine, Kondensation, Vorwärmung und Verdampfer mit denen der angetriebenen Maschine — Generator oder Kompressor — zu einer Einheit zusammengefaßt. Wenn aber, in anderen Fällen, der Heizdampf für die Kondensatvorwärmung einer Vorwärmeturbine entnommen wird (Abb. 128), werden zweckmäßig die Instrumente für Kondensatvorwärmung, Verdampfer und für die zugehörige Heizdampfturbine einerseits und jene für die Hauptturbine, deren Kondensation und den zugehörigen Generator andererseits auf getrennten Schränken angeordnet.

Im Vergleich zu den Instrumenteschränken für die Dampfkessel sind die der Turbinen relativ einfach in ihrer Bestückung[1], weil Turbinen ausnahmslos mit Regelung versehen sind und die Belastung der Generatoren gewöhnlich von der Warte aus gesteuert wird. Es sind daher, selbst bei größeren Maschinen, neben den Instrumenten nur wenige Betätigungseinrichtungen erforderlich.

Abb. 139. Überwachungsschrank für einen Turbokompressor. AEG.

Dazu kommt, daß Turbinen mit sehr wenigen und einfachen Überwachungsgeräten für den Ölkreislauf, den Druck des Frischdampfes und für das Kondensatorvakuum sicher zu betreiben sind, wenn auf die Gewinnung von Unterlagen für die Bilanzbildung weniger Wert gelegt wird. Diese Instrumente können auf Säulen untergebracht werden, welche zweckmäßig in der Nähe der Betätigungseinrichtung für das Frischdampfventil stehen.

Abb. 138 zeigt ein Beispiel für die Unterbringung anzeigender Betriebskontrollgeräte einer Dampfturbinenanlage mit Generator bzw. mit Turbokompressor. Es handelt sich um eine Dampfturbine mit 2 Anzapfungen für die Kondensatvorwärmung und Heizdampfabgabe.

---

[1] CREMER, W.: Vereinheitlichung der Meß- und Überwachungsanlagen für Dampfturbinen. Elektrizitätswirtsch. 40. Jg. (1941) H. 11.

Der Frischdampfdruck ist durch ein rundes Anzeigeinstrument besonders hervorgehoben. Auf der linken Seite des Feldes für die Turbine befinden sich Instrumente für die Dampfdrücke vor der Einströmung und in der Radkammer und für die Temperaturen des Frischdampfes und des Anzapfdampfes. Letztere sind umschaltbar. Rechts sind Instrumente für die Drücke und den Durchfluß des Anzapfdampfes.

Ein weiteres Feld umfaßt Geräte für die Kontrolle der Kondensation. Hier fällt vor allem der Durchfluß des Kondensates als Maß für die Turbinenbelastung ins Auge. Thermometer für Kühlwasser und Kondensat sind auf ein Anzeigegerät umschaltbar.

Als Öldruckmesser wurden Rundinstrumente mit relativ kleinem Durchmesser gewählt.

Auch Geräte für die Speisewasservorwärmung und für die Überwachung des Verdampfers sind auf einem besonderen Felde angeordnet. An dieser Stelle könnten auch zur Entlastung des Turbinenfeldes Instrumente für die Heizdampfabgabe der Turbine angebracht sein.

Das Generatorfeld enthält an erster Stelle einen Wirkleistungsmesser und die Instrumente für die Turbinendrehzahl und für die Temperaturen der Kühlluft, des Kühlwasserkreislaufes und der Wicklungen des Generators mit dem zugehörigen Umschalter. Darunter befinden sich 4 Fallklappenrelais und Signallampen für die Meldung von Temperaturüberschreitungen am Luftkühler des Generators und für das Ausbleiben des Kühlwassers. Außerdem sind Betätigungseinrichtungen für den Schnellschluß und bei großen Maschinen auch für die Kohlendioxydlöschung sowie ein Kommandoapparat zur Durchgabe von Meldungen nach der Warte und dem Kesselhaus angedeutet.

Wenn in Zechenkraftwerken die Turbine statt eines Generators einen Kompressor antreibt, ist sinngemäß eine Bestückung, wie sie weiter rechts angedeutet ist, erforderlich.

Auch bei dem vorliegenden Beispiel wurde angenommen, daß die erforderlichen Registrierinstrumente anderweitig untergebracht sind. Dazu besteht bei Überwachungsschränken für Maschinen nicht in dem Maße Veranlassung wie bei Leitständen für Dampfkessel, weil hier nicht so viele Instrumente nötig sind und weil auch die Gefahr der Verschmutzung wesentlich geringer ist. Die erforderlichen Registrierinstrumente, die ja auch eine Skala besitzen, können daher auch unter Weglassung der entsprechenden Anzeigegeräte auf dem Schrank untergebracht werden (Abb. 139).

4. Überwachungsschränke für Kesselspeisepumpen, Speicher und Speiseleitungen.

Zu den Kesselspeisepumpen und zu den sie verbindenden Speiseleitungssystemen gehören vielfach schaltungsgemäß auch die Speisewasserspeicher und in manchen Fällen Hochdruckvorwärmer und Verdampfer. Es hat daher seine Berechtigung, die Überwachung all dieser verschiedenen Teile des Kraftwerkes auf entsprechenden Feldern eines Schrankes zusammenzufassen, soweit es durch die Schaltung bedingt ist.

Hier werden, neben elektrischer Energie für den Antrieb der Pumpen, große Dampfmengen für Heizzwecke verbraucht. Es liegt daher im Interesse der Betriebsleitung, eine Kontrolle durch Registrierinstrumente und Zähler vorzunehmen.

Demgegenüber treten Anzeigegeräte an Bedeutung etwas zurück, weil — mit Ausnahme der Kesselspeisepumpen — das Personal nicht

Abb. 140. Überwachungstafel für Speisepumpen und Vorwärmer. HuB.

in dem Maße Eingriffe vorzunehmen hat wie bei Kesseln und Maschinen. Den Schrank mit den gesamten Instrumenten für alle Pumpen, Speicher, Vorwärmer, Verdampfer und Leitungen kann man mit einem Blindschaltbild versehen, welches die Schaltung der Anlage verdeutlicht. Das ist hier eher zu vertreten, weil es sich um einen räumlich ausgedehnten Teil des Kraftwerkes mit verschiedenen Schaltungsmöglichkeiten handelt, die nur in größeren Zeitabständen bedient werden. Infolgedessen ermöglicht das Blindschaltbild eine rasche Orientierung über den jeweiligen Zustand der Anlage (Abb. 140).

5. Überwachungsschränke für Industriekraftwerke.

Es wurde schon früher dargelegt, daß für Industriekraftwerke die Erzeugung und Abgabe großer Dampfmengen für Fabrikationsbetriebe kennzeichnend ist.

Die Erzeugung dieses Dampfes findet in Verdampfern großer Leistung statt, die im wesentlichen mit dem aus der Fabrikation zurückfließenden Kondensat gespeist werden.

Die Überwachungsgeräte für eine oder mehrere derartige Einheiten werden zweckmäßig auf einem Überwachungsschrank zusammengefaßt, der in der Nähe der Verdampfer aufgestellt werden kann.

Bei den Überwachungsinstrumenten für die Lieferungen von Dampf mit verschiedenen Drücken und von Weichwasser handelt es sich um Registrierinstrumente und Zähler. Sie dienen der Verrechnung und sind daher gegen Verschmutzung und sonstige ungünstige Einflüsse zu schützen. Es ist daher zweckmäßig, sie in einem besonderen Schranke zu vereinigen, der am besten in der Wärmewarte oder in einem anderen sauberen Raum untergebracht wird.

Anzeigegeräte sind im Zusammenhange mit diesen Lieferungen nur in geringem Maße erforderlich, so daß auch aus diesem Grunde eine dezentralisierte Anbringung an den zu überwachenden Leitungen zu vertreten ist.

Schlußwort.

Die Erkenntnis, daß moderne Wärmekraftanlagen einer meßtechnischen Überwachung bedürfen, ist Allgemeingut geworden. Es muß betont werden, daß sich selbst ausgedehnte Meßanlagen durch Einsparungen von Brennstoffen und sonstiger Aufwendungen im allgemeinen rasch bezahlt machen[1]. Die Aufwendungen für deren Errichtung sind jedoch nicht zu vernachlässigen. Es ist daher notwendig, sie so niedrig wie möglich zu halten.

Dazu trägt in erster Linie eine wohlüberlegte Planung bei. Die vorhergehenden Ausführungen haben gezeigt, daß das zweckmäßig in engem Zusammenhange mit der Planung der zu überwachenden Betriebsanlage geschieht. Es sind nicht nur Überlegungen darüber anzustellen, welche Vorgänge und Einrichtungen überwacht werden sollen und welche Verfahren und Geräte sich dafür am besten eignen. Es ist vielmehr besonders wichtig, rechtzeitig alle Vorbereitungen zu treffen, daß beim Bau der Betriebsanlagen die Erfordernisse der meßtechnischen Überwachung berücksichtigt und die Einbaustellen für die Meßeinrichtungen vorgesehen werden. Die sachgemäße Anbringung von Überwachungseinrichtungen an einer Anlage erfordert ja nicht nur die Herstellung einiger Mauerdurchbrüche oder Einschraubstellen, sie bestimmt auch die Führung großer Rohrleitungen und kann sogar die Gestaltung des Grundrisses von Kraftwerken beeinflussen.

Es kann durchaus zur Einsparung unnötiger Kosten führen und es ist deshalb empfehlenswert, die meßtechnische Planung frühzeitig mit der Gesamtplanung in Übereinstimmung zu bringen.

---

[1] S. Fußnote S. 2.

Anhang.

Numerierung und Zusammenstellung der Meßstellen
und Betätigungsorgane.

Alle Meßstellen und Betätigungsorgane für die Fernschaltung und Steuerung sind mit Nummern bezeichnet. Dabei kennzeichnet deren erste Ziffer einen bestimmten Teil des Kraftwerkes und die zweite den Meßstoff, welcher im wesentlichen die Messung *bedingt*. Die folgenden beiden Ziffern numerieren fortlaufend die einzelnen Meßstellen.

Demnach bedeutet an erster Stelle:

1 Dampfkessel und dazugehörige Anlageteile
2 Dampfturbinen einschl. Generator, Kompressor usw.
3 Reduzierstationen
4 Chemische Speisewasseraufbereitung
5 Thermische Speisewasseraufbereitung, Verdampfer, Entgaser
6 Speiseleitungen, Kesselspeisepumpen
7 Wasser und Dampfaustausch

An zweiter Stelle bedeutet:

0 Allgemeines, elektrische Messungen, Drehzahl- oder Lagertemperaturmessung
1 Kondensat, salzarmes Speisewasser
2 Dampf (aber auch Einspritzkondensat für Dampfkühler)
3 Abgase
4 Feste und staubförmige Brennstoffe
5 Luft (Erhitzung, Kühlung, Kompression von Luft)
6 Gase für Feuerungs- und Kühlzwecke
7 Rohwasser, Weichwasser
8 Lauge, Chemikalien
9 Öl für Brenn- und Schmierzwecke, Arbeitsmittel für Steuerungen

Gemäß der obigen Definition führen also z. B. Meßstellen, welche sich auf Dampf beziehen, die Ziffer 2 an der zweiten Stelle der Meßstellennummer. Andererseits werden aber Meßstellen, welche z. B. den Heizdampf für die Kondensatvorwärmung oder die Stromaufnahme der Kondensatpumpen kontrollieren, mit 1 — der Kennziffer für Kondensat — bezeichnet, weil die betreffenden Messungen wesentlich durch das Kondensat bedingt sind. Ebenso werden Meßstellen, welche unmittelbar mit der elektrischen Energie und ihrer Erzeugung zusammenhängen — z. B. diese selbst oder die Temperaturen der Generatornuten usw. —, durch die Ziffer 0, an zweiter Stelle, gekennzeichnet.

Nachstehend sind alle behandelten Meßstellen und Betätigungsorgane für die Fernschaltung und Steuerung in einer Tabelle zusammengestellt. In dieser ist vermerkt, welche Gründe die Messung im wesentlichen veranlassen. Man kann dadurch auf einfache Weise rasch nach gewissen Gesichtspunkten eine Auswahl aus der Gesamtheit der Meßstellen treffen und die für bestimmte Zwecke, etwa für die Sicherheit oder die Bilanzbildung erforderlichen Messungen, herausziehen.

In der Tabelle bedeutet:

AT Anzeigendes Meßgerät auf Tafel
Aö Anzeigendes Meßgerät örtlich angebracht
S Schreibendes Meßgerät
Z Zählung
Sig Signalisierung
u Umschaltbare Meßstelle.

13a

Dampfkessel.

Nr.	Meßgröße, Betätigung	Meßstoff	Meßstelle	Art u. Lage d. Meßgerätes	Umschaltung	Abbildung	Sicherheit	Bilanz	Steuerung	Zustand	allgem. Betrieb
1101	kg/cm²	Sp.-Wasser	Netz	Aö od.T,Sig.		118—121, 128			+		
1102	kg/cm²	Sp.-Wasser	v. Eco	Aö od. T		121			+	+	
1103/6	°C	Sp.-Wasser	v/n. Eco l/r.	Aö od. T, S	u	118—121, 128			+	+	
1107	t/h	Sp.-Wasser	Netz	AT, S, Z		118—120, 128, 131		+	+		
1108	mg/l	Sp.-Wasser	Netz	AT		121					
1109	cm	Kesselwasser	Trommel	Aö od.T,Sig.		118—121				+	
1110	Δ kg/cm²	Kesselwasser	La-Mont-Pumpe	AT, Sig.		120	+		+		
1111	Amp	—	La-Mont-Pump.-Mot.	AT		120	+				+
1201	kg/cm²	Dampf	Trommel	AT		118—121	+		+		
1202	kg/cm²	Dampf	n. Überhitzer	AT,S		121, 128, 131			+	+	
1203	kg/cm²	Dampf	Netz	Aö od. T		118—121, 128			+		+
1204	kg/cm²	Dampf	n. Zwischenüberh.	AT		128			+		
1205/6	°C	Dampf	n. Überhitzer	AT,S		118—121, 128, 131			+		
1207/10	°C	Oberfl.	v/n. Kühler l/r.	AT	u	118—121, 128			+		
1211	°C	Dampf	Überhitzerrohre	AT	u	121			+		
1212	°C	Dampf	v. Zwischenüberh.	AT	u	128			+		
1213	°C	Dampf	n.Zwischenüberh.	AT	u	128			+		
1214	°C	Dampf	v.Dampfkühl.Zw.-Ü.	AT	u	128			+		
1215	t/h	Dampf	Kesselaustritt	AT, S, Z		118—121, 128, 131	+		+		
1216	t/h	Dampf	Zwischenüberhitzer	AT		128			+		
1217	t/h	Kondensat	Einspritzkühler	AT, Z		118, 128			+		
1218	mg/l	Dampf	v. Überhitzer	AT	u	118, 119, 121				+	
1219	mg/l	Dampf	n. Überhitzer	AT	u	118,120/21,128,131				+	

Dampfkessel. (Fortsetzung.)

Nr.	Meßgröße, Betätigung	Meßstoff	Meßstelle	Art u. Lage d. Meßgerätes	Umschaltung	Abbildung	Sicherheit	Bilanz	Steuerung	Zustand	allgem. Betrieb
1301	mmWS	Verbr. Gase	Schmelzkammer	AT	u	121			+		
1302	mmWS	Verbr. Gase	Granuliertopf	AT	u	121			+		
1303	mmWS	Verbr. Gase	Feuerraum	AT	u	118—121			+		
1304/5	mmWS	Abgase	n. Überh. l/r.	AT	u	118—121				+	
1306/7	mmWS	Abgase	n. Eco l/r.	AT	u	118—121				+	
1308/9	mmWS	Abgase	n. Luvo l/r.	AT	u	118—121			+	+	
1310	° C	Verbr. Gase	Feuerraum	AT	u	119, 121				+	
1311	° C	Verbr. Gase	Schmelzkammer	AT	u	121				+	
1312/13	° C	Abgase	n. Überh. l/r.	AT	u	118—121				+	
1314/15	° C	Abgase	n. Eco l/r.	AT	u	118—121				+	
1316/17	° C	Abgase	n. Luvo l/r.	AT	u	118—121				+	
1318	° C	Abgase	Fuchs	AT, S		119, 121		+	+		
1319	Analyse	Abgase	v. Luvo, Fuchs	AT, S		118—121		+	+		
1320	η		Kesselende	AT, S		119, 121		+	+		
1321	m³/h	Rauchgase	Fuchs	AT, S		119, 121			+		
1322	n/min		Saugzuggebl.	AT		118, 121			+		
1323	Δ mmWS	Rauchgase	Zyklon	Aö		118			+		
1324	Stellung		Saugzugklappen	AT		121			+		
1325	Stellung		Saugzugklappen	Sig.		120	+		+		
1326	Volt		Elektrofilter	Aö		119					
1327	Amp		Saugzug	AT		113, 120/21					+
1328	Amp		Elektrofilter	Aö		120			+		
1329	Einschaltung		Saugzug	T		118, 120/21					
1320	Verstellung		Saugzug	T		118, 120/21					
1331	Verstellung		Abgasklappen	T		120/21					
1332	Verstellung		Zyklon	T		118					

Dampfkessel. (Fortsetzung.)

Nr.	Meßgröße, Betätigung	Meßstoff	Meßstelle	Art u. Lage d. Meßgerätes	Umschaltung	Abbildung	Sicherheit	Bilanz	Steuerung	Zustand	allgem. Betrieb
1401	t	Brennst.-M.	Bunkeraustritt	Z		118/19, 122	+				
1402	kg/h	Brennst.-M.	Rostvorschub	AT		118			+		
1403	n/min	Brennst.-M.	Zuteiler	AT	u	119, 121/22			+		
1404	kW		Mühlenmotor	AT, S		119, 121/22	+			+	
1405	Stand		Bunker	Sig T		122			+		+
1410	Einschaltung		Rostvorschub	T		118					
1411	Verstellung		Rostvorschub	T		118					
1412	Einschaltung		Pendelschurre	T		118					
1413	Einschaltung		Kohlenzuteilung	T		119					
1414	Verstellung		Kohlenzuteilung	T		119					
1415	Einschaltung		Staubschleusen	T		122					
1416	Einschaltung		Staubtransport	T		122					
1417	Einschaltung		Staubaufgabe	T		122					
1418	Verstellung		Staubaufgabe	T		122					
1419	Einschaltung		Mühlenmotor	T		122					
1420	Einschaltung		Kohlenwaagenmotor	T		122					
1501/4	mmWS	Gesamtluft	v/n. Luvo l/r.	AT	u	118—121			+		
1505	mmWS	Erstluft	Unterwindkanal	AT		118			+		
1506	mmWS	Erstluft	Rostzonen	Aö		118			+		
1507/8	mmWS	Zweitluft	v. Düsen l/r.	AT	u	118/19, 121			+		
1509/10	mmWS	Verbr.-Luft	v. Düsen l/r.	AT	u	120			+		
1511/12	mmWS	HD-Luft	v. Düsen l/r.	AT	u	121			+		
1513/14	mmWS	Mühlenluft	v. Mühlen	AT	u	119—122			+		
1515	mmWS	Tragl./Brüd.	v. Brenner	AT		121/22			+		
1516	mmWS	Luft/Brüden	v. Staubabscheider	AT		122			+		
1517/20	°C	Gesamtluft	v/n. Luvo l/r.	AT	u	118—121			+		

Dampfkessel. (Fortsetzung.)

Nr.	Meßgröße, Betätigung	Meßstoff	Meßstelle	Art u. Lage d. Meßgerätes	Umschaltung	Abbildung	Sicherheit	Bilanz	Steuerung	Zustand	allgem. Betrieb
1521/2	°C	Zweitluft	v. Düsen l/r.	AT	u	121			+		
1523/4	°C	HD-Luft	v. Düsen l/r.	AT	u	121			+		
1525	°C	Mühlenluft	v. Mühlen	AT	u	119, 121			+		
1526	°C	Mühlenluft	Sichter	AT, Sig.		119, 121	+		+		
1527	°C	Tragl./Brüd.	n. Mühlengebläse	AT		122			+		
1528	°C	Luft/Brüden	v. Staubabscheider	AT		122			+		
1529	°C	Raumluft	Kesselhaus	—		119, 121					
1530/1	m³/h	Mühlenluft	v. Mühlen	AT		119, 121			+		
1532	m³/h	Tragluft·	v. Staubaufgaben	AT		122			+		
1533	m³/h	Luftzusatz	n. Rohrmühle	AT		122			+		
1534/5	Δ mmWS	Luft	Luvo l/r.	AT	u	118—120			+		
1536/7	n/min	Frischluft	Frischluftgebläse	AT		118/19, 121			+		
1538	%		Klappenstellung	AT		121			+		
1539/40	Amp	Motor	Frischluftgebläse l/r.	AT		118—121					+
1541/2	Amp	Motor	Zweitluftgebläse l/r.	AT		118					+
1543/4	Amp	Motor	Mühlengebläse	AT		121/22					+
1545	Amp	Motor	Ljungströmluvo	AT		121					+
1546/7	Amp	Motor	Druckerhöhungsgebl.	AT		121					+
1548/9	Einschaltung		Frischluftgebläse	T		118—121					
1550/1	Verstellung		Frischluftgebläse	T		118—121					
1552/3	Einschaltung		Zweitluftgebläse	T		118					
1554/5	Verstellung		Zweitluft	T		121					
1556/7	Einschaltung		Hochdruckgebläse	T		121					
1558/9	Verstellung		Hochdruckluft	T		121					
1560/1	Einschaltung		Mühlengebläse	T		121/22					
1562/3	Verstellung		Mühlenluft	T		121/22					
1564/5	Verstellung		Kaltluftzusatz	T		121/22					

Dampfkessel. (Fortsetzung.)

Nr.	Meßgröße, Betätigung	Meßstoff	Meßstelle	Art u. Lage d. Meßgerätes	Umschaltung	Abbildung	Sicherheit	Bilanz	Steuerung	Zustand	allgem. Betrieb
1601	mmWS	Gas	Sammelleitung	AT, S		120			+		
1602/3	mmWS	Gas	v. Brennern l/r.	AT		120			+		
1604	m³/h	Gas	Sammelleitung	AT, S, Z		120		+			
1605/6	m³/h	Gas	v. Brennern l/r.	AT, S		120			+		
1607	°C	Gas	Sammelleitung	AT, S		120			+		
1608	%	Gasanalyse	Sammelleitung	S		120				+	
1801	t/h	Kessellauge	v. Abschlammventil	Aö, Z		119, 128		+	+		
1802	°C	Kessellauge	v. Abschlammventil	Aö		119			+		
1803	mg/l	Kesselwasser	Abschlammleitung	AT		118—120				+	
1901	kg/cm²	Öl	v. Brennern	AT		123			+		
1902	kg/cm²	Öl	n. Filtern	AT		123					
1903	kg/cm²	Öl	n. Pumpen	AT		123				++	
1904	kg/cm	Heizdampf	v. Ölvorwärmer	Aö		123					
1905	t	Öl	v. Brennern	Z		123			+		
1906	°C	Öl	v. Brennern	AT		123		+			
1907	cm	Ölstand	offene Behälter	Aö		123			+		
1908	cm	Ölstand	geschl. Behälter	Aö		123					+++
1909	Amp		Ölpumpenmotor	AT		123				+	

Turbogeneratoren und Kompressoren.

Nr.	Meßgröße, Betätigung	Meßstoff	Meßstelle	Art u. Lage d. Meß-gerätes	Um-schal-tung	Abbildung	Sicher-heit	Bilanz	Steue-rung	Zustand	allgem. Betrieb
2001	n/min		Hauptturbine	Aö		124			+		
2002	n/min		Hilfsturbine	Aö		124			+		
2003	kW		Generator	AT, S, Z		124		+	+		
2004	° C		Generatorwicklung	AT	u	124	+			+	
2005	° C		Turb.-Gleitlager	Aö		124	+				
2006	° C		Turb.-Axialdrucklager	Aö		124	+				
2007	° C		Generatorlager	Aö		124	+				
2008	° C		Erreg.-Masch.-Lager	Aö		124	+				
2009	° C		Hilfsturb.-Lager	Aö		124	+				
2010	° C		Kompressorlager	Aö		126	+				
2101	t/h	Kondensat	n. Pumpe	AT, S, Z		124, 127/28, 131		+			
2102	mg/l	Kondensat	n. Pumpe	AT,S,Sig.		124, 127/28, 131				+	
2103	° C	Kondensat	n. Pumpe	AT	u	124, 127/28, 131				+	
2104	° C	Kondensat	n. Stopfb.-Da.-Kond.	AT	u	127/28				+	
2105	° C	Kondensat	n. Strahls.-Kond.	AT	u	124, 127/28				+	
2106	° C	Kondensat	n. ND-Vorwärmer	AT	u	127/28				+	
2107	° C	Kondensat	v. HD-Vorwärmer	AT	u	127/28				+	
2108	° C	Heizdampf	HD-Vorwärmer	AT		128			+		
2109	kg/cm	Heizdampf	HD-Vorwärmer	AT		128			+		
2110	mWS	Kondensat	n. Pumpe	Aö		124					+
2111	cmWS	Kondensat	Kondensator	Aö		124					+
2112	A (kW)	Kondensat	Kondensatpumpe	AT		124				+	+

Turbogeneratoren und Kompressoren. (Fortsetzung.)

Nr.	Meßgröße, Betätigung	Meßstoff	Meßstelle	Art u. Lage d. Meß-gerätes	Um-schal-tung	Abbildung	Sicher-heit	Bilanz	Steue-rung	Zustand	allgem. Betrieb
2201	t/h	Frischdampf	v. Anzapf-Kond.-Turb.	AT, S, Z		124, 127/28, 131		+	+		
2202	t/h	Dampf	v. Vorschaltturbine	AT, S, Z		128		+	+		
2203	t/h	Dampf	1. Anzapfung	AT, S, Z		124, 128, 131		+	+		
2204	t/h	Frischdampf	Hilfsturbine	AT, S, Z		124		+			
2205	kg/cm²	Frischdampf	v. Schnellschluß	AT, S		124, 127/28, 131			+		
2206	kg/cm²	Frischdampf	v. Einströmkasten	Aö		124, 128					+
2207	kg/cm²	Dampf	v. Strahlsauger	Aö		124, 127/28, 131			+		
2208	kg/cm²	Dampf	v. Vorschaltturbine	AT, S		128			+		
2209	kg/cm²	Dampf	1. Stufe	AT		124, 127/28	+				
2210	kg/cm²	Dampf	Gehäuse	AT		128	+				
2211	kg/cm²	Dampf	1. Anzapfung	AT		124, 127/28, 131					
2212	kg/cm²	Dampf	2. Anzapfung	AT		127/28, 131					
2213	kg/cm²	Dampf	3. Anzapfung	AT		127					+
2214	kg/cm²	Gegendr.-Da.	Vorschaltturbine	AT		128					+
2215	kg/cm²	Frischdampf	Hilfsturbine	Aö		124					+
2216	kg/cm²	Abdampf	Hilfsturbine	Aö		124					+
2217	mmHg	Dampf	Anfahrvakuum	Aö		124, 127/28			+		+
2218	mmHg	Dampf	Kondensat.-Vakuum	AT, S		124, 127/28, 131			+		+
2219	°C	Frischdampf	v. Schnellschluß	AT, S		124, 127/28, 131			+	+	+
2220	°C	Frischdampf	v. Schnellschluß	AT, Sig.		124	+				
2221	°C	Frischdampf	v. Einströmkasten	Aö		124					+
2222	°C	Frischdampf	v. Vorschaltturbine	AT,S		128			+	+	
2223	°C	Dampf	1. Anzapfung	AT		124/28, 131					+
2224	°C	Dampf	2. Anzapfung	AT		127/28, 131					+
2225	°C	Dampf	3. Anzapfung	AT		127					+
2226	°C	Gegendr.-Da.	v. Vorschaltturbine	AT, S		128	+		+		+
2227	°C	Abdampf	v. Kondensator	AT, S		124, 127/28				+	+
2228	°C	Frischdampf	Hilfsturbine	Aö		124					+

Nr.	Meßgröße, Betätigung	Meßstoff	Meßstelle	Art u. Lage d. Meßgerätes	Um-schal-tung	Abbildung	Sicher-heit	Bilanz	Steue-rung	Zustand	allgem. Betrieb
2501	°C	Kühlluft	v. Generatorkühler	AT, Sig.	u	124	+				
2502	°C	Kühlluft	n. Generatorkühler	AT,S,Sig.	u	124	+				
2503	°C	Luft	Ansaugseite-Verd.	AT	u	126				+	
2504	°C	Luft	Verdichteraustritt	AT, S	u	126				+	+
2505	°C	Luft	Endkühleraustritt	AT, S	u	126				+	+
2506	°C	Luft	Verdichtergehäuse	Aö		126					+
2507	mm	Luft	Ansaugseite-Verd.	Aö		126					+
2508	kg/cm²	Luft	Verdichteraustritt	AT		126					+
2509	kg/cm²	Luft	Endkühleraustritt	AT, S		126				+	+
2510	m³/h	Luft	Ansaugseite-Verd.	AT, S, Z		126		+			
2511	m³/h	Luft	n. Verdichter	AT, S, Z		126		+			
2601	Konz.	Wasserstoff	Gehäuse	AT, Sig.		125	+				
2602	Konz.	Wasserstoff	Vorkammern	AT, Sig.		125	+				
2603	Konz.	H$_2$/CO$_2$	Füllung	AT		125					+
2604	mmWS	Wasserstoff	Gehäuse	AT, Sig.		125	+				
2605	mmWS	Wasserstoff	Gehäuse	AT, Sig.		125	+				+
2606	kg/cm²	Wasserstoff	Gehäuse	AT, Sig.		125	+				+
2607	kg/cm²	Wasserstoff	Flaschen	Aö		125					+
2608	kg/cm²	Wasserstoff	n. Druckmind.-Vent.	AT		125					+
2609	mmWS	Wasserstoff	n. Druckmind.-Vent.	AT		125					+
2610	kg/cm²	Kohlensäure	Flaschen	Aö		125					+
2611	kg/cm²	Kohlensäure	n. Druckmind.-Vent.	AT		125					+
2612	l/h	Wasserstoff	Gehäuse-Konz.-Messer	AT		125					+
2613	l/h	Wasserstoff	Fülleitung	AT		125					+
2614	l/h	H$_2$/CO$_2$	Ausblaseleitung	AT		125					+
2615	l/h	Kohlensäure	Fülleitung	AT		125					+
2616	l/h	Spülgas	Vorkammer-Turb.-Seite	AT		125					+
2617	l/h	Spülgas	Vorkammer-Err.-Seite	AT		125					+
2618	°C	Wasserstoff	v. Kühler 1—4	AT, Sig.	u	125	+				
2619	°C	Wasserstoff	n. Kühler 1—4	AT, Sig.	u	125	+				
2620	mm	Wasser	Gehäuse	Aö, Sig.		125	+			+	

13b

Turbogeneratoren und Kompressoren. (Fortsetzung.)

Nr.	Meßgröße, Betätigung	Meßstoff	Meßstelle	Art u. Lage d. Meßgerätes	Umschaltung	Abbildung	Sicherheit	Bilanz	Steuerung	Zustand	allgem. Betrieb
2701	t/h	Kühlwasser	Kondensator	AT		124					+
2702	t/h	Kühlwasser	Verdichter	Aö		126					+
2703	°C	Kühlwasser	v. Kondensator	AT	u	124				+	+
2704	°C	Kühlwasser	n. Kondensator	AT	u	124				+	+
2705	°C	Kühlwasser	v. Turbinenölkühler	Aö		124				+	+
2706	°C	Kühlwasser	n. Turbinenölkühler	Aö		124				+	+
2707	°C	Kühlwasser	v. Gen. Luftkühler	AT,S,Sig.	u	124	+			+	+
2708	°C	Kühlwasser	n. Gen. Luftkühler	AT, S	u	124	+			+	+
2709	°C	Kühlwasser	Verdichtereintritt	AT	u	126				+	+
2710	°C	Kühlwasser	Verdichteraustritt	AT	u	126				+	+
2711	°C	Kühlwasser	v. Verdichterkühler	Aö		126				+	+
2712	°C	Kühlwasser	n. Verdichterkühler	Aö		125				+	+
2713	°C	Kühlwasser	v. H_2-Kühler 1—4	AT	u	125	+			+	
2714	°C	Kühlwasser	n. H_2-Kühler 1—4	AT	u	125	+			+	
2715	°C	Kühlwasser	v. Dichtölkühler	AT	u	125				+	
2716	°C	Kühlwasser	n. Dichtölkühler	AT	u	125				+	
2717	mWS	Kühlwasser	v. Kühlw.-Pumpe	Aö		124					+
2718	mWS	Kühlwasser	n. Kühlw.-Pumpe	Aö		124					+
2719	kg/cm²	Kühlwasser	Verdichtereintritt	Aö		126					+

Turbogeneratoren und Kompressoren. (Fortsetzung.)

Nr.	Meßgröße, Betätigung	Meßstoff	Meßstelle	Art u. Lage d. Meßgerätes	Um-schaltung	Abbildung	Sicher-heit	Bilanz	Steue-rung	Zustand	allgem. Betrieb
2901	kg/cm²	Öl	n. Hilfsölpumpe	AT		124	+				+
2902	kg/cm²	Öl	v. Regler	AT		124	+				+
2903	kg/cm²	Öl	v. Antriebsschnecke	AT		124	+				+
2904	kg/cm²	Öl	v. Ölkühler	AT		124	+				+
2905	kg/cm²	Öl	Lager	AT		124	+				+
2906	°C	Öl	v. Turb.-Ölkühler	AT	u	124	+				+
2907	°C	Öl	n. Turb.-Ölkühler	AT, Sig.	u	124	+				+
2908	mm	Öl	Sammelbehälter	Aö		124	+				+
2909	kg/cm²	Dichtöl	n. Ölpumpe	AT		125	+				+
2910	kg/cm²	Dichtöl	n. Filter	AT		125	+				+
2911	kg/cm²	Dichtöl	Druckkammer	AT, Sig.		125	+				+
2912	°C	Dichtöl	v. Ölkühler	AT		125	+				+
2913	°C	Dichtöl	n. Ölkühler	AT, Sig.		125	+				+

Reduzierstationen.

Nr	Meßgröße, Betätigung	Meßstoff	Meßstelle	Art u. Lage d. Meßgerätes	Um-schaltung	Abbildung	Sicher-heit	Bilanz	Steue-rung	Zustand	allgem. Betrieb
3101	t/h	Kondensat	v. Dampfkühler	AT, S, Z		129		+			
3201	t/h	Dampf	n. Reduzierstation	AT, S, Z		127/28, 131		+			+
3202	kg/cm²	Dampf	v. Reduzierstation	AT		127/28, 131					
3203	kg/cm²	Dampf	n. Reduzierstation	AT, S		127/28, 131			+		
3204	°C	Dampf	n. Reduzierstation	AT, S		127/28, 131			+		

14

Chemische Speisewasseraufbereitung.

Nr.	Meßgröße, Betätigung	Meßstoff	Meßstelle	Art u. Lage d. Meßgerätes	Umschaltung	Abbildung	Sicherheit	Bilanz	Steuerung	Zustand	allgem. Betrieb
4701	Härte	Weichwasser	n. Anlage	AT, S		129, 131			+	+	
4702	t/h	Rohwasser	v. Anlage	AT, S, Z		129, 131		+	+	+	
4703	t/h	Weichwasser	n. Anlage	AT, S, Z		129		+	+	+	
4704	t/h	Heizdampf	v. Anlage	AT, Z		128		+			
4705	kg/cm²	Rohwasser	v. Anlage	AT		129, 131			+	+	
4706	kg/cm²	entkarbonis. Wasser	n. Kalkanlage	AT		129				+	+
4707	kg/cm²	Reinwasser	n. Kiesfilter	AT		129				+	+
4708	kg/cm²	Weichwasser	n. Na-Austauscher	AT		129				+	+
4709	kg/cm²	Weichwasser	v. Na_3PO_4-Dosierg.	AT		129				+	+
4710	kg/cm²	Weichwasser	n. Na_3PO_4-Dosierg.	AT		129				+	+
4711	kg/cm²	Dampf	v. Strahlsauger	Aö		129					+
4712	kg/cm²	Dampf-Luft	n. Strahlsauger	Aö		129					+
4713	kg/cm²	Heizdampf	v. Anlage	AT		128					+
4714	kg/cm²	Spülwasser	v. Anlage	Aö		129					+
4715	cm	Rohwasser	Behälter	AT		128					+
4716	cm	Weichwasser	Behälter	AT		127/28					+
4717	mg/l	Weichwasser	n. Na-Austauscher	AT, S		129			+	+	
4718	pн	Weichwasser	n. Na_3PO_4-Dosierg.	AT, S		128/29			+	+	
4719	° C	Heizdampf	v. Anlage	AT		128					+
4720	° C	Rohwasser	v. Kraftw.	AT		131				+	
4801	kg	Kalk	v. Rührbehälter	Zö		129		+	+		
4802	m³	Lösewasser für Kalk	v. Rührbehälter	Zö		129		+	+		
4803	l/h	Kalkmilch	n. Rührbehälter	Aö		129			+		
4804	l/h	Lösewasser für Na_3PO_4	Dosiereinrichtung	Aö		129			+		+
4805	cm	Lösung Na_3PO_4	Dosiereinrichtung	Aö		129			+		

Thermische Speisewasseraufbereitung und Entgasung.

Nr.	Meßgröße, Betätigung	Meßstoff	Meßstelle	Art u. Lage d. Meßgerätes	Umschaltung	Abbildung	Sicherheit	Bilanz	Steuerung	Zustand	allgem. Betrieb
5101	cm	Wasserstand	Verdampfer	Aö		127/28, 130	+		+		+
5102	mg/l	Wasserinhalt	Verdampfer	AT, S		127, 130			+		+
5103	mg/l	Speisewasser	Verdampfer	AT, S		130			+		+
5104	mg/l	Destillat	Verdampfer	AT, S		127/28			+		+
5105	pH	Speisewasser	Verdampfer	AT, S		130			+		+
5106	t/h	Destillat	n. Entspanner	AT, Z		127/28		+			
5107	t/h	Speisewasser	Verdampfer	AT, Z		127/28		+			+
5108	°C	Verd.-Sp.-W.	v. Verd.-Laugenk.	Aö		128				+	+
5109	°C	Verd.-Sp.-W.	v. Kess.-Laugenk.	Aö		128				+	+
5110	°C	Verd.-Sp.-W.	n. Kess.-Laugenk.	Aö		128, 130				+	+
5111	°C	Kess.-Sp.-W.	n. Brüdenkondensator	Aö		128				+	+
5201	mg/l	Sattdampf	Verdampfer	AT, S		127/28, 130			+		+
5202	kg/cm^2	Sattdampf	Verdampfer	AT		127/28, 130			+		+
5203	kg/cm^2	Heizdampf	n. Überhitzer	AT		130			+		+
5204	kg/cm^2	Heizdampf	Verdampfer	AT		127/28, 130			+		+
5205	°C	Heizdampf	n. Überhitzer	AT		130			+		+
5206	°C	Heizdampf	v. Verdampfer	AT		127, 130			+		+
5207	t/h	Heizdampf	v. Verdampfer	AT, Z		127/30		+	+		
5801	°C	Verd.-Lauge	v. Kühler	Aö		128				+	+
5802	°C	Verd.-Lauge	n. Laugenkühler	Aö		128				+	+
5803	°C	Kessellauge	v. Kühler	Aö		128				+	+
5804	°C	Kessellauge	n. Kühler	Aö		128				+	+
5112	°C	Speisewasser	v. Entgaser	AT		127			+		+
5113	°C	Speisewasser	Speicher	AT		127/28, 131			+		+
5114	cm	Wasser	Speicher	AT		127/28, 131	+				
5209	kg/cm^2	Dampf	Entgaser	AT		127/28					+
5210	kg/cm^2	Heizdampf	v. Entgaser	AT		127/28, 131			+		
5211	°C	Heizdampf	v. Entgaser	AT		127/28, 131			+		
5212	t/h	Heizdampf	v. Entgaser	AT, Z		127/28, 131		+	+		

14a

Kesselspeiseleitungen und Speisepumpen.

Nr.	Meßgröße, Betätigung	Meßstoff	Meßstelle	Art u. Lage d. Meßgerätes	Umschaltung	Abbildung	Sicherheit	Bilanz	Steuerung	Zustand	allgem. Betrieb
6101	t/h	Speisewasser	Pumpen	AT, S		127/28, 131			+		+
6102	kg/cm²	Speisewasser	v. Pumpen	AT		127/28, 131					+
6103	kg/cm²	Speisewasser	n. Pumpen	AT		127/28, 131					+
6104	kg/cm²	Speisewasser	Sammelleitung 1	AT, Sig.		128, 131	+				+
6105	kg/cm²	Speisewasser	Sammelleitung 2	AT, Sig.		128, 131	+				+
6106	p_H	Speisewasser	Sammelleitung 1	AT, S		128, 131				+	
6107	p_H	Speisewasser	Sammelleitung 2	AT, S		128, 131				+	
6108	mg/l	Speisewasser	Sammelleitung 1	AT, S		127/28				+	
6109	mg/l	Speisewasser	Sammelleitung 2	AT, S		128				+	
6110	A od. kW		Speisepumpenmotor	AT		128					+
6201	kg/cm²	Dampf	v. KSP.-Turb.	AT		128, 131					+
6202	kg/cm²	Dampf	n. KSP.-Turb.	AT		128, 131					+
6203	°C	Dampf	v. KSP.-Turb.	AT		128					+
6204	t/h	Dampf	v. od. n. KSP.-Turb.	AT		128, 131		+			+

Wasser- und Dampfaustausch.

Nr.	Meßgröße, Betätigung	Meßstoff	Meßstelle	Art u. Lage d. Meßgerätes	Umschaltung	Abbildung	Sicherheit	Bilanz	Steuerung	Zustand	allgem. Betrieb
7201	kg/cm²	Dampf	I z. Fabrik	AT, S		130/31				+	
7202	kg/cm²	Dampf	II z. Fabrik	AT, S		131				+	
7203	° C	Dampf	I z. Fabrik	AT, S		130/31				+	
7204	° C	Dampf	II z. Fabrik	AT, S		131				+	
7205	t/h	Dampf	I z. Fabrik	AT, S, Z		130/31		+			
7206	t/h	Dampf	IIa z. Fabrik	AT, S, Z		131		+			
7207	t/h	Dampf	IIb z. Fabrik	AT, S, Z		131		+			
7701	kg/cm²	Weichwasser a	z. Fabrik	AT, S		131				+	
7702	kg/cm²	Weichwasser b	z. Fabrik	AT, S		131				+	
7703	° C	Weichwasser a	z. Fabrik	AT, S		131				+	
7704	° C	Weichwasser b	z. Fabrik	AT, S		131				+	
7705	t/h	Weichwasser a	z. Fabrik	AT, S, Z		131		+			
7706	t/h	Weichwasser b	z. Fabrik	AT, S, Z		131		+			

Sachverzeichnis.